小鱼和帆船

幼儿园海洋生态文化的探索与实践

王文成　著

U0253676

辽宁教育出版社
·沈阳·

© 王文成 2024

图书在版编目（CIP）数据

小鱼和帆船：幼儿园海洋生态文化的探索与实践 / 王文成著. —沈阳：辽宁教育出版社，2024.4
ISBN 978-7-5549-4162-1

Ⅰ. ①小… Ⅱ. ①王… Ⅲ. ①海洋环境—生态环境建设—教学研究—学前教育 Ⅳ. ① X145 ② G613

中国国家版本馆 CIP 数据核字 (2024) 第 074879 号

小鱼和帆船——幼儿园海洋生态文化的探索与实践
XIAOYU HE FANCHUAN YOUERYUAN HAIYANG SHENGTAI WENHUA DE TANSUO YU SHIJIAN

出 品 人：张 领
出版发行：辽宁教育出版社（地址：沈阳市和平区十一纬路 25 号 邮编：110003）
电话：024-23284243（编辑室）
http://www.lep.com.cn
印 刷：廊坊市印艺阁数字科技有限公司

责任编辑：孙 祺
封面设计：田羽霏
责任校对：王 静
幅面尺寸：170mm × 240mm
印 张：19.25
字 数：300 千字
出版时间：2024 年 4 月第 1 版
印刷时间：2024 年 4 月第 1 次印刷

书 号：ISBN 978-7-5549-4162-1
定 价：78.00 元

版权所有 侵权必究

撰写组成员：

王　敏　刘素君　杨林潇　管　惠　王　岚

王婷立　高嘉伶　殷雪璐　张乐乐　陈奕臻

李计萍　吴新新　徐　颖　陈　菁　薛秀芳

写在前面的话

1980年建园的青岛西海岸新区第二幼儿园地处新区北部老城区，隶属于教育和体育局，建园时间早，园舍陈旧，发展历程曲折。2014年9月，由区政府投资迁建新园的项目启动，2016年新园建成启用。新园建成后，园所文化、园舍环境、设施设备等全面提质升级，幼儿园办园条件得到极大提升。面对新的起点，办什么样的幼儿园？培养什么人？怎样培养人？成为新的问题。带着办园"三问"，我园开始思考园本文化与国家育人要求、园所发展、课程与儿童发展、理念与教师发展之间的关系，初步确立了办以"立德树人"为核心、关心儿童生活、关爱儿童生命、关注儿童成长的美好家园、乐园、学园的思路。

我们认为文化是一所幼儿园的根与魂，是发展最重要的内核力量。文化需要团队共同的意识、情怀和价值追求，需要借助本土独有资源滋养形成。朱永新教授在《让学校拥有灵魂》一文中说："一种成熟的学校文化，总是有一个明确的理念统摄学校生活的一切领域，就像一轮太阳，照射到学校生活的每一个角落。"文化是需要长期培育、静心沉淀的。高品质的幼儿园，一定是有文化的，能可持续发展的；课程是在文化浸润下产生并实施的，是儿童发展的载体，课程质量决定着儿童发展的质量。因此，园所文化和园本课程是影响园所发展的重要因素。有了这些认识，我们对文化积淀、课程实施、师幼成长等方面进行了持续探究和实践。

一、科学谋划，厘清园所发展方向

基于对国家海洋强国战略、青岛西海岸新区"实施海洋战略，率先蓝色跨越"发展背景、本土海洋资源利用等方面的考量，"海洋生态文化"成为幼儿园文化的新定位和发展新方向。为了凝聚共识，实现发展愿景，我们做到了“三个注重”。

1. 注重环境文化的整体性与互动性。一是内外部环境突出“灵动、童趣、自然”的海洋生态特色。二是文化设计方案注重幼儿、教师和家长的参与，大家共同理解文化理念，以儿童视角确定文化符号。三是从表达到感知让海洋生态文化落地，创设幼儿“喜欢看、看得懂、能参与”的文化环境。

2. 注重制度文化的解析与实践。制定并实施了《幼儿园管理章程》《幼儿园五年发展规划》等，重新诠释幼儿园文化内涵与理念。将“开放”“悦纳”“进取”“创新”作为制度的起点和归宿，凸显人文关怀和积极进取的海洋生态文化特质。

3. 注重行为文化的宣传与推广。搬新园前，生成主题活动“幼儿园搬新家了”，邀请家长走进来，了解新园的一草一木；开展“六一游园寻宝活动”，引导家长、幼儿在游戏中熟悉新园，逐渐感知、了解海洋生态文化的内涵，对幼儿园文化产生认同感。结合海洋生态文化的推进，建立了幼儿园微信公众号，在微信平台上展示园、班重大活动，让家长、社会各界了解幼儿园，树立专业化、有内涵、高质量的园所形象。

二、课题研究，助推文化落地生根

从海洋生态文化确立那一刻起，课题研究便成为助推文化实践与落地的重要抓手。2015年，我园申报立项了中国学前教育研究会、青岛市教育科学规划“十三五”课题“幼儿园海洋生态文化的实践与探索”；2019年，课题“基于海洋生态文化的园本课程建构与实施研究”被立项为山东省“十三五”教育科学规划课题；2021年，“基于海洋生态教育的 STEM 游戏研究 ”被立项为中国科学院“中国STEM教育2029创新行动计划”研究课题、青岛市“十四五”教育科学规划课题。课题研究过程中，将研究内容分解到大、中、小班扎实研究；采用全园参与—实践跟进—成果交流的模式，每学期开展不少于2次的课题研究阶段成果交流，每月开展一次主题评价交流；利用现代化信息手段，提高研究效率。引入“东方智慧”现代化信息管理模块，设计课程资源问卷，让每个家长参与海洋课程资源的收集、整理，成立了海洋生态文化课题研究工作室，在课程开发、课题分解推进等方面发挥引领作用，充分挖掘海洋生态文化教育资源，建立海洋生态教育资源库，支持课题研究和实践。通过课题研究，进一步明晰了海洋生态文化的理念内核，将其与师幼发展紧密结合起来，使之逐渐落地生根、日益深厚。

三、园本课程，激发文化内生动力

将基于“海洋生态文化”园本课程的建构实施作为发展的创新点和生长点，理解并挖掘海洋生态文化内涵，让其得到立体式渗透落实。从海洋认知、海洋探究、海洋情感三个维度架构了园本课程目标，利用得天独厚的海洋资源、港口资源、人文资源，践行“每一天，美一天，探究生命成长之美”的核心理念，培养科学的海洋生态观；创设富有海洋气息、童趣、灵动的主题环境，着眼生成主题建构，开展海洋节庆课程研究，实施世界海洋日、水日等生态节日课程，多维建构园本课程内容；根据海洋大气包容、生生不息、吐故纳新的特质，利用文化引领、团队建设、专家指导等方式，提升教师开发实践海洋生成课程的能力，建设开放、悦纳、进取、创新海洋气质团队；依托家园共育，丰富协调一致、具有实践价值的课程实施策略。自2014年以来，先后有《小海螺和大鲸鱼》《鱼儿水中游》《海洋里的小秘密》等5个海洋生成主题被评为青岛市精品课程。园本课程的建构与实施进一步激发了海洋生态文化的内生力，形成文化实践—反思完善—经验积累—再实践的螺旋式上升的发展过程。

“小鱼和帆船”，既有明确方向又生机勃勃，极具象征意义，代表了二幼的儿童和教师，也代表了海洋生态文化视域下的师幼关系，体现“海育童心·尽性致美”的教育理念。海洋生态文化是我们在10年的实践与积淀中，慢慢清晰、厚重起来的。我们将园所文化与园本课程紧密融合在一起，一方面，使之成为促进儿童健康和谐成长的载体；另一方面，充分体现本土特色，实现教育全程的资源有效利用。

本书用九章的内容，分别呈现了海洋生态文化的形成、海洋生态文化中的儿童和教师画像以及海洋阅读课程、海洋艺术课程、海洋科技课程、海洋运动课程的目标、内容、实施和评价，涵盖了幼儿发展的五大领域和发展目标。同时，呈现了海洋生态教育园本课程的评价体系和家园社协同育人的实践做法。

全书内容均来自于二幼教师们10年的探索与实践，对于有意探索内涵发展、特色发展、品质发展的幼儿园，或拥有丰富海洋资源，有意培养好奇探究、快乐自信的幼儿和具有丰富海洋素养、能主动架构实施主题课程的教师的幼儿园，具有一定的借鉴和实践指导意义。

本书撰写过程中，得到中国海洋大学孙艳霞教授的全程指导，第二幼儿园教师王敏、刘素君、杨林潇、管惠、王岚、王婷立、高嘉伶、殷雪璐、张乐乐、陈奕臻、李计萍、吴新新、徐颖、陈菁、薛秀芳参与了内容的整理与撰写，在此一并致谢！

王文成

2023年12月12日

目　录

第一章　海洋生态文化概述

天和海[1]

蓝色的雾，

蓝色的云；

蓝色的波纹，

蓝色的潮声。

无边的海，

像一面大玉镜。

映着天，

天变蓝了；

映着鸟，

鸟也变蓝了。

仰头看，

天变成了海。

那云，

就是翻滚奔腾的波流；

那鸟，

就是来往穿梭的鱼群。

1　《语文》小学三年级上册（S 版），语文出版社，1970：2.

“小时候，妈妈对我讲，大海就是我故乡，海边出生，海里成长……”当熟悉的旋律响起，蔚蓝色的大海就在眼前。大海，是生命的摇篮，生生不息，宽广包容，浩瀚无边，自由奔腾。我们是生长在海边的孩子，大海哺育了我们，为我们带来欢笑，带来发现，带来成长。

第一节　海洋生态文化的起源

海洋文化包罗万象，人类源于海洋，在对海洋不断的探索和实践过程中，人类社会诞生了海洋文化。

一、海洋文化的兴起

（一）“海洋文化”的起源

人类的生命来自海洋，人类的文化起源于海洋。海洋占地球表面的71%，总面积约3.6亿平方公里，是地球上最大的“宝库”。海洋的浩瀚壮观、变幻多端、自由傲放、奥妙无穷，都使得人类视海洋为力量与智慧的象征与载体。

随着人类对海洋关注的增多，海洋文化层面的研究也逐渐开始产生。学者于吉梅在《海洋文化相关研究文献综述》中提出：“海洋文化最早是由德国哲学家黑格尔在其著作《历史哲学》中提出，他视海洋文化为西方文化特点的重要部分，认为西方文化是具有冒险性的、需要扩张、开放和斗争的，这一切都源自于海洋文化。”[2]1995年，邓聪在《广西民族学院学报（哲学社会科学版）》中发表《海洋文化起源浅释》的文章中提到：据考古学者的研究，人类早于数十万年前旧石器时代的初期阶段，就已经向海洋文化踏出了第一步。[3]

2　于吉梅.海洋文化相关研究文献综述［J］.商情，2018（39）.

3　邓聪.海洋文化起源浅释［J］.广西民族学院学报（哲学社会科学版），1995（4）.

（二）“海洋文化”的含义

文化，从广义上讲，是人类社会所创造的物质财富和精神财富的总和；从狭义上说，是人类社会的意识形态以及与之相适应的社会制度、组织机构和生活状态，是人类的知识、智慧、科学、艺术、思想、观念等的结晶和物化形态，是人类文明进步的表征。什么是海洋文化？关于海洋文化的定义，多从地域文化的角度进行阐释，如李天平认为海洋文化是地域文化，主要指中国东南沿海一带的别具特色的文化。同时，也包括台、港、澳地区以及海外众多华人区的文化。[4]林彦举认为，“凡是滨海的地域，海陆相交，长期生活在这里的劳动人民、知识分子，一代又一代通过生产实践、科学试验和内外往来，利用海洋创造了社会物质财富，同时也创造了与海洋密切相关的精神文明、文化艺术、科学技术，并逐步综合形成了独特的海洋文化。[5]”马克思、恩格斯则从文化属性的角度进行解释，认为海洋文化在人类全球化时代扮演重要角色，海洋是影响世界格局、决定大国兴衰的关键。

我园认为：海洋文化作为人类文化的一个重要的构成部分和体系，就是人类认识、把握、开发、利用海洋，调整人与海洋的关系，在开发利用海洋的社会实践过程中形成的精神成果和物质成果的总和，具体表现为人类对海洋的认识、观念、思想、意识、心态，以及由此而生成的生活方式，包括经济结构、法规制度、衣食住行习俗和语言文学艺术等形态。[6]

二、海洋教育的发展

（一）海洋文化和海洋教育的关系

海洋文化与海洋教育之间的关系密切。海洋文化为海洋教育提供了丰富的教

4　李天平．海洋文化的当代思考［J］．岭娇春秋（海洋文化论集），1997（10）．

5　林彦举．开拓海洋文化研究的思考［J］．岭峤春秋（海洋文化论集），1997（10）．

6　曲金良．发展海洋事业与加强海洋文化研究［J］．青岛海洋大学学报社科版，1997（2）．

育资源和学习背景，而海洋教育则可以进一步推广和深化海洋文化。海洋文化是一种综合性的社会现象，涵盖了地理知识、历史、民俗等多个方面，与现实生活有着密切的联系。在教育过程中，将海洋文化与课程相结合，能够从生活和周围环境出发，激发幼儿对海洋科学的兴趣，增强其好奇心和学习热情，在实践中探索，发展自主学习的能力。

同时，海洋教育也是传承和发展海洋文化的重要途径。通过系统教育和培训，人们可以更好地理解和欣赏海洋文化的内涵和价值，从而推动海洋文化的传承和发展。海洋文化和海洋教育相互促进，相互发展，共同推动人类对海洋的认知和探索，为人类文明的进步做出贡献。

（二）海洋教育的重要性

中国是一个海洋大国，却不是一个海洋强国。民众的海洋意识不强，较薄弱的海洋意识制约了我国海洋事业的发展，而滞后的海洋教育也阻碍了海洋创新人才的培养。当前我国海洋教育的发展还不能满足海洋事业发展对海洋人才的需要，各级各类海洋教育在人才培养中仍有不足，这就在很大程度上限制了我国海洋人才队伍的进一步优化。[7]海洋文化的不断兴起，慢慢影响到了教育形式、教育内容、教育结构、教育目标、教育对象。海洋教育的重要性在于：通过教育的引导，可为海洋经济的发展注入新的活力，同时也有利于未来海洋经济发展的人才培养，建立具有先进技术和思维的海洋经济体系。此外，海洋教育还可以激发人们对海洋的关注和责任心，丰富人们的海洋知识。未来，随着海洋事务与全球环境的变化，海洋教育将更加受到各国政府和公众的重视。因此，研究和推动海洋教育的发展、提升人们的海洋意识和海洋素养显得尤为重要。

（三）我国海洋教育发展历程

一是中国海洋高等教育的发展。中国海洋教育的发展历程可以追溯到 1946

7　白刚勋 . 大教育视野下的特色课程构建：海洋教育的开发实施［M］. 西南师范大学出版社，2014.

年，当时唐世凤教授在厦门大学筹建了海洋系，这是中国海洋学和海洋工程教育最早的机构。20 世纪 50 年代山东大学筹建海洋系，中国第一所由国家创办的综合性海洋学院山东海洋学院成立。在随后的年份里，中国的海洋教育经历了多次调整和改革。1964 年，台湾地区基隆市建成了台湾省立海洋学院，设有海洋学、海洋工程、海运商船、渔业等专业系。而大陆的海洋教育也在不断发展和完善，一些新的海洋教育机构和学院不断涌现，如青岛海洋大学等。总的来说，中国的海洋教育经历了数十年的发展，已经逐渐形成了较为完整的体系，为培养海洋人才提供了坚实的基础。

二是中国中小学及幼儿园海洋教育的发展。近年来，海洋教育逐渐受到重视，海洋教育被定义为“通过发现、研究、探索海洋，加强中小学生海洋国土意识、海洋环境保护意识以及海洋资源开发与可持续利用意识的教育”。海洋教育被纳入中小学课程设置。教育部、国家海洋局还联合编制了《全民海洋意识教育指导纲要》，以指导沿海省市以及广大内陆地区推广海洋意识教育。总的来说，中国的中小学海洋教育正在逐步发展和完善，旨在培养中小学生的海洋意识、海洋环境保护意识和海洋资源开发与可持续利用意识，为中国的海洋事业和海洋经济发展提供坚实的基础。

近年来，幼儿园进行海洋教育的探索尝试也在逐步成熟。沿海城市越来越多的幼儿园开始关注海洋教育。在内容方面，有从游戏教育的方向对幼儿渗透海洋文化并提出相关的渗透策略；有从幼儿教师的角度，提出增强幼儿教师海洋意识和促进专业发展的举措；有基于实践经验，提出凸显海洋教育特色的实践对策；有从课程开发的角度，提出促进幼儿园开展海洋教育的有效路径。这都为海洋教育在幼儿园的推进提供一定帮助，但没有对某一城市或地区中幼儿园海洋教育的发展过程进行深入的剖析研究，对于其中的经验与不足仍需做深入分析，以总结出优化幼儿园海洋教育的有效对策，同时为其他城市幼儿园海洋教育的推进提供一定的借鉴经验。[8]

8　丁铭 . 幼儿园海洋教育现状研究［D］. 青岛大学，2021：9.

三是青岛的海洋教育发展历程。青岛的海洋教育可以追溯到20世纪初。当时的青岛是中国重要的海洋教育和科研基地之一，拥有多所知名的海洋教育机构和学院，如青岛海洋大学、中国海洋大学等。在20世纪90年代，青岛开始推行“经略海洋”的发展战略，注重海洋经济的发展和海洋意识的培养。为此，青岛市教育局等部门联合推出了中小学海洋教育计划。进入21世纪，青岛市教育局认定了20所全市高水平海洋教育特色学校和13所全市高水平海洋教育重点建设学校，为海洋教育的发展提供了坚实的基础。2016年，青岛市教育局还推出了《青岛市中小学海洋教育实施意见（2016—2020年）》，进一步明确了海洋教育的目标和任务。2018年，青岛市教育局、市编办、市财政局、市人社局四部门联合出台了《关于加快推进中小学海洋教育的实施意见》，提出到2020年，全市中小学要普遍开设海洋教育课程，打造100个青岛市中小学海洋教育示范学校。青岛市市南区在全域内尝试将海洋教育纳入幼儿园日常教育中，逐渐形成了较为完整的体系，旨在培养幼儿的海洋意识、环保意识、探究精神和动手能力，为其未来发展打下坚实的基础。

三、海洋生态文化理念的提出

我园的园本课程是建立在因地制宜、与时俱进基础上的。因地制宜表现在立足我园所处的区位环境，三面环海，有着丰富的海洋资源；与时俱进表现在21世纪是海洋世纪，时代需要海洋教育，国家需要海洋教育，地方经济发展也离不开海洋教育，创新人才培养。海洋是幼儿和教师生活环境的重要组成部分，海洋文化也在滋养着每一个二幼人。在海洋教育地方课程不断丰富的背景下，我园提出并探索了海洋生态文化。

（一）海洋生态文化的含义

1. 海洋生态

生态是指“一切生物的生存状态，以及它们之间和它们与环境之间环环相扣

的关系”。[9] 海洋生态则是与海洋有关的生态，包括海洋生物之间及海洋生物与其海洋环境之间的相互关系。[10]“生态”的最初意义指向自然关系。

随着生态学的发展，“生态”一词被应用在各个领域，含有美好、健康、科学、可持续等意涵。我园提出的海洋生态一方面是指自然层面的海洋生态，另一方面则是隐喻我园以海洋资源为媒介，幼儿、教师、家长、社区等因子个体之间、群体之间以及他们与幼儿园环境之间所产生的关系。

2. 海洋生态文化

海洋生态文化的主要含义，可从以下两点得到回答：首先，海洋生态文化即人类遵循人—海洋—社会和谐相处、协调发展这一核心价值观而获得的精神财富的总和；再者，海洋生态文化即人、海洋、社会之间共存的文化伦理形态。因此实质上，海洋生态文化是人和海的关联及其互动的结果，即人类生态文化内容里拥有涉海性的内容。[11]

海洋生态文化是海洋文化的一部分，具有海洋文化的特质，内涵是价值观、是精神、是审美，存在方式是文化产品和文化服务。

在西方，海洋精神是在历史发展过程中，在海上民族从事海洋实践的基础上，随着时间的推移和民族的发展，形成的与海洋自身的特征气质相符合，与时代发展相协调，与地理环境相适应的价值观念、心理状态和思想品质。[12] 海洋精神是时代的产物，是海洋群体固有的思维方式和内在品质，海洋精神的包容性、开放性、创造性等特征时刻影响着海洋民族的生存与发展，是人海关系中的认识实践关系、价值关系和审美关系的总和，[13] 是海洋民族追求的崇高理想和价值取向，

9　百度百科“生态”词条 https://baike.baidu.com/item/%E7%94%9F%E6%80%81/259459?fr=aladdin.

10　百度百科“海洋生态”词条 https://baike.baidu.com/item/%E6%B5%B7%E6%B4%8B%E7%94%9F%E6%80%81.

11　叶冬娜 . 构建基于马克思恩格斯生态思想的海洋生态文化［D］. 福建师范大学，2016：55.

12　闫文璐 . 西方海洋精神的历史回顾与当下审视［D］. 大连海事大学，2015：10.

13　范成功 . 论海洋精神［J］. 金田，2013，（7）.

是不屈不挠的海洋探索精神。[14] 在我国的汉语词汇中，“海”是广阔无垠、深不可测的，它还具有丰富的心理文化和象征文化意味，“海纳百川，有容乃大”“百川入海”比喻心胸宽广，包容一切；“排山倒海”“移山填海”比喻挑战和冒险精神；“海枯石烂”反衬意志坚定。

在生态一词美好、健康、可持续的寓意基础上，融入中西方对海洋精神内涵的认知，我园的海洋生态文化从精神层面追求开放、悦纳、进取、创新，在形式层面凸显海洋特色。我园的海洋生态文化，即在以海洋资源为媒介，幼儿、教师、家长、社区等因子个体之间、群体之间以及他们与幼儿园环境之间的互动中，所孕育出的“开放、悦纳、进取、创新”的气质以及创造出的海洋特色鲜明的文化产品和文化服务的总和。

（二）海洋生态文化理念的理论来源

1. 社会生态系统理论

布朗芬·布伦纳的社会生态系统理论，源于生态学和一般系统理论，它将人类行为放到社会环境中去分析、考量，关注它们之间的关系，认为人类行为是与环境相互作用的结果，个人需要的满足需通过改变环境和系统来实现。社会环境分为四个层级，由内到外分别为微观系统、中观系统、外观系统与宏观系统。查尔斯·扎斯特罗进一步梳理了该理论，他认为每个人都参与到家庭、团体、组织和社区组成的多个系统中，按规模大小分为微观系统、中观系统、宏观系统。微观系统主要指个人，中观系统主要指家庭、学校等组织群体，宏观系统主要包括政策、社区、文化、宗教等。根据这一理论，我园的海洋生态文化理念既关注个体，又关注个体所处的不同层级的环境，在关注幼儿发展、教师提升的基础上，注重对家庭、社区的教育输出和家社优质资源的引入，形成良好的教育环境；同时，既关注对海洋资源的挖掘和利用，创造海洋特色的环境和课程，又关注海洋生态文化内涵对师幼潜移默化的影响。

14　刘金明．论海洋精神［J］．南方论刊，2011，（12）．

2. 资源依附理论

美国学者费弗尔和萨兰奇克是资源依附理论的主要提出人。资源依附理论提出了假设：组织的第一要务就是生存；为了生存下去，则需要那些本身不能提供的资源；组织必须要与其所依靠的环境中的要素相互作用，这些要素往往包含其他组织；组织的存在则基于一个控制它与其他组织关系的能力基础之上。资源依附理论的核心假设是：组织必须从周围的环境中获得资源来维持生存，任何一个组织都无法做到自给自足，都要与环境进行交换。

以资源依附为视角分析，为了保持其存在和发展，组织必须从外部环境中获取重要的资源。在教学中发掘青岛的海洋资源，为培育未来的海洋人才而打下基础。推动海洋教育事业的发展，对于海洋环境保护以及海洋人才的培养都具有重要意义。[15]

3. 海洋文化认同理论

文化认同理论是由英国文化学家斯图亚特·霍尔（StuartHall）在融合了多种理论及其生活经历的影响下提出的。霍尔认为，“一个社会整体追求的文化认同绝不是抹杀了一切特质的单一性认同，而应该是在不同个体和群体相互尊重各自的文化、承认差异基础上的同一。”

海洋文化认同是人们对人与海洋互相作用所产生文化的认同。海洋文化，是“人类与海洋有关的创造，包括器物制度和精神创造”。“人类的海洋文化虽然不是一般意义上的人类文化，但它却是人类全部文化的发生源、母胎或曰历史与逻辑的起点，是后来人类全部文化的重要构成部分。”因此，海洋文化认同即人类社会对人与海洋相互影响下所产生文化的理解、承认与尊重。

幼儿园运用蓝色海洋资源对幼儿进行教育，加强幼儿对海洋文化的兴趣。在设计、组织教育活动时渗透海洋科学、海洋文学艺术等元素，使幼儿自然而然地从接触海洋文化到认可海洋文化，形成初步的海洋文化认同。幼儿在这一过程中不断提升自己的海洋感知力，逐渐萌发出生长在海边，热爱海洋、热爱家乡的积

15　刘炎 . 青岛海洋文化资源融入高中美术教学的实践探究［D］. 华中师范大学，2023：24–25.

极情感。[16]

4. 多元智能理论

多元智能理论是由美国心理发展学家霍华德·加德纳（Howard Gardner）在1983年提出的、经过反复验证最后确定下来的人的八种智能："语言智能、音乐智能、逻辑—数学智能、空间智能、身体—运动智能、自我认识智能、人际关系智能和自然观察智能"，这些智能相辅相成，共同影响幼儿的身心发展。

自然观察智能对幼儿来说极具重要性。自然观察智能是指个体辨别环境并加以分类和利用的能力，沈致隆认为将其译作"博物学家智能"更为贴切。对幼儿来说，在对自然环境中的物体进行观察、辨别、指认、分类，确定事物关系的过程中，自然观察智能也在潜移默化地影响着其他智能的发展。

生长在海边的幼儿最容易接触到的自然资源就是海洋资源。幼儿从小亲近海洋、观察海洋，通过直接感知物质世界提升自然观察智能，同时，由海洋孕育诞生的精神文化也能促进幼儿语言、音乐等其他智能发展。[17]

第二节　海洋生态文化体系

朱永新教授在《让学校拥有灵魂》中说，一种成熟的学校文化，总是有一个明确的理念统摄学校生活的一切领域，就像一轮太阳，照射到学校生活的每一个角落。幼儿园发展也同样需要文化的统领。我园认为幼儿园文化是一所幼儿园行为规范的总和，是园所发展的"根"与"魂"，是作为幼儿园中的"人"需要有的一种共同的意识、情怀和价值追求，是一种志趣相融、人脉相通的默契，是一种行为方式的认同和对生命意义的探寻。它不仅是一种环境，更是一种需要长期培育、苦心经营的教育氛围和精神力量。

16　陈文硕 . 幼儿园运用蓝色海洋资源对儿童进行教育的研究［D］. 华东师范大学，2020：30–31.

17　陈文硕 . 幼儿园运用蓝色海洋资源对儿童进行教育的研究［D］. 华东师范大学，2020：34–35.

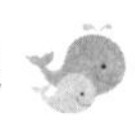

一、我园海洋生态文化的发展历程

幼儿园文化应有丰富内涵和鲜明特征。它是一所幼儿园最外显的样子和品牌形象，能渗透在幼儿园的各个角落，如园所环境、行为制度、园本课程等方面。文化的建构、呈现与发展最能体现园所发展的生命力、核心竞争力和品牌影响力，因此文化不是空中楼阁，也不是人云亦云，是需要借助本土独有资源滋养形成的，是在充分挖掘、分析、有效利用本土资源，不断积淀、反思、传承历史经验的基础上，进行准确定位、不断丰富形成的。我园的文化形成经历了以下几个阶段：

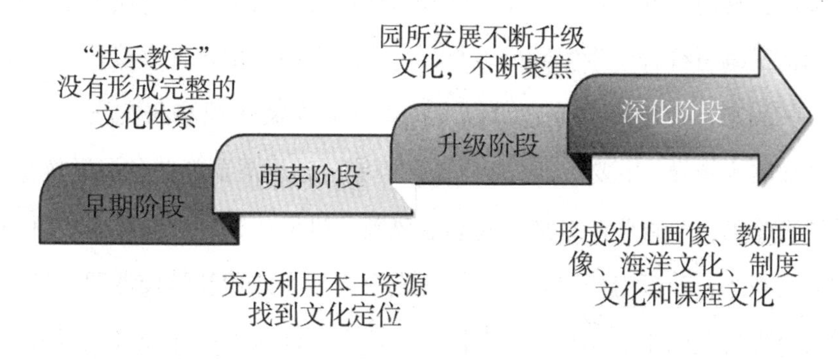

图 1–1 海洋生态文化发展阶段图

（一）文化的早期阶段

我园创建于 1980 年，前身是“黄岛机关托儿所”，1987 年由平房迁入楼房，名为“黄岛区机关幼儿园”（小天使乐园），主要面向政府机关职工 2~6 岁子女开展保育教育工作。1994 年更名为“青岛市经济技术开发区幼儿园”，开展 1.5~6 岁幼儿的保育教育工作，这一时期并没有明确的幼儿园文化建设的意识。

2006 年 9 月加挂“青岛经济技术开发区实验小学附属幼儿园”牌子，2008 年撤销“青岛经济技术开发区实验小学附属幼儿园”牌子，更名为“青岛经济技术开发区第二幼儿园”，这一时期基于青岛市关于幼儿园园本课程建构的要求，确定了“快乐教育”的办园理念。“快乐教育”理念关注了幼儿快乐、健康发展，但文化内涵不够明晰，文化理念与课程“两张皮”，缺少相互支撑与内在联系。

2014年，幼儿园更名为“青岛市黄岛区机关第二幼儿园”，2018年，根据青西新编发〔2018〕13号文件要求，更名为“青岛西海岸新区第二幼儿园”。这一时期开始明确提出海洋生态文化办园理念。

（二）海洋生态文化的萌芽阶段

2001年新课改是新中国成立以来的第八次基础教育课程改革，于2001年6月启动，2001年秋季进入试点学校，2002年秋季开始进入全面推广阶段。这次新课改主要涉及课程设置、教材编写、教育教学及评价等环节。在教材编写方面，新课改强调教材内容的开放性、实用性和时代性，鼓励地方和学校根据当地或自身的实际情况编写符合学生实际的教材。《青岛市中长期教育改革和发展规划纲要（2011—2020年）》中指出：“以发挥青岛海洋文化积淀和实施山东半岛蓝色经济区战略为指导，主要探索：适应蓝色经济区建设需要的蓝色海洋教育特色，打造教育新品牌；培育学生开放、包容、创新、进取的精神和海洋国土意识、环保低碳生活观念；建设海洋科普基地，开发海洋地方课程和学校课程，形成一批以海洋教育为特色的中小学校、幼儿园。”西海岸新区以海洋经济发展为主题，发展成为“海洋科技自主创新领航区、深远海开发战略保障基地、军民融合创新示范区、海洋经济国际合作先导区、陆海统筹发展实验区”。[18]2013年秋季，青岛在全市义务教育学校全面开设每学年18课时的海洋教育地方课程。

基于新课改及青岛海洋地方课程建设的要求，带着对园所文化的理解和思考，幼儿园重点思考文化及课程独特性和可操作性，如何充分利用社区、本土资源等问题。2014年，随着迁建新园项目启动，我园开始深入思考幼儿园发展方向和办园特色。

一是从本土资源利用方面思考。青岛西海岸新区有丰富的海洋资源，依海而生，向海而兴。这里有亚洲第一沙滩“金沙滩”、中国最大的集装箱中转港“前湾港”、国际合作区、董家口经济区。我园地处老城区（黄岛街道），三面环海，

---

18 青岛西海岸新区政务网 http://www.huangdao.gov.cn/n10/n27/n31/n40/n1496/190403155636017162.html.

邻近前湾港、轮渡码头；对于幼儿来说，大海是生活中、游戏中最常见和熟悉的地方，他们生在大海边，对海洋有着天生的亲近感，我园认为“本土的是独特的、可利用的、有生命力的”，海洋资源成为园所文化的基础。二是从幼儿健康和谐成长方面思考。尊重幼儿发展规律，尊重每个孩子的个性特点，关注生活与游戏在幼儿成长过程中的价值，以活动促发展，这些理念与“生态”一词中体现出来的“自然”“规律”的含义相通，因此“生态”也成为我园文化的关键词。三是与中小学海洋地方课程的衔接，我园的“海洋生态文化”由此诞生。

（三）海洋生态文化的升级阶段

1. 园所发展升级

我园将“海洋生态”文化作为发展的创新点和生长点，利用得天独厚的海洋资源、港口资源、人文资源，遵循幼儿身心发展规律，在亲近自然、亲近海洋的过程中，培养幼儿从小了解海洋、热爱海洋、亲近海洋、探究海洋、保护海洋的意识，提高好奇探究、快乐自信品质，支持他们的主动学习和自信表达。同时，构建开放、悦纳、进取、创新的海洋文化特质的管理文化。在探索“海洋生态文化”在幼儿园这一特定领域里的实施和运用过程中，理解并挖掘海洋生态文化内涵，探索建构海洋生态环境文化、制度文化、课程文化、行为文化的相关途径与策略，形成了一套具有实践价值与意义的海洋生态文化体系。

2. 园所文化聚焦

2016年，抓住迁建新园的契机，实现幼儿园建设与文化建设的同步推进。新园建成时，全体幼儿投票选出小鱼形象作为幼儿园的园标，小鱼就是幼儿的化身，自由、好奇、有个性。彼时的老师，是一条温柔的大蓝鲸，嘴角微笑，带领一群小鱼有方向、有目标地前行。幼儿园整体环境突出灵动、童趣、自然的特点。从文化设计方案、园所LOGO到班牌等，都注重教师、家长和幼儿的参与，让大家理解文化方案中所要传达的“每一天，美一天，探究生命成长之美”理念，尤其是从幼儿的视角确定幼儿园的文化符号；教师精心设计、整体布局班级的环境，采用不同材料进行表现，呈现班级文化环境，不断将海洋文化渗透到每个幼儿、每个家庭中，让海洋文化落地生根。2017 年 3 月，迁入新园仅 8 个月的时间，我园晋升为青岛市十佳幼儿园。

（四）海洋生态文化的深化阶段

1. 丰富了具有海洋生态文化意涵的幼儿画像

多年来的海洋生态文化实践，小鱼形象深入到每一个二幼人的血液，每个二幼娃都能说出小鱼的含义，“小鱼”成为幼儿画像，代表我园“好奇探究、快乐自信”的幼儿培养目标。2020年，团结福城分园建成时，由“小鱼”衍生成了“小蓝鲸”，寓意幼儿不仅要做快乐、自由的小鱼，还想变得更加有力量，向更广、更深的海洋探索。在2020年8月份，分园正式启用小蓝鲸作为主体形象，用于幼儿园各个角落，包括理念墙、家长园地栏、书架设计等。

2. 明确了具有海洋生态文化意涵的教师画像

随着我园对师幼关系、家园关系理解的不断深入，教师画像逐渐由大鲸鱼变成帆船。一是“帆船”和“大鲸鱼”虽然都能陪伴“小鱼”，都能给“小鱼”指明方向，但“大鲸鱼”更像孩子的父母一样，能一直陪伴他们长大，幼儿园老师则是幼儿人生路途上的一位重要他人，能陪伴、指引幼儿迈出坚实的第一步，为其终身发展打下基础，但却是阶段式的追随。老师陪伴是有时限的，就如帆船终会到岸一样。二是我园的教育不仅仅是培养幼儿，还肩负着引领家长树立科学育儿理念的重任，要确保“大鲸鱼”们能带领“小鱼”向着正确的方向和老师一路前行。三是“帆船”意涵同我园“三心”教师的培养目标高度契合。

3. 创设了具有海洋生态文化特色的环境

一是实现了环境的特色化。整体设计、呈现海洋特色文化环境，根据幼儿园“每一天，美一天，探究生命成长之美”的核心理念，设计了整套的海洋生态文化形象识别系统，制订了园训、园风、园标等，用海洋场景的呈现、海洋元素的运用、师幼和家长的共同参与，构建起海洋生态环境文化体系。二是实现了环境的整体化。彰显海洋生态文化环境的特点，发挥环境的隐性教育功能。站在幼儿的视角创设环境体现“童趣”，如：大厅里微笑的大鲸鱼、活泼的小鱼群、热闹

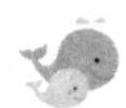

的螃蟹窝等将幼儿熟悉的海洋动物、场景直观呈现；“灵动”体现在每一个墙面的内容呈现是动态的，灵活多样的；自然包含了环境内容的自然、材料的自然、表现表达的自然。三是实现了环境的教育化。注重让每一面墙、每块场地、每个角落都会说话，记录、讲述幼儿心中大海的故事。如：在走廊、墙面处等给幼儿保留大量的空间用于他们的自由表现表达，在进行整体海洋环境创设时让家长、幼儿、教师都参与方案设计与确定，让海洋生态文化深入人心。

4. 形成了具有海洋生态文化特色的制度

一是体现科学性。制订了体现海洋生态文化理念的《幼儿园管理章程》、五年发展规划；重新调整《制度手册》，编写了《幼儿园工作规程》；考核机制不断完善，增加自评机制；突出行为规范制度，增强了制度可执行性和可操作性。二是体现人文化。坚持落实全体教职工大会制度，园务公开制度等民主制度；尝试扁平化管理，发挥每位教职工当家作主的能力和主体意识；体现人文关怀，突出对女职工婚、孕、哺乳期的人文关怀和弹性的请假制度。三是体现内生性。海洋代表着大气包容、生生不息和吐故纳新，重点体现在团队建设的气质上。在团队建设上，我园制订了每学期至少 2 次的团队系列培训或拓展体验式活动制度，充分利用“海洋生态”文化教育资源，开展系列实践活动，如《阳光心态，幸福团队》系列心理健康讲座及团队户外拓展训练活动。

5. 建构了具有海洋生态文化特色的园本课程

一是形成了情境式主题环境创设的策略，面向全区进行展示交流。运用陈列式、互动式的小场景，引发幼儿进入主题、主动学习的兴趣。在主题开展的过程中，教师利用班级的一些小角落小区域，为幼儿创建灵动、自然的主题小场景，引发幼儿对主题内容的浓厚兴趣；设置“会说话的主题墙”，体现“让每一面墙壁都能说话”的理念。提供趣味化的活动材料，让材料好玩、有用，让幼儿获得新经验。

二是建构了特色化的海洋节庆课程。围绕快乐阅读、自信表现、好奇探究、勇敢挑战四大目标，探索开展“春季阅读节、夏季艺术节、秋季科技节、冬季运动节”具有园本特色的节庆课程，并注重传统节日和生态节日课程的融入。做实传统节日课程，渗透传统文化，做细生态节日主题课程，培养公民意识，通过开放、展示等活动在全区、社区形成了较大影响力。

三是完善了互动式的家园共育课程体系。注重园本课程实施的多元化，注重家园共育双通道的运用。利用家园亲子作品的制作，加强亲子互动，让家长走进课程；开展以家长为主体的探究体验式实践活动，开展“挽留海鸥”“秋游唐岛湾”“采摘乐”等活动，让家长体验课程；分析利用家长职业和特长资源，补充教师能力认知的短板，让家长助教走进幼儿园，助力课程，每学期各班家长助教活动达百余次。

二、海洋生态文化元素的构成

（一）园徽解读

园徽由蓝色、绿色和橙色组成，对应生命、生态和生活。蓝色代表生命，生命在海洋中孕育而来，蓝色充满海洋气息；绿色代表生态，成长应该是生态的、健康的，绿色生机勃勃；橙色代表生活，生活是明亮的、温暖的、充满情感的，橙色象征美好愉快。

外形是个圈，象征充满生机和温暖的海洋生态圈；除了幼儿园名称和英文名称外，还有一个主要形象，它的外形宛如一条灵动的小鱼，有色彩有思想，有前进的方向，又宛如一只小鸟，在飞翔中用好奇的眼睛观察周围的世界，隐含“天高任鸟飞，海阔凭鱼跃”的理念。标志采用象征的手法形象地展现了二幼的幼儿天真烂漫、生动活泼的精神面貌。

幼儿园园徽构成采用虚实对比的手法，用柔软的半环绕造型，寓意爱心和呵护一直伴随着幼儿成长的品牌内涵。灵动的、自由的、探寻的、成长的，这是标志所要传达的视觉语言。

标志将两者完美地结合在一起，让二幼依托海洋文化发展园所的理念更加饱满和充实，营造海的环境，践行海的教育，给幼儿自由翱翔的天空、自由成长的

空间。

（二）办园宗旨

1. 立足本土。立足园所发展的地区、地理环境以及人文环境，与当地的发展需求相适应，因地制宜，让我园的教育深扎实践的沃土，充分发挥黄岛的海洋资源、港口资源，让海洋生态文化有根、有魂。

2. 遵循规律。在《3~6 岁儿童学习与发展指南》（以下简称《指南》）、《幼儿园教育指导纲要（试行）》（以下简称《纲要》）的指导下，遵循幼儿成长的规律，尊重幼儿在不同年龄阶段、同一年龄的不同发展阶段以及有自己成长节奏的规律，杜绝“拔苗助长”。符合幼儿的兴趣，尊重幼儿对海洋文化的兴趣，对海洋或海洋动物有自己的兴趣。

3. 追求品质。在幼儿园发展过程中，只有内涵发展、高质量发展才能让师幼获得更好的成长。因此，我园将“高起点站位、高标准办园、高质量发展”作为追求目标，力求将幼儿园办成“人文素养厚重，生成课程见长，海洋特色鲜明”的品牌幼儿园。

4. 彰显文化。在环境创设中突出海洋特色，利用色彩、海洋元素进行情景化的呈现，突出儿童视角和动态变化，让幼儿“喜欢看、看得懂、能参与”，将文化浸润到每个角落和空间，实现隐性教育价值；利用海洋生态理念引导园所发展、队伍建设、幼儿成长，丰富和积淀海洋生态文化。

（三）办园理念

1. 每一天，美一天，探究生命成长之美

这是海洋生态文化的核心理念，在海洋生态课程实施中，师幼在园的每一天都是新的，有新的发现，有新的成长，有新的经验；师幼在幼儿园的每一天都是美的，在感知美好、体验美好、创造美好的过程中，探究成长之美的独特乐章，探究生命成长的意义。

2. 海育童心 · 尽性致美

这是海洋生态文化教育理念。“海育童心”即以开放、悦纳、进取、创新的海洋精神为内核，以“遵循发展规律，为未来发展筑基”的生态价值观为导向，利用海洋资源，培养具备海洋意识和素养的幼儿。“尽性致美”则为释放天性，形成“品行美、探究美、体魄美、艺术美、劳动美”的“五育并举”教育样态。

（四）园风园训

“海纳百川，有容乃大”，大海给我园留下了“宽广”“包容”“生生不息”“充满生命力”，同时又“充满了挑战和无限可能”，秉承着对大海气质的不断探索，我园结合海洋生态文化，形成了“开放、悦纳、进取、创新”的园训。

1. 开放

海洋是宽广开阔的，是开放包容的。从幼儿园层面看，倡导“开放办园”理念，强调“一枝独放不是春，百花齐放春满园”，定期开放园所环境、开展各类活动，为区域内各级各类幼儿园提供观摩学习现场，满足不同幼儿园需求。开放的空间、开放的态度、开放的环境、开放的课程、开放的资源共享。从教师层面看，倡导做一名开放的教师，意味着能尊重他人、张开怀抱接纳不同的人和不同的观点，能从不同的思想中汲取精华，不断拓宽自己的思想，不断扩展自己的视野，为自身成长赋能。

2. 悦纳

“悦”是指愉悦，“纳”是指“接纳”，悦纳就是“愉快地接纳”。大海是包容的，充满活力，充满生机的。老师们悦纳自己，悦纳同伴，悦纳幼儿。

3. 进取

对于一艘没有航向的船来说，任何方向的风都是逆风。作为教师，不能没有教育思想，人云亦云；不能得过且过，没有奋斗目标；不能不思进取，没有理想信念。时代在进步，知识在更新，进取心是干好工作的前提，也是育人的重要保障，不断进取才能乘风破浪，勇往直前。

4. 创新

创新是一个民族的灵魂，是国家兴旺发达的不竭动力。而教育是一项极具创新性的工作，创新能力是教师必备的素养。对每一名二幼人来说，创新是基于幼儿的年龄特点和发展水平创造性地开展教育的全过程，包括理念的创新、活动的创新、方式的创新等。

（五）幼儿培养目标

“好奇探究，快乐自信”，是海洋生态文化幼儿的培养目标。大海广袤无垠，生生不息，有数不清的生命体，有探究不完的奥秘。海洋生态文化下的幼儿就如一条条独一无二的小鱼，对万事万物充满好奇，用一双探寻的眼睛，观察着周围，观察着世界，在游历和挑战中不断成长。同时，海洋生态文化浸润下的幼儿每一天的生活都是愉快的，有意义的，幼儿在宽松、自主、愉悦的氛围中自信地表达表现，这就是我们想培养的具有二幼海洋生态文化特质的幼儿样态。

（六）教师培养目标

海洋生态文化下的教师就像一艘艘帆船，追寻小鱼的脚步，陪伴小鱼“济险历难”，为了“无所不往”的“小鱼”，“帆船”要经历“三三三”的“锻造”，即成为“三心”教师，提高“三度”素养，做到“三声”教育。

1.“三心”教师是团队气质内涵

（1）爱心育人。有爱心是幼儿园老师的必备素质，也是首要素质。“爱孩子”是幼师这一职业的底色，有了爱心，对待孩子才会有细心和耐心，才会全心全意育人。

（2）专心研究。静下心观察，沉下心思考，专下心研究，这是教师在专业发展道路上的理想状态，也是二幼所倡导的教师素养。心有静气，做事专注，才能向“专家型教师”发展。

（3）开心合作。开心是合作时的心态和状态，是愉快的、喜悦的。合作是指个人与个人、群体与群体之间为达到共同目的，彼此相互配合的一种联合行动、方式。[19]班级能高效高质完成幼儿在园的一日活动；级部的合作能让大型活动或级部活动变得有动力；全员合作能让幼儿园充满活力，保持不断前进的势态。因此，开心合作是群体共进、共赢、共发展的必由之路。

2.“三度”教师是专业素养标准

（1）做有“温度”的教师，耐心细致，爱心育人，打好师德底色。

（2）做有“深度”的教师，日益精进，勤学善思，厚实专业成色。

（3）做有“宽度”的教师，眼界开阔，多元发展，成就个人特色。

3.“三声”教育是师幼互动要求

“三声”教育来源于南京市北京东路小学附属幼儿园吴邵萍《幼儿园管理与实践》一书，即“提问有应答声、见面有问候声、进步有赞美声”。“提问有应答声”是指每个孩子都喜欢问为什么，教师应耐心地为孩子解答；“见面有问候声”是指教师和幼儿见面主动打招呼，既是一种热情的态度，又是一种礼貌；“进步有赞美声”是指允许每个孩子有自己个性化的表现表达，把每个孩子的表现表达都进行呈现分享，对孩子的进步及时给予肯定。幼儿在“提问有应答声”中感受被鼓励，在“见面有问候声”中感受被尊重，在“进步有赞美声”中感受被认可。在“三声”教育里获得良好的师幼互动。

（七）海洋生态文化园所发展愿景

1. 人文素养厚重

有人说“教师是人类灵魂的工程师”，育人是教育的灵魂。而育人过程中，人文素养不可或缺。人文素养，就是做人的基本修养，主要体现在一个人对自己、他人和社会的认识、态度和行为准则中。人文素养是由人文知识、人文态度和人文精神构成的，人文知识和人文态度是人文素养的基础，人文精神是人文素养的核心和灵魂，人文素养的最高形态是人文精神，人文素养主要通过世界观、价值观、人生观、人格特征、审美情趣等体现出来，人文素养不直接体现为能力，而

19 https://baike.so.com/doc/1397137-1477129.html.360 百科

是以人为对象，以人为中心的精神，其核心内容是对人生存意义和价值的关怀。“人文素养厚重”是海洋生态文化对教师内在发展的期许，有了丰富厚重的人文素养，高质量的教育目标才能实现。

2. 生成课程见长

生成课程既不是教育者预先设计好的、在教育过程中不可改变的计划，也不是儿童无目的、随意的、自发的活动。它是在师幼互动过程中，通过教育者对幼儿的需要和感兴趣的事物的价值判断，不断调整活动，以促进幼儿更加有效学习的课程发展过程，是一个动态的师幼共同学习，共同建构对世界、对他人、对自己的态度和认识的过程。

3. 海洋特色鲜明

主要指向在海洋生态文化理念的引领下，园所环境、园本课程、师幼成长等无一不体现海洋气质、特质，自然形成并显现海洋特色，成为独具风格的品牌园。

第三节　海洋生态教育的课程体系

我园在海洋生态文化背景下的园本课程建构与实施的研究中，在如何将海洋生态文化理念转化为课程实践层面进行探索，逐渐构建了一套完整的海洋生态教育园本课程体系。

一、三维海洋生态教育课程目标

以《幼儿园教育指导纲要（试行）》《3~6 岁儿童学习与发展指南》中五大领域目标建议为依据，以海洋生态教育理念为根本，从海洋认识、海洋探究、海洋情感，即认知、能力、情感三个维度架构了海洋生态教育园本课程目标。

（一）海洋生态教育园本课程认知目标

喜欢家乡的大海，愿意亲近大海、探索大海的秘密，喜欢了解与大海相关的事情，初步形成科学和谐的生态海洋观。

（二）海洋生态教育园本课程能力目标

幼儿了解大海的环境、潮汐变化，家乡关于海的民俗、谚语、诗歌等，知道保护大海的方法，认识常见的海鲜、海洋生物等的外形、习性、特点，了解港口、轮渡等与海洋有关的场所的功能。

（三）海洋生态教育园本课程情感目标

能用各种方式表达对大海的热爱，利用各种贝壳、沙子等材料大胆表现大海及海洋生物，阅读并尝试讲出、创造性地表现关于大海的文学作品，主动宣传并参与保护大海的活动。

二、多元丰富的海洋生态教育课程资源

（一）本土海洋资源的利用

我园地处海滨区域，拥有较为悠久的海洋渔业资源与海洋民俗文化。从迁建新园起，就申报立项了“海洋生态文化的探索与实践”这一课题，向家长、教师、社区人员发放了海洋文化和本土文化资源调查问卷，并根据问卷内容对资源进行了分类整理。

表 1-1　海洋生态文化课程资源调查内容统计表

内容类型	具体内容
海洋传说	金沙滩凤凰岛传说、陈姑庙传说、龙王生日传说、胶州湾传说、徐福东渡传说
海洋活动	琅琊台祭海、三月初三海神节、开海活动、休渔期
饮食习惯	吃鱼时的习惯、新鲅鱼的赠送习惯

续表

内容类型	具体内容	
海洋建筑	观赏性建筑	齐长城遗址、青岛极地海洋世界、琅琊台、灵山岛贝壳楼、龙王庙、金沙滩海螺形乘凉亭、栈桥、海军公园
	住宅性建筑	海草房
	功能性建筑	黄岛轮渡的军用瞭望塔、奥帆中心、帆船展示和比赛场所
传统文化	传统庆祝活动	龙灯、舞狮、旱船、高跷、跑驴、腰鼓、秧歌、大头娃娃
	传统艺术活动	唢呐、二胡、笛子、锣鼓、笙器乐、评书、鼓词、快板、民歌、黄岛民间剪纸
地方民谣	幼儿歌曲	《小螺号》《海底总动员》《阳光沙滩》
	成人歌曲	《新黄岛民谣》《大海呀故乡》《二香琴谱》《祭海歌》《渔歌》《海浪花》《舟山渔歌》《月牙湾》《宝山大秧歌》
地名由来	卧棚村的由来、管家楼的由来、琅琊台的由来、“凤凰岛”的由来、黄岛的由来	

（二）海洋绘本资源的利用

阅读—理解—表现表达（绘画、表演、创编等）是了解海洋绘本类主题的生成路径。幼儿园遴选了适合幼儿阅读的海洋绘本300余本，从绘本中感知大海，在绘本中探索大海的秘密。在“三个一”活动中，每个班都根据本班特色的海洋绘本，生成了相应的主题。在主题开展过程中，教师利用班级的一些小角落、小区域，创设陈列式、互动式海洋主题小场景，让幼儿直观感知海洋气息，引发幼儿对主题内容的浓厚兴趣。

三、聚焦海洋资源的海洋生态教育课程内容

（一）融入海洋环境的隐性课程

隐性课程是幼儿园体验式、互动性、情境性情景，以间接、内隐的方式呈现

的课程，会对幼儿产生非预期性、潜在性、多样性的影响。我园充分发挥环境的隐性教育功能，站在幼儿的视角创设环境，每一处都能体现童趣；班级的主题场景是变化的，每一个墙面的内容呈现是动态、灵活多样、有生命力的；环境的设计不刻意、不堆砌，包含了环境内容的自然、材料使用的自然、表现表达的自然；班级还开展了“选一本经典绘本，定一个主题形象，设一个海洋情境”的“三个一”主题环境创设活动。

（二）依托海洋资源的显性课程

充分利用好本土海洋资源，灵活采用实践体验、亲子互动、走进社区等方式，从师幼、家长、社区三个层面共研海洋生态文化课程，课程内容框架如图所示：

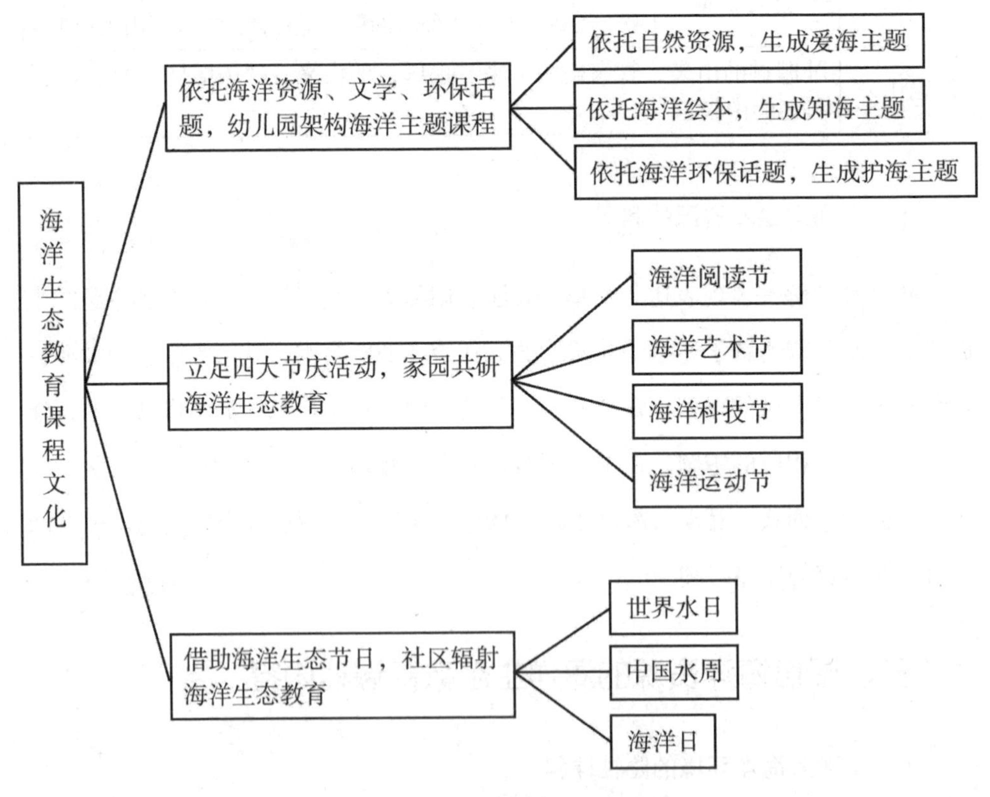

图 1-2　海洋生态文化课程框架图

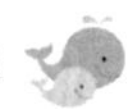

四、路径清晰的海洋生态教育课程实施路径

（一）海洋生成主题课程实施路径

1. 依托本土资源，生成与海洋环境对话主题，培养幼儿爱海意识和情感

筛选资源—实践体验—交流拓展—生成主题，是增进幼儿喜爱大海主题生成的路径。黄岛三面环海，有中国北方最大的集装箱港“前湾港”，有与大海咫尺相望的“海滨公园”，还有亚洲第一的“金沙滩”……大海给幼儿带来了无穷无尽的乐趣，也有很多秘密引导着他们去探究和发现。

2. 依托海洋文学，生成与海洋绘本对话主题，引导幼儿多层面知海

阅读绘本—呈现环境—发现兴趣—架构主题，是了解海洋绘本类主题的生成路径。幼儿园遴选了适合幼儿阅读的海洋绘本，从绘本中感知大海，在绘本中探索大海的秘密。

3. 依托海洋环保话题，生成与海洋生态对话主题，培养幼儿护海意识

关注海洋环保话题—实践活动—宣传倡导—生成主题，是海洋环保主题的建构线索。幼儿从社会环保话题中看到的、听到的，都激发起他们保护大海的愿望，并促使他们在行动上理解海洋生态，强化海洋保护意识。

（二）海洋生态节日课程实施路径

为传播海洋生态文化的理念，让更多人树立海洋意识，在家庭、幼儿园开展各类活动时，注意利用海洋生态节日向社区宣传渗透，形成教育合力。注重将生态节日融入课程，结合“3月22日世界水日”和“中国水周”，开展了“小水滴，大世界”的世界水日主题实践活动。幼儿自愿报名担任“小记者”“小小宣传员”“节水小卫士”的角色，将“节水倡议书”发放给路上行人，活动以“一个幼儿带动一个家庭、一个家庭带动一个社区”的理念引领，让幼儿用自己的行为与努力改变身边人的行为，宣传海洋环保理念。

（三）海洋四大节庆活动实施路径

为了激发家长了解海洋、探究海洋的情感，提升其引导幼儿保护、建设海洋的积极情感，增强与幼儿园一起培养“好奇探究、快乐自信”幼儿的能力，我园以不同的主题引领，实施四大节庆课程，分别是春季海洋阅读节，夏季海洋艺术节，秋季海洋科技节，冬季海洋运动节。从分享阅读、自信表现、自主探究、健康运动四个方面实现幼儿和谐、富有个性的发展。

1. 春季海洋阅读节开拓视野、丰富海洋素养

每年 4 月是海洋阅读节，幼儿园聚焦经典海洋绘本等，精选并购置一批适合大中小幼儿阅读的绘本书目，提升海洋素养，养成阅读习惯。一是创设阅读环境。班级设立“阅读角”“信息角”，家庭设立“小书房”“阅读桌”等专门阅读区。二是分享阅读活动。开展“图书漂流”“好书推荐”“经典共读”等活动，共享资源，分享阅读心得。三是深化阅读活动。组织“睡前故事打卡、小蓝鲸广播电台、小蓝鲸图书义卖、绘本剧展演”等活动，创造性地表现表达。每年我园的海洋绘本剧排演数量为 15~24 个，累计已排演绘本剧百余个；收集整理优秀海洋绘本约 357 本；分享生成海洋故事二维码 1.5 万余个。这些让家长和幼儿在阅读节真正爱上海洋文学，丰富海洋素养。

2. 夏季海洋艺术节自信表现、愿意围绕海洋主题进行艺术创作

每年 6 月，六一儿童节和大班毕业季是海洋艺术节开展的时间，并融合了海洋阅读节中的绘本剧展演，体现节庆活动间综合性、融合性的特点。不论是六一儿童节，还是大班毕业季，都是属于幼儿自己的节日，幼儿园充分以幼儿为主体，鼓励他们自主选择活动主题，开展如“水枪大战”“天台冷餐会”“时装秀”“主题观影”“童心画展”等具有仪式感、参与感、体验感的活动，每个幼儿都有了愉快难忘的节日体验，都在感受美、欣赏美、表现美中获得愉悦、自信。

3. 海洋科技节自主探究、发现海洋秘密

陈鹤琴先生说“大自然大社会都是活教材”，我园利用参观实践、动手操作、亲身体验等方式，让幼儿在探究中建立对事物持久的兴趣和喜欢“刨根问底”的

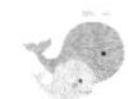

良好品质。一是注重走进大自然进行体验感知、观察探究。带幼儿走到海边，走进大自然，发现海洋的秘密、动植物的变化。二是注重科学实践活动的组织。开展了系列科学主题活动，如“赶海”“走进贝壳博物馆”“走进海底世界”“挽留海鸥”活动等。三是注重开展生活中的科学探究活动。如“海水淡化器”等系列 STEM 项目、“亲子科技制作”“科学小实验”等自主探究活动，并开设科学发现室，内有包含 STEM 玩教具、潜望镜等科学材料 150 余种，让幼儿感知科学技术给生活带来的影响。

4. 海洋运动节健康运动、发现运动乐趣

二幼配备滑索、爬笼、攀爬架、跳跳球等各式运动器材 350 余种，并将户外划分为花样足球区、自行车骑行区、泥潭区等九大游戏区，充分满足幼儿大肌肉发展。每年开展的“海洋运动节”活动以大、中、小亲子运动会的形式，让师幼和家长体验运动之乐。

附录

附录一：幼儿眼中的幼儿园

第二章　幼儿画像：小鱼

小鱼的梦

小鱼玩了一天水

大海妈妈怀里睡

天上小鸟飞下来

带它空中去飞翔

地上小马跑过来

背它草原去飞奔

小鱼做了个甜甜的梦

摇摇尾巴咂咂嘴

这段文字节选自一首稚拙的诗歌《小鱼的梦》，歌词富有童趣、生动活泼、充满诗情画意，正如幼儿的想法，天马行空、想象力十足。他们就是这样的一群小鱼，在丰富有趣、充实愉快的幼儿园游戏活动中畅游、翱翔、飞奔……

这段文字呈现在我园门厅里，底板是钢琴琴键的形状。这具有海洋生态文化的丰富意涵：钢琴可以弹奏出美妙的音乐，每一个琴键都可以发出独一无二的声音，它是有节奏的、美的、令人愉悦的，孩子的成长犹如钢琴弹奏的音律，富有节律，按下不同的琴键，奏响的乐曲就像每一个孩子无可替代的美好童年。“小鱼”以其形象的灵动和文化意涵的生动成为幼儿的画像。

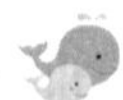

第一节　幼儿培养目标的演变

在海洋生态文化确立的10年里，我园将“海洋生态文化”作为发展的创新点和生长点，把海洋资源作为文化和课程发展的载体。通过园本课程实践，不断吐故纳新，形成了“每一天，美一天，探究生命成长之美”的核心教育理念，致力于培养“好奇探究、快乐自信”的幼儿。这一目标是在国家、省市区学前教育的大背景下，结合幼儿园海洋生态文化建设的实际确立的。

一、儿童观的历史演变

（一）国外儿童观的演变

儿童中心论的产生，经历了漫长的历史过程。中世纪前后，儿童被视为缩小的成人，带着“原罪”出生。16世纪，认为儿童是父母的所有物。17世纪开始聚焦儿童本位，认为儿童是独立的存在。19世纪开始教育心理学化，主张教育应以心理学规律作为依据，教育的前提是认识和研究儿童。20世纪是发现儿童的世纪，以杜威、蒙台梭利、皮亚杰、维果茨基等儿童教育学、心理学家为代表，揭示儿童心理的内部机制和发展规律，强调尊重儿童，坚守儿童立场实施教育，避免教育压迫儿童。蒙台梭利认为应打破“成人教导儿童去做”的传统教育理念，儿童的心理发展既不是单纯的内部成熟，也不是环境、教育的直接产物，而是机体和环境交互作用的结果，是通过对环境的经验总结而实现的，成人给儿童的教育是协助儿童自我发展，重视培养儿童人格的养成。

（二）国内儿童观的演变

中国受传统儒学影响，很长时期以来认为儿童是无权利的存在，是家庭的附属物、父母的所有物。五四运动到新中国成立，儿童地位逐渐被重视，受西方思想浪潮影响，倡导儿童中心。新中国成立到改革开放，儿童是社会发展的重要存在。20世纪末至今，开始重回儿童中心，把儿童看作独立的个体，认为儿童是生活和学习的主体。

二、国外幼儿培养目标的特点

（一）面向少数幼儿的选拔教育

虽然学前教育机构产生于18世纪，但从20世纪后半叶开始，各国对学前教育才更加重视，不断地推出各种法律法规，以保证和促进学前教育的发展[20]。这一时期，教育和保育是分开的，政府采用法律法规的形式，重视为国家培养人才，教育范围为少数儿童，忽视教育的全民性和幼儿个体的发展。

英国在1944年颁布了《1944年教育法》，该法案写道："以教育5岁以下儿童为主要目的的初级学校就是保育学校。"1958年，美国政府又通过了《国防教育法》，该法案强调教育应该从孩子抓起，应该重视天才儿童的选拔和教育。

（二）强调幼儿智力和认知发展

20世纪50年代末到60年代初，学者们对于学前教育的研究更加成熟，政府不再片面追求人才选拔，更强调教育质量和幼儿的个体发展。由重视儿童认知和智力的发展到强调儿童的主动性和主体性，儿童情感和社会性的发展受到关注。为了提高教育质量，美国政府掀起了中小学课程改革运动。其中，受布鲁纳的影响，美国政府在全国范围内开展幼儿智力开发运动，自此各种学前教育课程建立起来了，美国学前教育高瞻课程便是其中的一种。高瞻课程吸收了皮亚杰的认知发展理论，一开始将重点放在儿童入学准备所需的知识和技能方面，强调儿童认知和智力的发展。20世纪70年代，由强调皮亚杰的认知性转变到儿童是知识的

20　张繁，王雨露．国外学前教育改革与发展探析［J］．教育与教学研究，2010（1）．

建构者，强调儿童的主动性和主体性，同时儿童情感和社会性的发展受到关注；自20世纪80年代开始，更加强调学习过程中儿童的主动性，将“主动学习”从第二阶段的主要学习经验之一提升为整个课程发展的核心。

（三）注重儿童的全面发展

20世纪80年代至今，幼儿培养目标更加系统化、具体化。不再单一强调知识的学习，而是强调儿童的身心健康、社交能力、语言表达能力、认知能力、创造力和想象力的培养，注重儿童的全面发展。瑞吉欧教育在1990年被美国《新闻周刊》评选为“全世界最好的教育系统之一”。瑞吉欧认为：教育的目标就是要创造一个和谐的环境，发展幼儿的创造力，使幼儿形成完满的人格。日本文部科学省于1998年全面修订了1989年制定的《幼儿园教育纲要》，其中规定幼儿园教育的五点目标，并从健康、人际关系、环境、语言表达能力和表现能力五个方面具体规定了其目标和措施。2005年4月，全美幼儿教育协会重新修改了《幼儿教育方案标准和认定指标》，明确指出学前教育课程标准旨在发展儿童在审美、认知、情感、语言、体能和社会等方面的能力。

成子娟选取了新加坡、英国、澳大利亚、芬兰和美国的学前课程指南文献进行比较，从中探讨这五个国家培育学前儿童的方向、学习内容和学习评估等方面的共同特征和差异。分析结果表明：五国一致聚焦于儿童体能、健康、认知、情绪、群性、科学探索、艺术创意和个性的全面发展。儿童全面发展依赖于综合学习活动，但是，在跨学科综合学习还是超学科综合学习方面存在差异；儿童是否需要评估，评估所涉及的儿童年龄和学习表现指标的构成，等等，也表现出各国的特色。[21]

21　成子娟.学前儿童学习目标、学习内容和学习评估：国外课程指南文献比较［J］.外国教育研究，2020，47（04）.

三、我国幼儿培养目标的特点

（一）保育和教育并重

新中国成立到改革开放30年间，党和国家把培养社会主义建设者和接班人摆在重要位置。1949年9月，《中国人民政治协商会议共同纲领》强调“注意保护母亲、婴儿和儿童健康”。1952年3月，国家颁行的《幼儿园暂行规程草案》提出“幼儿园任务是教养幼儿，使他们的身心获得健全发育”。学前教育是保教并重的教育，强调教中有保，保中有教。因为学前教育的对象是尚未入学的儿童，身心发展不健全，自理能力差，缺乏自我保护能力，他们是社会中最脆弱的群体，需要他人的精心照料。所以必须将教育“寓于一日生活之中”，既要强调保育中的教育性因素，又要重视教育中的保育因素。

（二）注重学前儿童的全面发展

1957年，《关于正确处理人民内部矛盾的问题》强调教育为无产阶级政治服务，教育与生产劳动相结合，培养幼儿德智体美劳全面发展。从改革开放至21世纪初30年间，我国学前教育经整顿恢复、规范管理、规模扩张、质量提升阶段，从规范期走向上升期，实现规范性质量观到保障性质量观再到儿童本位质量观转变。[22]1981年10月，教育部《幼儿园教育纲要（试行草案）》规定“幼儿园的教育任务应是对幼儿进行德智体美全面发展的教育，使其身心健康活泼地成长，为小学打好基础”，强调根据幼儿年龄及身心特点提高保教质量。2001年，教育部颁布《幼儿园教育指导纲要（试行）》，强调保教并重，尊重幼儿人格、权利、身心发展规律、学习特点和以游戏为基本活动，促进幼儿个性发展，标志幼教发展进入新阶段。同期下发《教育部关于印发〈幼儿园教育指导纲要（试行）〉

22　李燕，邓涛．中国共产党的学前教育质量观：百年演变与未来展望［J］．天津市教科院学报，2021（33）．

的通知》，指导幼儿保教安全、规范、科学发展。[23]

2010 年特别是党的十八大以来，国家陆续出台推进学前教育有质量发展政策，“好的学前教育实践”大量开展。2012 年 10 月，教育部颁布《幼儿园教育纲要（试行草案）》，指导幼儿在“五大领域”的发展，为儿童健康快乐成长提供现代儿童观导向。2014 年前后，世界学前教育发展欣欣向荣，中国学前教育进入跨越式发展阶段。

（三）关注学前儿童的长远发展

《纲要》对发展“情感、态度、能力、知识、技能”的排序体现了一个鲜明的价值取向，那就是更加注重学前儿童终身可持续发展品质的培养。学前教育不以传授知识的多少为主要目标，重在发展儿童素质，开发儿童智能和创造性，培养良好个性品质，提高适应社会环境能力，等等，为儿童的长远发展打下坚实基础。[24]

综上所述，我园坚持科学的儿童观，将国家幼儿培养目标落实到幼儿园实际教学中，利用得天独厚的海洋资源、港口资源，让幼儿在亲近自然、亲近海洋的过程中，遵循其身心发展规律，提高他们好奇探究的品质，支持他们主动学习，同时，摒弃急功近利地学知识、学技能的小学化倾向，呵护童真，让幼儿园的孩子做他们应该做、喜欢做的事情，尊重个性，快乐成长。

第二节　海洋生态文化下的幼儿画像

海洋孕育了许多生命，幼儿园就像大海一样，充满着无限可能性与开放包容性。那幼儿像什么呢？我们认为幼儿对于自己的画像最有发言权，也愿意倾听他

23　薛建平．我国学前教育事业发展历史演进、现实困境及对策思考［J］．吕梁教育学院学报，2022（39）．

24　虞永平．《学前教育学》自学辅导［M］．苏州大学出版社，2001．

们的声音。

一、“小鱼”画像的产生

（一）“小鱼”的灵动与幼儿的童真一脉相承

说起大海，幼儿的脑海中首先浮现的是什么呢？“大海里有很多很多的鱼！”“在海底有漂亮的珊瑚，还有很多漂亮的鱼！”“鱼儿”是幼儿对大海的第一印象。细想，幼儿不就是大海中的“鱼儿”吗？他们如小鱼般在大海里自由自在，有着一片属于自己的成长天地。

（二）“小鱼”的生动与幼儿园教育理念高度契合

鱼在中国文化中有着独特的、丰富的寓意，与幼儿园的教育理念高度契合。

象征自由。庄子在《逍遥游》中说道：“北冥有鱼，其名为鲲。鲲之大，不知其几千里也，化而为鸟，其名为鹏。鹏之背，不知其几千里也。”鱼可遨游天海，寓意幼儿能够自由自主地游戏、探索生活中的奥秘。他们是快乐的，愿意探究的。

象征美好。中国人喜欢用鱼来表达美好的祝福，鱼的造型、纹路以及鱼鳞、鱼尾等素材，在中国传统物品中应用很多，不仅生动有趣，洋溢着对生活的热爱，而且寓意美好，是吉庆、富裕、美好和幸运的象征。鱼是“余”的谐音，人们用“鱼形”来寓意年年有余、吉庆有余。寓意幼儿拥有巨大的发展潜力，他们是充满好奇心的。

象征和谐。鱼在水中游动时轻盈敏捷、安静和谐，代表人与自然之间和谐共处，社会和谐、家庭和谐。寓意幼儿是身心和谐发展的个体，他们是自信的。

二、“小鱼”的具体内涵

“好奇探究、快乐自信”八个字蕴藏着我们对幼儿成长的殷殷期望，同时也是二幼娃的发展方向，从字面上看，抽象却又具体，那么“好奇探究、快乐自信”

的幼儿是什么样的呢？

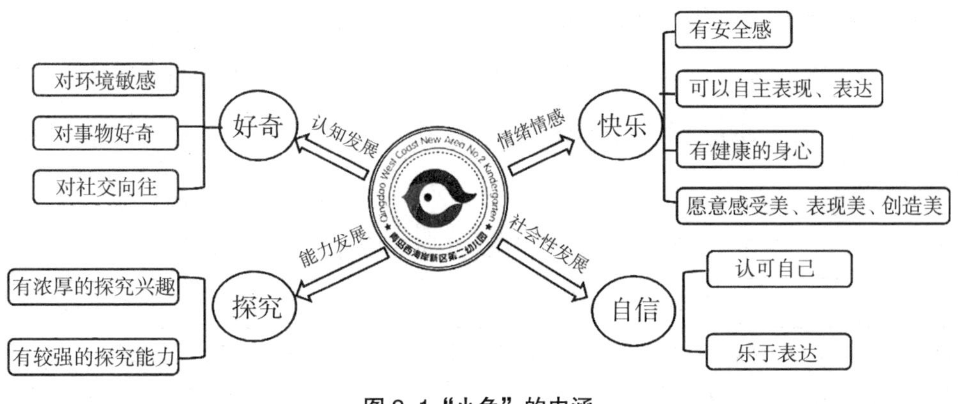

图 2-1 “小鱼”的内涵

（一）对万事万物充满好奇

小鱼是好奇的，它有一双灵动的眼睛，对周围的一切充满好奇与想象，凭借自身独有的本领在大海里探索着、生存着、成长着。幼儿就像一群鱼儿一样，脑袋里充满了许多小问号，总会对遇到的新鲜事物探究到底。幼儿园鼓励幼儿的小问号，并且提供支架、平台帮助幼儿去探索、去表达。

我国心理与教育工作者把好奇心看作教学中的主要情绪与动机，十分重视好奇心对学习和教学的促进作用。陈鹤琴曾说：“好奇心为知识的门径，我们应当利导之。”好奇是幼儿创新能力形成和发展的重要表现，是创新人格特征的一个重要方面。一个人如果没有好奇心，没有新鲜感，就不会有新的发现，更谈不上创新。

1. 对环境敏感

敏感力是儿童在成长过程中，对周边环境的某些刺激十分敏锐的一种感受力，会让幼儿的心智发生特殊的运作以及相应的生理反应，从而产生特殊喜好或情感，这种力量就是感受力。当一种敏感力发生的时候，幼儿的内心会产生某些难以解释的、无法遏制的动力。

海洋生态文化下的幼儿能够敏感捕捉身边环境的细微变化，从而产生强烈的好奇，引发主动探索。如能敏感地发现家庭环境的变化，环境是否干净整洁，家庭关系是否和谐，等等；幼儿也能够细致关注到幼儿园环境的变化，发现幼儿园新粉刷的墙壁、班级主题墙的更换、大厅里朝相反方向游去的小鱼。能关注生活中的点滴变化，感知到海洋中不同动植物的外形特征，了解其习性与生存环境的适应关系。

表 2–1　海洋生态文化下幼儿对环境敏感的培养目标

年龄	3~4 岁	4~5 岁	5~6 岁
培养目标	1. 喜欢所处的家庭、社区、幼儿园环境，能感知明显的变化。 2. 喜欢大海，对海里的植物、动物都非常感兴趣。 3. 会区分 2~3 种贝类海鲜，了解贝壳是多种多样的。	1. 喜欢所处家庭社区、幼儿园环境，能感知明显的变化，能表达自己的感受。 2. 能感知和发现海洋里的动植物的生长变化及其基本特征。 3. 感知常见海鲜的外形特征。	1. 喜欢所处家庭、社区、幼儿园环境，能感知细微的变化，能表达自己的感受。 2. 感知常见海鲜的外形特征。 3. 了解海边人家的饮食；能察觉到动植物的外形特征、习性与生存环境的适应关系；感知海洋资源与人们生活的关系及海洋对人类的重要性。

2. 对事物好奇

个体对客观事物的好奇是学习活动实施的重要内在动力。《指南》在幼儿的培养目标中提出：3~4 岁幼儿喜欢问各种问题或好奇地摆弄物品；4~5 岁幼儿喜欢接触新事物，经常问一些与新事物有关的问题；5~6 岁幼儿对自己感兴趣的问题总是刨根问底。

海洋生态文化下的幼儿渴望了解大海，遇到不明白的问题不断向老师和同伴提出，也会在认真倾听的基础上对于不清楚的问题继续发问，直到得到自己满意的答案为止。

例如，在了解大海的过程中，幼儿会发现海水是咸的，提出“为什么海水是咸的？”“海水里有很多盐吗？”等问题，进而产生了“海水淡化”“海水制盐”等一系列海洋科学小实验。

表 2-2　海洋生态文化下幼儿对事物好奇的培养目标

年龄	3~4 岁	4~5 岁	5~6 岁
培养目标	1. 喜欢接触大自然，对周围的很多事物和现象感兴趣。 2. 喜欢问各种问题或好奇地摆弄物品。 3. 喜欢听和大海、贝壳有关的故事、儿歌，主动阅读和大海有关的图书、绘本。	1. 喜欢接触新事物，经常问一些与新事物有关的问题。 2. 通过各种途径了解螃蟹、海星等的外形特征、生活习性。 3. 对海底的植物兴趣浓厚，很想了解海藻、紫菜等常见海底植物。	1. 主动探索海洋的奥秘。 2. 通过多种途径了解关于潮汐变化、海洋资源、海洋生物、海上交通等方面的知识。 3. 对海洋、船类及航海方面的图书感兴趣，喜欢与同伴交流分享书中的内容。

3. 对社交向往

幼儿进入幼儿园，就开始了真正意义上的集体生活，需要逐渐适应、融入集体生活，和同伴一起玩耍，游戏中协作配合；需要根据自己的心意找到好朋友；需要认真倾听老师讲话，和老师沟通。拥有社交好奇心，幼儿可以主动结识新朋友，主动和老师交流，社交能力也不断提升。

表 2-3　海洋生态文化下幼儿社会交往能力培养目标

年龄	3~4 岁	4~5 岁	5~6 岁
培养目标	1. 能在老师帮助下较快适应集体生活。 2. 愿意和小朋友一起游戏。 3. 愿意与熟悉的长辈一起活动。	1. 喜欢和小朋友一起游戏，有经常一起玩的伙伴。 2.喜欢和长辈交谈，有事愿意告诉长辈。 3. 愿意主动和教师交流自己的事情。	1. 有自己的好朋友，也喜欢结交新朋友。 2. 能够主动向教师、同伴请教或交流、分享关于海洋、船只的相关知识和经验。 3. 有高兴或者有趣的事情愿意与大家分享。 4. 在活动中与同伴协商、分工、合作，关注同伴的需求，主动给予帮助。

（二）积极主动参与探究

当今时代是科学技术快速进步和发展的时期，开展科学启蒙教育非常重要。科学启蒙教育是国家培养科学创新式的重要举措，科学素养的提升是社会可持续发展对人的发展提出的要求。《3~6 岁儿童学习与发展指南》中对幼儿科学教育也提出了基本要求。

1. 有浓厚的探究兴趣

《3~6 岁儿童学习与发展指南》指出："科学探究的核心是激发探究兴趣，体验探究过程，发展初步的探究能力。"由此可见兴趣的重要性，只有幼儿喜欢、感兴趣，才能积极主动地参与到探究活动中。《3~6 岁儿童学习与发展指南》在幼儿科学领域的培养目标中提到："4~5 岁幼儿常常动手动脑探索物体和材料，并乐在其中；5~6 岁幼儿在探索中有所发现时感到兴奋和满足。"

海洋生态文化下的幼儿不仅渴望了解大海，还特别想要探究海洋里的秘密。幼儿能够积极表达自己的观点，也能积极动脑，敢于对老师的观点提出质疑，并大胆表达自己的想法，能够不怕困难，逐个解决问题。

（1）愿意深度探究

幼儿建构新知、形成新经验，正是在幼儿深度学习过程中形成的。3~6 岁幼儿的认知水平处于前运算发展阶段，他们通过眼睛观看、耳朵倾听、手脚感知、鼻子嗅、舌头尝感知外界事物，通常只能关注事物的表面特征，难以推断事实或进行抽象思考。在感知的基础上，幼儿将获得的初步感性形象和在探索中获得的浅显的实践经验作为素材，进一步进行思维加工。幼儿会因此一步步建构属于自己的独特理解和认识，在对自己已有经验进行迁移、运用、批判、重组的基础上，在新知与旧知矛盾对立、冲突解决中，逐步完善自己的认知，重新形成属于自己的更深一层经验。

（2）愿意持续探究

在科学探究中，幼儿从操作中获得成功的喜悦感固然重要，但难免会有失败的经验，教师深知探究的过程比结果更有价值，所以会给予幼儿正确的评价和指导。幼儿会持续保持探究热情，在挫折中坚持不懈地探索。

表 2-4　海洋生态文化下幼儿探究兴趣培养目标

年龄	3~4 岁	4~5 岁	5~6 岁
培养目标	喜欢大海，对大海的颜色，海水的味道，海边的沙、贝壳等事物感兴趣，愿意探索发现它们的明显特征。	1. 常常动手动脑探索物体和材料，并乐在其中。 2. 对家乡丰富的海产资源感兴趣，尤其是最常见的海鲜，愿意探索其特征。 3. 愿意通过观察、品尝等形式感知海产品的特点。	1. 在探索中有所发现时感到兴奋和满足。 2. 能边操作边观察，积极探究水的张力、沉浮等现象，体验探索发现的乐趣和满足。 3. 愿意探究海洋动物更深层次的秘密。

2. 有较强的探究能力

科学探究能力的外在表现是一个人学习科学的方法和能力，即发现问题、做出假设、实验验证、分析整理数据、交流表达能力等。良好的科学探究能力能够让幼儿养成主动学习、主动积累知识与经验的习惯，让幼儿以主动学习的态度探索深层次知识，促使幼儿能力不断提升。

（1）有较强观察能力

观察是人的感觉器官在大脑的指导下有目的、有计划、较持久地感知某种对象，从而认识客观事物或现象的一种方法。在幼儿的科学活动中，观察是科学探究活动的基点，是幼儿认识事物最主要的方法。在观察活动中，幼儿可以多种感官直观、生动、具体地探索客观事物和现象的特征，提高感官的综合活动能力，同时运用多种感官探索周围环境，积累对事物的认识和经验，为形成概念打下基础。

（2）会以自己的方式记录

记录是幼儿活动后从一个外部视角观察自己，促使活动过程具体可见的方式，是幼儿进行科学探究的重要方式，是幼儿交流分享的媒介和载体，为幼儿的描述提供方便，有利于幼儿科学知识与经验的获得，有利于幼儿科学品质与习惯的培养。对记录单的分析与判断，能促进幼儿思维能力的发展。

幼儿对于动植物的认识、表达是多种多样的，因此幼儿记录也应该是多种多样的。灵活、多样化的记录能促使幼儿个性化地描述他们的反应、想法和观点。海洋生态文化下的幼儿进行科学探究活动时，可以通过自己理解的符号进行记录，也能根据活动内容选择适宜的形式来记录，如空白记录单、条形统计图、表格式记录单等。

（3）能简单分类概括

分类是通过比较，按照事物的异同程度分门别类的过程。长期以来，分类作为探讨儿童思维发展的手段受到心理学研究的重视。感知相似性进行分类是学前儿童分类的一个重要标准。

海洋生态文化下的幼儿能在操作体验中探索并感知常见物质、材料的特性和物体的结构特点，不断地积累分类经验；又能在问题体验中观察、分析、比较、判断、感悟事物的性质和特征，为幼儿后续的分类活动奠定“理论”基础；也能不断感受分类给生活带来的效用。

（4）能发现问题并积极操作解决问题

“发明千千万，起点是一问。”发现问题是开始探究和解决问题的前提，与创造性思维具有密切的关系，必须着力培养幼儿善于发现问题的意识。

解决问题是人们以发现问题和克服问题为目标而从事的认识活动，体现了人们综合运用知识的能力。怎样解决遇到的问题呢？这就要通过幼儿的观察、操作、思考、判断、推理、归纳和概括来实现。

海洋生态文化下的幼儿能自主发现、提出、分享、交流遇到的问题，并且按照内化于心的科学探究环节，与同伴交流讨论、充分合作，一次次尝试，直到解决自己遇到的问题或困惑。

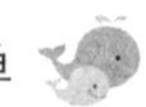

表 2–5　海洋生态文化下幼儿探究能力培养目标

年龄	3~4 岁	4~5 岁	5~6 岁
培养目标	1. 能仔细观察沙子，能用不同的工具玩沙子，感知沙子细小、颗粒状等特性。 2. 会比较干沙、湿沙的不同，感知水能流动的特征，能仔细观察蛤蜊、扇贝的外形特点。 3. 观察后会用简单图画或其他符号记录结果。 4. 能通过简单的调查收集信息。	1. 知道螃蟹、虾、蛤蜊等常见海鲜的学名。 2. 能说出常见海鲜的外形特征及味道。 3. 通过多种途径探究海底植物的秘密。 4. 能根据观察结果提出简单问题，并大胆猜测答案。 5. 能用更清晰的图画或其他符号记录结果。 6. 能通过简单的调查收集信息，并简单分类概括。	1. 能通过观察、比较、分析，初步发现物体沉浮变化的规律。 2. 能用适当的方法记录自己的发现。 3. 能通过多种途径探究海洋动物的深层次秘密。 4. 能根据观察结果提出深层次问题，并大胆猜测答案。 5. 能通过简单的调查收集信息，并清晰分类概括。

（三）能感受和表达快乐

快乐是性格中多因素构建的长期作用的心理素质。《3~6 岁儿童学习与发展指南》在健康领域中明确指出："幼儿阶段是形成安全感和乐观态度的重要阶段。"教育必须秉持尊重与顺应、呵护与善待、理解与包容的态度和立场，并贯穿于教育的全过程，构建出保障儿童感受快乐、表达快乐、释放快乐的文化场景与氛围。我园关注让幼儿在快乐、自由、信任、关爱的氛围中毫无顾虑、不加约束地积极思考，交流讨论、敢想敢问，将自身的内部潜能充分发挥出来，尽情地释放。

1. 有安全感

安全感是幼儿快乐的基础，幼儿可以尽情探索、冒险、寻找、体验，遇到不懂的问题可以大胆提问，可以放心地刨根问底。教师应做的是积极关注且支持幼儿的行为，使其产生放松与安全的心理体验。

2. 可以自主表达表现

幼儿有天马行空的奇思妙想、情节丰富的游戏装扮、泛灵主义的思维方式，毫不掩饰的喜怒哀乐，可以用自己的语言表达自己的想法，不会只得出一个标准答案；可以在游戏中自主探索、合作，根据自己的兴趣和需要选择活动的内容、材料、方式等，充分享受“当家做主”的快乐，在愉快自主的游戏氛围中拥有快乐而有意义的美好童年。

3. 有健康的身心

《指南》中指出：“幼儿阶段是儿童身体发育和机能发展极为迅速的时期。”幼儿参与体育活动，不仅可以强身健体，还能增进幼儿之间的交往、互动。锻炼了幼儿的意志力、耐力，激发出参与体育运动的兴趣，有挑战的运动也有利于幼儿情绪的释放，使幼儿变得更加不怕困难、勇敢坚强。

4. 愿意感受美、表现美、创造美

《指南》中指出：“每个幼儿心里都有一颗美的种子。幼儿艺术领域的关键在于充分创造条件和机会，在大自然和社会文化生活中萌发幼儿对美的感受和体验，丰富其想象力和创造力，引导幼儿学会用心灵去感受和发现美，用自己的方式去表现和创造美。”同时在教育建议中提出：“教师要在教学中发挥艺术教育功能，从多个方面、多个角度引导幼儿学会发现美、感受美，同时挖掘幼儿的创造力，让幼儿的个性得到发展。”

海洋生态文化下的幼儿愿意亲近大自然，能感受到每个生命蓬勃的生命力；能聆听雨声，感受大自然的美好；能画出世界上最奇妙的画作，唱出最动听的旋律。

表 2–6　海洋生态文化下幼儿快乐培养目标

年龄	3~4 岁	4~5 岁	5~6 岁
培养目标	1. 可以愉快地操作活动材料、游戏材料，产生奇思妙想。 2. 愿意参加体育活动，在运动中感受到快乐。 3. 喜欢观看花草树木、日月星辰等大自然中美的事物，容易被自然界中的鸟鸣、风声雨声所吸引。 4. 乐于观看绘画、泥塑或其他艺术形式的作品，能用简单的线条、色彩画自己喜欢的人或物。	1. 能专注地操作游戏材料，将奇思妙想描述出来。 2. 愿意参加体育活动，并能不断尝试挑战新难度。 3. 在欣赏自然界和生活环境中美的事物时，关注其色彩、形态等特征。 4. 喜欢倾听各种好听的声音，感知声音的高低、长短、强弱等变化。	1. 能专注地操作游戏材料，不断产生奇思妙想，将奇思妙想描述出来，为自己的爱思考感到自信与自豪。 2. 愿意参加体育活动，并能不断尝试挑战新难度，不怕失败。 3. 乐于收集美的物品或向别人介绍所发现的美的事物。 4. 乐于模仿自然界和生活环境中的有特点的声音，并产生相应的联想。

（四）不断成长中增强自信

大海中千千万万条的小鱼，各有本领，各有特点。来到我园的每个幼儿也是一条独一无二的小鱼。《纲要》中明确指出："幼儿作为发展中的个体，总是在积极主动地探索外部世界，幼儿在活动中的自主能动性又是发展的先决条件；要重视让幼儿在与同伴共同进行的自主性活动中，体验成功感，培养自信心。"幼儿园包容悦纳所有幼儿，支持他们展现自己的个性、表达自己的想法，使他们拥有自信的性格。

1. 认可自己

爱自己是爱他人和爱社会的基础与前提。幼儿园教师要注重在游戏活动中培养幼儿关爱自己的情感，《指南》中提出："幼儿在与成人和同伴交往过程中不仅学习如何与人相处，也在学习如何看待自己、对待他人，不断发展社会适应能力。"

表 2–7　海洋生态文化下幼儿自我认知能力培养目标

年龄	3~4 岁	4~5 岁	5~6 岁
培养目标	1. 能根据自己的兴趣选择游戏或其他活动。 2. 在海边玩时能主动收放好垃圾，不乱扔，为自己的好行为感到高兴。 3. 自己能做的事情愿意自己做。 4.喜欢承担小任务。	1. 能按照自己的想法进行游戏或其他活动。 2. 知道自己的一些优点和长处，并对此感到满意。 3. 自己的事情尽量自己做，不愿意依赖别人。敢于尝试有一定难度的活动和任务。 4. 能主动承担小任务。	1. 能主动发起活动或在活动中出主意、想办法。 2. 做了好事或取得了成功后还想做得更好。 3. 自己的事情自己做，不会的愿意学。 4. 主动承担任务，遇到困难能够坚持而不轻易求助他人。 5. 与别人看法不同时敢于坚持自己的意见并说出理由。

2. 乐于表达

语言表达能力是社会交往、表达表现的基础和保障。乐于表达是愿意在同伴和集体面前将自己的想法展现出来，有利于幼儿自信、自主能力的培养。

表 2-8　海洋生态文化下幼儿乐于表达能力培养目标

年龄	3~4 岁	4~5 岁	5~6 岁
培养目标	1. 愿意在熟悉的人面前说话，能大方地与人打招呼。 2. 基本会说本民族或者本地区的语言。 3. 愿意表达自己的需要和想法，必要时能配以手势动作。 4. 能口齿清楚地说儿歌、童谣或复述简短的故事。	1. 愿意与他人交谈，喜欢谈论自己感兴趣的话题。 2. 会说本民族或者本地区的语言，基本会说普通话。 3. 能基本完整地讲述关于海洋的事情。 4. 能口齿清楚表情丰富地说儿歌、童谣或复述简短的故事。	1. 愿意与他人讨论问题，敢在众人面前说话。 2. 会说本民族或本地区的语言和普通话，发音正确清晰。 3. 能有序、连贯、清楚地描述大海里的秘密。 4. 讲述时能使用常见的形容词、同义词等，语言比较生动。

第三节　“小鱼”的培养路径

儿童虽然是“一种未完成的存在”，但是当“未完成”被解读为儿童生命的可塑性和不息的变化性，人们就会充分利用儿童的非凡潜力和内在动力，帮助儿童通过主动学习实现发展的多种可能性。教师对儿童发展的贡献，往往是从规划活动的物理环境开始的，而教师如何规划环境取决于其所持的学习观。[25] 教师如何看待学习，就会以什么样的方式创设环境。儿童需要资源和工具来表达他们的想法、理解和感受，表达对于自己和世界的解读。因此，教师创设的环境与课程资源为幼儿提供了充分学习、尽情游戏的机会。

一、多元课程中培养好奇探究的幼儿

（一）创建会说话的立体环境

幼儿的好奇心是由环境引起的，随之而产生的探索欲望和创新意识也是以环

25　［英］伍兹（Woods，Annie）. 儿童发起的游戏和学习：为无限的可能性而规划［M］. 中国轻工业出版社，2020.

境为依托。[26] 我园通过创建会说话的立体环境来激发幼儿的好奇心，支持幼儿的各种探索活动。

1. 奇思妙想的室内环境

（1）互动性强的大厅环境

我园注重让每一面墙、每块场地、每个角落都会说话。进入幼儿园大厅，一条大大的微笑的鲸鱼出现在面前，她和一大群鱼宝宝在海里畅游，排在最后的小鱼调皮地朝相反方向游去。幼儿经常会问："为什么这条小鱼不跟着鱼妈妈一起呢？"这隐含幼儿的个性写照，启发幼儿对环境发问，与环境互动探究。

（2）灵活多样的走廊环境

走廊的每一个墙面内容呈现是动态、灵活多样、有生命力的。如：走廊上形态各异的"盘子"鱼，画面可以随意更换，体现师幼的创造性。高度 1.2 米以下的互动墙是幼儿作品的展示区，在散步时教师和幼儿会翻一翻、看一看、聊一聊，拓展经验。

（3）神秘有趣的楼梯间环境

楼梯间是一个相对密闭的小空间，吸引着幼儿去探究。依据海洋主题和四大节庆课程，我园在楼梯间创设了海洋阅读空间、海洋科技空间、海洋艺术空间和海洋运动空间，面向幼儿开放。

（4）各具特色的班级环境

班级环境既有统一性又有特色。班标统一采用船桨的造型，同时保留了班级的特色。我园开展了"三个一"活动，即一本经典绘本、一个主要形象、一种海洋情境。27 个班级都选定了具有班本特色的海洋绘本，选取主要角色作为班级标志，让角色融入日常，以绘本为载体，生发主题。幼儿在有准备的环境里与环境、材料对话。

26　秦秀娟 . 创设能激发幼儿好奇心的环境［J］. 成才之路，2008（33）.

2. 乐趣满满的户外活动环境

户外活动场地开阔自然、充满童趣，设置了“十大运动游戏功能区”，分布在东西南北中院，全园每个空间都得到利用。分别是南院的自在攀爬区、足球体验区和野趣运动区，东院的冒险挑战区、创意搭建区和沙水乐园，中院的动物饲养区、庭院游戏区，西院的综合游戏区，北院的劳动种植区等。既有海洋特色鲜明的攀爬墙，又有童趣盎然的小鱼沙水池，真正让这里成为“关注生活，感知体验”的家园、“关爱生命，提升价值”的乐园、“关切生长，把握节律”的学园。

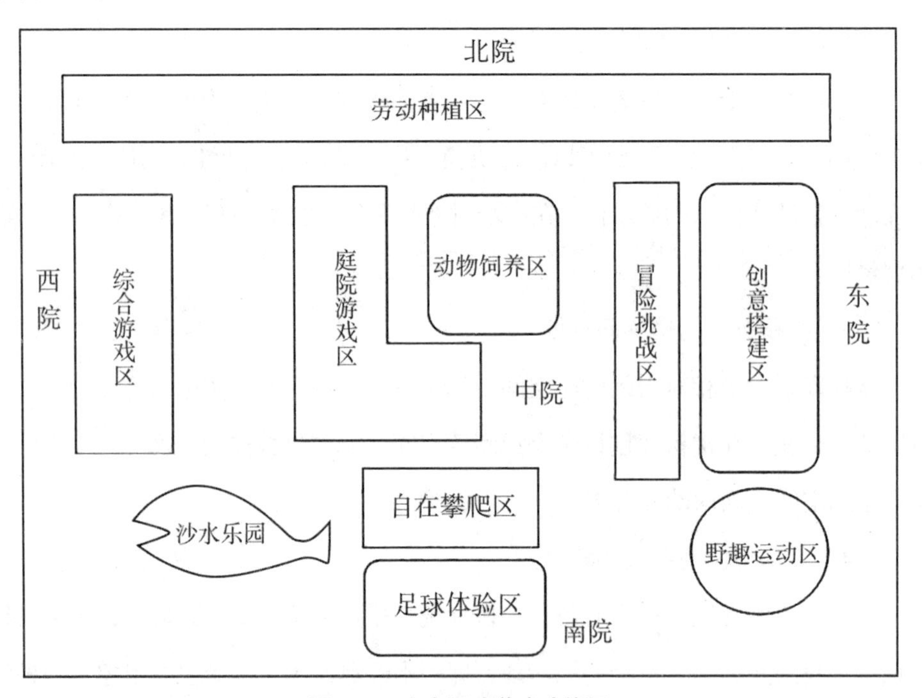

图 2-2　十大运动游戏功能区

（1）沙水乐园

沙与水不仅是天然材料，还是低结构甚至无结构材料，玩沙和玩水的有机结合，让幼儿融入大自然。我园创设了小鱼形状的沙水池，是幼儿天然的游戏场所。他们可以到沙水池去尽情地游戏，堆沙堡、挖水渠、玩寻宝游戏……在游戏中，与沙水对话。

（2）自在攀爬区

我园在南院创设了海洋情境的攀爬墙，游戏化的情境使幼儿的运动不再枯燥。幼儿乐此不疲地攀登到更高的地方，看到不一样的风景，发现新鲜的事物。立体化的环境使这里不仅是运动的场所，更是探秘的好地方。幼儿非常喜欢在这里玩“海底寻宝”游戏，在藏宝藏和找宝藏的过程中，他们发现了许多新奇的小东西，经常会听到幼儿问“为什么”。在充满宝藏的攀爬墙，幼儿不断地探索，欣喜地分享自己的发现。

（3）动物饲养区

大自然是人类最好的老师，是培养幼儿观察力、动手能力、科学素养与探索精神的天然课堂。爱挖洞的小兔子、嫩黄色的小鸡、嘎嘎叫的鸭宝宝，更增添了生机与活力。上学期幼儿园来了新成员——10个鸭蛋宝宝。两个月的时间里，幼儿参与了前期调查、孵化之旅、搭建鸭窝等活动，真切地感受到了鸭蛋变小鸭以及小鸭子不断成长的过程，完整感知生命历程。在整个活动中，幼儿的经验不断丰富，主动意识、批判思维和高阶思维能力都得到了发展。

（4）庭院游戏区

我园一直致力于沉浸式游戏的研究，随着幼儿游戏水平的不断提升，游戏需求逐步由室内转移到户外。户外的场地更为开阔，落叶、小树枝都能成为幼儿游戏的材料，长椅、小木屋等为买卖游戏提供了便利条件。老师带幼儿一起将游戏材料移到户外，幼儿兴趣明显高涨，游戏情节更加丰富，幼儿在这里开了“奶茶店”“饮品店”“烧烤店”等，游戏过程中涌现出很多优秀的案例，比如《小庭院大变身》《晨光园变形记》《美美理发店》等。

（5）冒险挑战区

这部分区域地面非常平整，还有整齐的跑道，主要开展挑战类体能活动，比如骑车比赛、挑战滑索、自主搭建大型木梯、练习攀爬、花样拍球等。这些活动可以更好地锻炼幼儿体质，培养幼儿勇敢坚强的体育精神。

（6）创意搭建区

搭建游戏也是幼儿特别喜欢的，随着游戏水平的提升，幼儿渴望更加宽阔的游戏空间，于是户外搭建区域产生了。在游戏开展过程中，幼儿有了更大的创造空间，合作行为更加明显，他们能根据设计图分工合作，灵活运用平铺、架空、垒高、组合等搭建技能，进行创意搭建。

（7）足球体验区

足球体验区是幼儿尝试学习并开展足球运动的场地。这里空间开阔，配备了足球围栏、球门、绕桩等器材，支持幼儿自主开展足球游戏、足球赛等活动。同时，因为地势开阔，这里也是全园幼儿每天做早操和开展体育活动的区域。我园有四大节庆活动，海洋运动节以提高幼儿身体素质、发展运动能力为主要目标，家长可以入园一起参加亲子运动会。

（8）野趣运动区

野趣运动区的地形特点是坡度明显，土坡上面有凉亭，中间有隧道，有草坡和梅花桩，充满野趣。幼儿特别喜欢在这里利用多种材料进行角色游戏，比如玩野战、野餐、郊游、饮品店游戏等。幼儿还可以利用坡度，在这里滑草，用地垫、木板、纸壳、泡沫纸等材料，动手动脑探索多种玩法。

（9）综合游戏区

在综合游戏区，一是投放了丰富的民间游戏材料，如皮筋、铁环、沙包、高跷、龙灯等，这些材料被幼儿玩出新花样。二是投放了环保材料，如生活中闲置废弃的筐子、篮子、绳子、管子、报纸，幼儿创意组合，变身功能多元、好玩有趣的游戏新材料。三是投放了生活体验材料，锅碗瓢盆、水桶、铲子、小车，把生活场景融入快乐游戏，在游戏中感受趣味生活。

（10）劳动种植区

每个班级都有自己的种植园。幼儿播种下种子，经常去翻翻土、喷喷水、观察植物的变化。例如，幼儿把麦粒种在泥土里，等待小麦慢慢长大。观察麦苗从发芽、生长、抽穗、变黄到成熟的过程。想办法割麦子、晒麦子、取麦粒、磨面粉、做花馍。在种植小麦的全过程中，幼儿亲近自然，了解更多的生活知识，感知农作物、植物生长的历程。

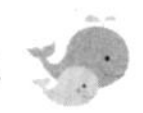

（二）设计多维度的课程内容

《指南》中指出：“幼儿科学学习的核心是激发探究兴趣，体验探究过程，发展初步的探究能力。”我园通过实施海洋节庆课程满足幼儿的求知欲，满足幼儿探究热情，开展生态节日课程拓宽幼儿的探究视野。

1. 实施海洋节庆课程满足幼儿的求知欲

海洋节庆课程中的“海洋科技节”，以“自主探究”为乐。我园利用参观实践、动手操作、亲身体验等方式，让幼儿在探究中建立对事物持久的兴趣和喜欢“刨根问底”的良好品质。开展各类活动，一是带幼儿走到海边、走进大自然，发现海洋的秘密、动植物的变化；二是带领幼儿走进各类海洋科技馆、展览馆，了解各种海洋生物的形态、生长的环境，比较异同；三是注重开展“亲子科技制作”“科技在我身边”自主探究活动等，让幼儿感知科学技术给生活带来的影响。

2. 实施海洋生成课程满足探究热情

我园以海洋生成课程为载体，以班级为单位设计符合各级幼儿年龄阶段的海洋生成主题课程。丰富园本课程，夯实海洋课程。在实施的过程中，营造宽松愉快的教育环境，鼓励幼儿积极主动地探索海洋，从周边的海洋资源、幼儿喜爱的海洋动物、感兴趣海洋绘本出发，深入开展主题课程、区域游戏、实践活动。生成了《海上的船》《小海螺和大鲸鱼》《有趣的海洋动物》《大海里我最大》《鱼儿水中游》等主题课程，满足了幼儿持续的探究热情。

3. 开展生态节日课程拓宽探究视野

生态节日课程包括世界海洋日、地球日、水日、植树节等，利用对这些节日的认知、实践及宣传活动培养幼儿的“生态观”。

（1）开展世界水日系列活动

为了培养幼儿节水的意识，提高幼儿护水节水的能力，结合“世界水日”和“中国水周”，开展了“小水滴，大世界”的世界水日主题实践活动。活动前，教师与幼儿共同收集和查找有关节水的图片和文字资料，在充分感知经验的基础上，每个幼儿绘制“节水倡议书”，然后走出园门，走进社区。他们自愿报名担任“小记者”“小小宣传员”“节水小卫士”的角色，将“节水倡议书”发放给路上的行人。世界水日主题实践活动，以“一个孩子带动一个家庭、一个家庭带动一个社区”的理念引领，倡导让每个孩子、每个家庭、每个社区牢固树立节水意识。

（2）开展植树节护绿活动

为了使幼儿充分了解有关树木的知识，知道植树节的来历及其深远意义，进一步感受树木与人类的密切关系，提高幼儿保护树木花草的责任感，增强爱护树木的能力，我园每年都组织植树节系列活动。园级层面通过制作宣传海报、现场讲解等活动，向全园教师、幼儿、家长发起“种下一片绿色，收获一抹阳光”倡议，呼吁大家关心、爱护绿色生命。各级部根据幼儿发展实际，分年龄段组织爱绿护绿活动，大班级部提出“植绿、护绿、爱绿、兴绿”口号，一起调查幼儿园的树，开展“认养一棵小树”活动。中班级部发出“我和小树做朋友”的口号，为小树制作并悬挂了名牌和环保标语，让更多的幼儿认识、保护它们；小班级部发出“我与小树共成长”的口号，引导幼儿观察、认识幼儿园中的树，为大树松松土、浇浇水，亲身体验护绿行为，感受与小树共同成长的美好，将爱护绿色渗透于幼儿生活的点点滴滴。

（三）开展多样化的探究性游戏

游戏是幼儿的基本活动方式。《3~6岁儿童学习与发展指南》中明确指出：“幼儿的学习是以直接经验为基础，在游戏和日常生活中进行的，教师要珍视游戏和生活的独特价值。”

1. 形式多样的区域游戏

区域游戏是幼儿自主活动的一种重要形式，它以主题课程目标落实为抓手，让幼儿在多样的区域中体验不同的游戏活动，为幼儿提供多样化的活动空间，有效发展幼儿的多元智能。教师合理构建区域游戏活动，以推动幼儿的自主能力和创新能力发展。[27] 益智区、科学区、种植区以探索性游戏为主。

27　龚苑．浅析区域游戏中幼儿自主探究能力的培养［J］．新教育，2023（573）．

2. 系统深入的 STEM 游戏

海洋生态文化理念下的 STEM 活动是基于一日活动中幼儿遇到的实际问题而展开的持续探究的科学活动。在班级老师的引导下，各班幼儿通过自主探索，自制海水淡化器、海水制盐、海洋垃圾捕捞器、海上的旗等，深入探究。

3. 百变创意的搭建游戏

《指南》中指出："建构游戏是幼儿以积木、拼插玩具、沙盘等物理材料为工具，通过想象、创造等活动，进行自主探究和创造的一种游戏。"在搭建游戏中，幼儿自主绘制搭建计划，根据搭建主题去选择适合的材料，想办法解决遇到的问题。

二、多维互动中培养快乐自信的幼儿

（一）游戏中的幼幼互动

1. 充满同伴赏识的表演游戏

表演游戏给幼儿提供了一个自由想象、创作的机会。我园以绘本为载体，师幼共创绘本剧，每年排演 12~27 个海洋绘本剧，累计已排演绘本剧百余个。在表演游戏中，幼儿根据角色特点，自主创编台词、自制服装，在台上大方自信地表演，台下小观众们热烈的掌声也让小演员们感受到来自同伴的赞赏。

2. 融入自我认同的角色游戏

在角色游戏中，幼儿自主确定游戏主题、角色和情节。在游戏中相互讨论达成共识，他们都会为适应任务、角色而积极行动，合作丰富游戏情节，丰满角色形象，实现自我认同。例如，在《小庭院大变身》游戏中，幼儿根据游戏需要依托一个小小的庭院场地，将学习过程自主生成。幼儿根据需要将小庭院进行了三次改造，生成了热闹的饮品店、自助餐厅游戏，创设了外卖员、送餐员角色，在游戏中解决问题，逐步增强自信心。

（二）日常中的师幼互动

《纲要》提出"尊重幼儿在发展水平、能力、经验、学习方式等方面的个体差异，因人施教，努力使每一个幼儿都能获得满足和成功”。这里的“人”是指处于不同发展阶段的儿童，师幼互动“因人而动”指要根据不同儿童、不同发展区、个性化、个别化的情况，建构不同的“对话”平台，施以不同的互动方式。

1. 正向鼓励

想要幼儿能够在日常生活和教育活动中培养出更足的自信心，家长与教师最好采取鼓舞的方式，原因是这种方式可以有效满足幼儿的心理需求。在幼儿获得进步时，就应在这个时期进行鼓励，进一步激发幼儿在面对困难时的探索欲望，增强其毅力。[28] 我园通过师幼、幼幼、家园正向鼓励增强幼儿的自我认同感。我园开展《幼儿园老师如何有效的鼓励幼儿》的学习培训，引导教师正向、具体地赞扬幼儿；开展“学会赞赏孩子”家长沙龙，家园共育，引导家长学会赞赏孩子的方法。通过全方位的正向鼓励使幼儿更加认可自己。

2. 放手活动

《纲要》中指出：“幼儿园教育应尊重幼儿的人格和权利，尊重幼儿身心发展的规律和学习特点，以游戏为基本活动，保教并重，关注个别差异，促进每个幼儿富有个性的发展。”因此注重让幼儿在体验中健康、积极、快乐地成长，是每一位幼儿教育工作者的教学目标和原则。

教师合理利用园内外资源，促进幼儿良好行为习惯的形成。幼儿主动参与环境创设，自主布置游戏场地，设计游戏情节，自主探索各种材料；主动打扫卫生，收拾整理自己的物品，如整理床铺、小橱柜等，真正成为班级活动中的小主人。

3. 个别化指导

个别化指导是指教师根据每个幼儿的能力、兴趣、学习特点提供个性化的支持和指导。首先，通过观察、发展评价和家长反馈等方法，了解幼儿的兴趣、优势和挑战。其次，结合《指南》，设定符合幼儿最近发展区的目标，制订个性化的学习计划。第三，利用个别化游戏时间，为幼儿提供适宜的材料，进行一对一

28　张祎蕊 . 浅议幼儿教育中幼儿自信心的培养［J］. 课程教育研究，2018（08）.

指导，或组织小组活动，通过一对多指导、同伴互动，让幼儿获得能力的提升。最后，及时反馈，鼓励进步，帮助幼儿树立自信心。

附录

附录一：幼儿眼中的自己

我眼中的自己是一位漂亮的公主。

——何玥

我眼中的自己是一个小书迷。

——肖雨薇

我眼中的自己是爱画画的。

——陈依凡

我眼中的自己是爱思考问题的。

——郭一凡

我眼中的自己很温柔，有很多好朋友。

——刘姝缘

我眼中的自己非常勤劳，喜欢洗碗做家务。

——田淏铜

我眼中的自己是篮球高手。

——郭章辰

附录二：家长眼中的幼儿

每天迎着老师们的微笑和怀抱，孩子们快快乐乐地入园。孩子进入幼儿园后，有了许多明显的进步。

1. 喜欢分享，喜欢表达。从幼儿园回到家，小嘴巴就不停地讲在幼儿园发生的事，如开始做值日生了，学会了翻花绳，学会了唱儿歌，等等。特别是在“一封信”活动中，她热情地对我们表达了满满的爱，还给了我们爱的抱抱。

2. 热情有礼貌。孩子能主动使用礼貌用语和小朋友交流，主动讲述日常见闻、趣事、动画片等，交到许多朋友；见到熟悉的人，也会主动打招呼，每天都是快乐的。

3. 热爱阅读。孩子十分喜欢看书，在班里经常去图书角，家里也有书架，满满的都是图画书。她特别享受独自品味绘本，也喜欢和我们一起阅读，反复看自己喜欢的故事，喜欢把听过的事情或看过的图书编成故事讲给别人听。

——诗萱家长

第三章　教师画像：帆船

摇篮[29]

天蓝蓝，海蓝蓝，

小小船儿当摇篮。

海是家，浪做伴，

白帆带我到处玩。

“师者，传道授业解惑也”，对于幼儿教师来讲，“幼儿为本，师德为先，能力为重，终身学习”是基本的素养要求。我园在海洋生态文化体系建设的过程中，在培养教师专业素养的基础上提出了“三心教师”的培养目标，逐渐探索出了具有园本特色的教师培养路径。

29　http://lgpxx.wjedu.net/static/6774/20101222/366997.jhtml.

第一节 国内外教师专业标准

幼儿教师专业化是国际教师教育发展的必然趋势，也是真正提高幼儿教师地位的重要途径。[30] 幼儿教师专业化发展及其标准在世界范围内教师专业化发展浪潮中逐渐形成，我国为此已建立了幼儿教师资格证书制度，出台了教师专业标准，构筑了幼儿教师的专业标准框架，为教师队伍建设指明了发展方向。[31]

一、国外教师专业标准研究现状

从教师职业的发展历程中看，教师职业的产生经历了从低到高、从简到繁、从非专业到接近专业的一个变化过程，现如今教师是需要经过专业培养取得专业资格的任教人员。

（一）国外教师专业身份的演变

幼儿园教师是指学前教育机构中履行教育教学职责，受社会委托，对学前儿童身心全面和谐发展实行特定影响的专业保育和教育工作者。[32] 幼儿园教师产生于 19 世纪中叶，在此之前，家长是学前儿童的教师。19 世纪中期，随着社会学前教育机构的发展，慢慢出现了学前教育机构的教师和保育人员。1840 年，福禄贝尔创办了幼儿园并开展了幼儿园教师的培训工作。随着各国托幼机构的建立和发展，幼儿园教师慢慢成为一支专门的教师队伍。

“百年大计，教育为本。教育大计，教师为本。有好的教师，才能有好的教

30 彭兵．成就专业的幼儿教师［M］北京：北京师范大学出版社，2012:135.

31 彭兵．成就专业的幼儿教师［M］北京：北京师范大学出版社，2012:144.

32 曹树华，张莉琴．幼儿园教师教育基本能力［M］．北京：北京示范大学出版社，2013:1.

育。”[33]教师的专业水平深刻印证着教育事业的发展，近些年，世界各个国家都意识到了教育对国家良性发展及人才培养的重要性，教师的质量是保证教育质量的基础。由此可见，“教师专业化”已成为当前世界教师发展的一个重要方向。

（二）国外教师的专业标准研究

20世纪五六十年代开始的教师专业化运动，经过二十年的发展已从理念走向了行动，各国都已把教育上的竞争聚焦在“提升教师质量”上。1966年，联合国教科文组织就曾提出：“教育工作应被视为一种专业。”[34]英国学者Kirk提出：“教师质量决定教育质量，因此必须重视提高教师的能力。”[35]1998年师范教育国际研讨会上提出：“教师专业化是师范教育改革的核心问题。”[36]因此，制定教师专业标准来促进教师的专业化成长已经成为一种发展的趋势。

从20世纪80年代起，国外开始研究教师专业标准，美国学者维亚德罗（Viadero）是世界上最先注意到教师教育者需要一套标准的人，他呼吁制定标准来规定成为一名教师教育者应具备的素养。[37]1996年，美国教师教育者协会最早研究教师专业标准；1999年，荷兰教师教育者协会出台了教师教育者专业标准。法国国民教育部在20世纪90年代也陆续出台了一系列的政策法规，对教师

33　中华人民共和国教育部．国家中长期教育改革和发展规划纲要（2010—2020年）．[EB/OL]．http://www.moe.edu.cn/srcsite/A01/s7048/201007/t20100729_171904.html.

34　张民选主编，夏惠贤等译．捕捉实践的智慧——教师专业档案袋（教师专业发展策略译丛）[M]．北京：中国轻工业出版社，2005:111.

35　Gordon Kirk.Teacher Educationand Professional Development [M]. Scottish Academic Press, Ltd, 1988:1.

36　曲恒昌．创建充满生机与活力的师范教育——面向21世纪师范教育国际研讨会论文集[M]．北京：北京师范大学出版社，1999:1.

37　Viadero，Debra.Teacher Educators Offer Alternative-Route Standards [J]. Educational Week, 1989,（9）.

的能力要求作了描述和规定，主要有“法国小学教师专业标准”“法国中学教师专业标准”等。同美国一样，澳大利亚有学科教师专业标准与一般教师专业标准并存的现象，也有类似英国的针对不同水平教师的专业标准。但在这几个国家中，教师教育者专业标准制定得最完善、实施得最广泛的就是美国和荷兰两国。

美国从 1983 年《国家处在危急中》到《准备就绪的国家》（1986）、《明日之教师》（1986）、《明日之教育学院》（1995）、《什么最重要：为美国未来而教》（1996）和《做什么最重要》（1997），再到 2001 年布什政府的“一个都不能少”（NCLB）法案明确“在 2005—2006 年前，核心课程都配备高质量教师”的目标，2007 年 4 月备受争议的 NCLB 法案新一轮实践在国会获得通过。这二十年间，美国已建立了从联邦到州、从政府到社会第三部门、相对成熟的教师专业标准体系。这些标准已被广泛地应用于教师教育课程建设、教师资格认证及学校教师评价实践中。[38]

在政府的扶持下，荷兰于 1999 年出台了第一版教师教育者专业标准并在全国实施。这一标准分为了四个主要要点。第一点也是最为基础的一点是职业态度，教师教育者应秉持的基本态度和信念。第二点是应具备的专业知识，既包括理论方面的知识也包括实践方面的知识。第三点是应具备的一般能力，这些能力都与教师教育者的实际工作相关。第四点是应有的特殊能力。除此之外，为了使标准能够适用于所有的教师教育者，又增加了特殊能力方面的内容。因此，无论是职前、在职、职后还是从事研究的教师教育者，都能够使用该标准指导自身的发展。[39]

38 王强 . 国外教师专业标准体系构建的经验与启示［J］. 全球教育展望，2008（07）.

39 许倩颖 . 教师教育者专业标准构建研究［D］. 三峡大学，2021:25.

表 3–1　美国教师教育者专业标准[40]

标准 1	教学示范教学，展示反映内容和专业知识、技能和性格的研究，熟练技术和评估，并在教师教育中接受最佳实践
标准 2	文化胜任力，在教师教育中应用文化能力，促进社会公正
标准 3	学术，从事研究并为扩充教师教育知识库作出学术贡献
标准 4	专业发展，系统地询问、反思和改进自己的实践和表现承诺，以促进专业持续发展
标准 5	程序开发，在严格的、相关的、有理论和研究基础的最佳实践中提供领导、开发和实施
标准 6	合作，定期与相关人员和利益相关者进行有效的合作以改进教学、研究和学生的学习
标准 7	公众参与，为高等教育中的所有学生提供有见地的、建设性的建议
标准 8	教师教育专业，致力于改进教师教育专业
标准 9	愿景，为教学创造愿景，并将诸如技术、系统思维和世界性观点引入教师教育中

表 3–2　荷兰教师教育者专业标准[41]

职业态度	1. 做好的倾听者，向他人开放。 2. 敢于冒险，具有主动性。 3. 坦然接受外界反馈并能给予反馈。 4. 坚定立场并能使他人信服。 5. 敬业守信，乐于奉献。 6. 能迅速、灵活解决各种问题。
专业知识	1. 处理教师和师范生遇到的特殊实践问题，包括那些所教的学科问题。 2. 系统性地反思。 3. 加强教师与学生、学生与学生之间的互动。 4. 以整合的方式工作，加强理论和实践、不同学科间的整合。 5. 维持并扩展获取知识的渠道。

40　The Teacher Educator Standards Fromthe Associatonof Teacher Educations［EB/OL］. http://www.ate1.org/pubs/Standards.cfm.

41　Koster BJ Dengerink. Professional Standards for Teacher Educators:How to Deal With Complexity, Ownershipand Function. Experiences from the Netherlands［J］. European Journalof Teacher Education，2008，31（2）:138–146.

续表

<table>
<tr><td rowspan="5">一般能力</td><td>内容能力</td><td>1. 获取并维持自己学科的知识和技能。
2. 整合教学实践经验，提升教学能力，善于应用各种理论和教学方法。
3. 培养准教师和进修教师的专业技能，促进其专业持续发展。</td></tr>
<tr><td>教学能力设计</td><td>1. 与同事合作，完成整个课程的研发。
2. 创设能够激励学生的学习环境。
3. 区分不同类型的准教师，指导其向合适的方向发展。
4. 把教学观点和教学情境相结合。
5. 与学生交流课堂教学中存在的各种知识评价。
6. 开发并实施职业技能测评，给准教师及时反馈。
7. 激励学生对自身专业发展进行反思，并帮助他们形成自我鉴定的能力。</td></tr>
<tr><td>组织能力</td><td>1. 在教育界内外保持相关的专业关系网络。
2. 对组织愿景及政策方针的开发和实施做出积极主动的贡献。
3. 在跨学科和自主的团队中与其他人合作。</td></tr>
<tr><td>团体协作和交际能力</td><td>1. 善于跟他人合作。
2. 熟悉与学生、教师和同行交流的技巧。
3. 给予合作者需要的支持。</td></tr>
<tr><td>专业发展和个人成长能力</td><td>1. 与同行评价教育领域内的新进展，并应用于后续教育行为中。
2. 系统反思教学方法和教学行为。
3. 对外展示自己的学习过程。</td></tr>
<tr><td>特殊能力</td><td colspan="2">1. 灵活应对环境变化。
2. 促进参与者组织互动。
3. 善于处理实践中的阻力。
4. 督促指导准教师进行教学实践。</td></tr>
</table>

通过分析其他国家制定的标准，我园发现教师专业标准都是针对所有教师，可以帮助教师明确自己的工作态度和职责、需要具备的专业知识和能力，对教师有非常大的帮助作用。因此，建立属于教师的专业标准，既可以帮助教师厘清发展的方向，又具有指导作用，有助于教师专业的提升与发展，进一步提高国家的教育质量与水平。

二、国内教师专业化研究现状

梳理文献发现，国内教师专业发展的研究自进入21世纪以来逐渐成为热点，现将我国近些年教师专业发展梳理如下。

（一）国内教师专业身份的演变

1986年，国家教委下发《关于中小学教师考核合格证书施行办法》，要求中小学教师必须获得《教材教法考试合格证书》和《专业合格证书》。

1994年1月1日，《中华人民共和国教师法》正式颁布施行，总则第三条规定："教师是履行教育教学职责的专业人员。"说明我国教师的专业地位从法律方面赋予特定含义。教师专业化是一个系统的过程，包括教师的个体专业化和群体专业化。[42]

1995年12月12日由国务院颁布的《教师资格条例》规定："中国公民在各级各类学校和其他教育机构中专门从事教育教学工作，应当依法取得教师资格。"2000年9月教育部颁布《教师资格条例实施办法》，对教师资格证书的操作方法进行细致的规定。

《国家中长期教育改革和发展规划纲要》（2010—2020年）明确提出："提高教师业务水平，完善培养培训体系，做好培养培训规划，优化队伍结构，提高教师专业水平和教学能力。"[43]由此可见，我国对教师教育的质量非常重视，而教师的质量又离不开教师教育者这一群体的质量。

当今进行以教师专业化为核心目标的教育改革，以满足社会对教师工作质量和效益的更高要求，已成为世界教育与社会发展的共同特征。[44]因此，促进幼儿

42　单中惠．教师专业发展的国际比较［M］．北京：教育科学出版社，2010.

43　中华人民共和国教育部．国家中长期教育改革和发展规划纲要（2010—2020年）．［EB/OL］．http://www.moe.edu.cn/srcsite/A01/s7048/201007/t20100729_171904.html.

44　张燕．幼儿教师专业发展［M］．北京：北京师范大学出版社，2006:13.

园教师的专业发展，建设高素质幼儿园教师队伍势在必行。

（二）国内教师的专业标准研究

2006 年 3 月，教育部正式启动教师专业标准的研究工作，其根本目的就是解决教师专业发展的方向问题。结合学前教育发展的现状，国务院于 2010 年 11 月颁发了《关于当前发展学前教育的若干意见》，要求通过多种途径加强幼儿教师队伍建设，加快建设一支师德高尚、热爱儿童、业务精良、结构合理的幼儿教师队伍。通过强有力的政策扶持解决目前幼儿教师资源紧缺的问题。2012 年 3 月，教育部出台了《幼儿园教师专业标准（试行）》（以下简称《专业标准》）。《专业标准》对幼儿园教师提出了具体要求，贯穿《专业标准》的基本内容包含了专业理念与师德、专业知识和专业能力 3 个维度、14 个领域、62 条基本要求。该标准成为教育行政部门、教育培养机构、幼儿园以及幼儿教师工作的依据。地方政府结合国家的政策要求，根据本地区的实际情况和发展战略，分别从师范生教育、职后培训等多维度进行落实。[45]

表 3–3　幼儿园教师专业标准

基本理念	幼儿为本、师德为先、能力为重、终身学习
专业理念与师德	职业理解与认识
	对幼儿的态度与行为
	幼儿保育和教育的态度与行为
	个人修养与行为
专业知识	幼儿发展知识
	幼儿保育和教育知识
	通识性知识

45　曹艳梅．基于《幼儿园教师专业标准（试行）》的新手幼儿教师专业素养调查研究［D］．陕西师范大学，2015.

续表

专业能力	环境的创设与利用
	一日生活的组织与保育
	游戏活动的支持与引导
	教育活动的计划与实施
	激励与评价
	沟通与合作
	反思与发展

《专业标准》是国家对合格幼儿园教师专业素质的基本要求，是幼儿园教师开展保教活动的基本规范，引领幼儿园教师专业发展的基本准则，是幼儿园教师培养、准入、培训、考核等工作的重要依据。[46] 国内外关于教师应该成为什么样的专业人员的研究，虽然存在表述上的差异，但核心内容不外乎专业精神、专业知识、专业能力三大方面，核心要求可归结为师德高尚、业务精湛、善于研究、乐于合作。

基于以上分析，我园在海洋生态文化办园理念下，倡树"开放、悦纳、进取、创新"的园训，指引教师成为一个具有开放思想、悦纳独特性、敢于破除自身狭隘观念、勇于突破陈旧行为的专业保教工作者。在这样的文化和精神追求下，我园教师逐渐涵养成为一支"爱心育人""专心研究""开心合作"的海洋气质的教师团队，既符合国内外关于教师素养的核心要求，又具有海洋生态文化的精神风貌。

第二节　海洋生态文化下的教师画像

海洋生态文化下的幼儿就如一条条独一无二的小鱼，遨游在大海，探寻大海的秘密，在游历和披荆斩棘中不断成长。教师就像一艘艘帆船，追寻小鱼的脚步，

46　彭兵.成就专业的幼儿教师——幼儿教师专业发展阶段研[M].北京：北京师范大学出版社，2012:145.

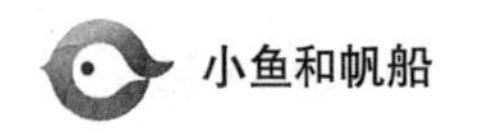

陪伴小鱼"济险历难"，无所不往。

一、"帆船"画像的特点

（一）"帆船"画像的内涵

1. 船的文化意涵

船的发明比车更具有浩大的气势，它跨越茫茫水域，让人到达遥远的彼岸，成为不可替代的交通工具。船在人类文明的历程中因其独特的价值，被赋予多彩的文化意象。

《易·系辞》谓："刳木为舟，剡木为楫船，舟楫之利，以济不通之远。"船将人类脚步延伸到双足难涉的水域，含跨越之意；船能劈波斩浪，符合了古人对龙的神话意象的期待，成为龙的物化载体，有佑护之意；历史上的典故、诗词，对船极尽描述与歌吟，让船戴上了智慧的光环。在文化层面，船可跨越、能佑护、有智慧，与"开放、悦纳、进取、创新"的精神风貌高度契合。

2. "帆船"与"三心"教师

帆船的主体结构主要由船体、帆、方向舵组成，这三部分的物理作用与"三心"教师的内涵相呼应，成为海洋生态文化下的教师画像的物化选择。"三心"教师就像帆船的主体结构，相辅相成，缺一不可。

"帆船"的方向舵寓意"爱心育人"是根本遵循。方向舵是用来控制方向的，正如"爱心"这一师德的底线是一个教师最根本的职业操守，如果没有爱心作为职业导向，即使有精湛的技能，也无法称之为"师"，无法达到园训所追求的"悦纳"，不爱幼儿，就无法接纳幼儿，更不要提开心地接纳独特性的幼儿。

"帆船"的帆寓意"专心研究"是动力来源。帆推动帆船前行，专心研究的教师，不断汲取新的理念和方法，提高专业能力，为幼儿发展和幼儿园发展注入源源不断的动力，就如帆借助风势推动船的前进。

"帆船"的船体寓意"开心合作"是前行基础。没有船体不能成为船，就如没有教师团队的幼儿园很难成为幼儿园。一个善于合作、心往一处想、劲往一处

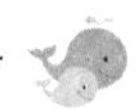

使的教师团队，能让帆船更加行稳致远，陪伴“小鱼”济险历难，一往无前。

（二）“帆船”的基本素养

1. 科学的儿童观

以幼儿为本，能够读懂儿童，读懂儿童行为发展的心理动因，并予以适时适度的支持，让每一名幼儿获得最大限度的发展。

2. 高尚的师德

叶圣陶先生说：教育工作者的全部工作是为人师表，教师都是必须具有高尚道德品质和崇高精神境界的人。一个合格的教师，首先要具备高尚的师德，必须对幼儿充满爱，用自己的道德品质与精神气质去影响幼儿，自觉抵制违背师德的意识和行为。

3. 广博的海洋学识

海洋教育的关键在于教师的海洋素养。基于幼儿园海洋文化理念，我园以培养“开放、悦纳、进取、创新”为目标，海洋文化理念以“进头脑、融生活、乐活动”为实施途径，增长教师的海洋知识，打造海洋教育明白人，全面提升教师海洋课程建构能力，构建海洋文化教育育人体系。

4. 自我发展的能力

海洋气质的教师团队就如大海一般包容、悦纳每一个人，以“有爱心、善学习、乐合作”为特征，引导教师具有“笃学与反思”的专业素养；强调教师的自我发展，鼓励他们积极参与教育研究、学术交流和教学实践，提高他们的专业水平和素养，深化海洋文化特色之路。

5. 建构海洋课程的能力

教师是海洋生态文化建设的中坚力量，应积极参与构建特色海洋课程，组织特色海洋活动，并能够融入幼儿园教育的各个领域，通过多样化的教学方式和方法，突出海洋文化特色，在知海、爱海、护海的系列课程中培养教师的课程能力、创新意识，培养幼儿的学习兴趣、探究能力、创新精神。

6. 团队合作的能力

教师应加强团队合作和教学协作，互相学习、交流和分享教学经验，深化海洋文化特色建设，不断形成海洋特色鲜明的园本文化，能如海洋那样无私奉献、精深宽容、充满活力、四海一家，能在团队协作中同舟共济、与时俱进。

二、海洋生态文化下“三心”教师素养标准

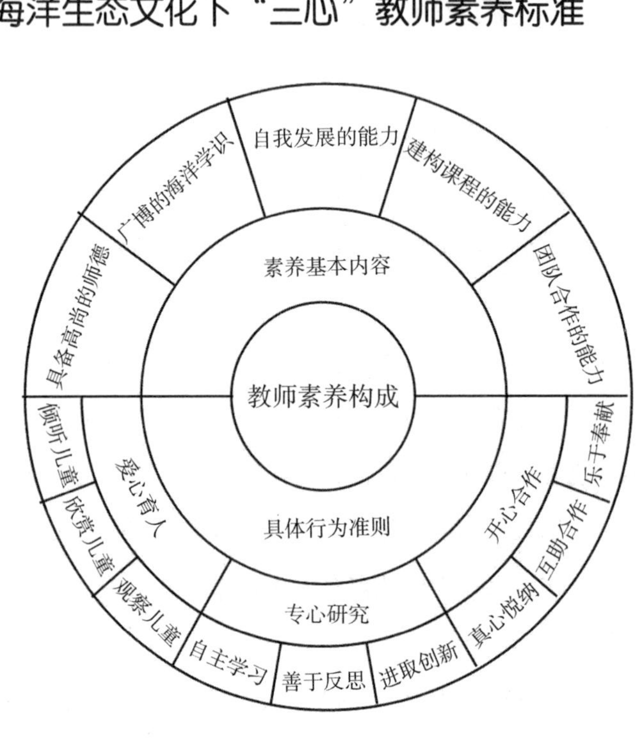

图 3–1　教师素养结构图

（一）具备爱心育人的能力

习近平总书记倡导教师做“有理想信念、有道德情操、有扎实学识、有仁爱之心”的“四有”教师。作为一名幼儿教师，不仅要有一定的文化专业知识与技能，而且要有一颗纯洁的爱心，这是幼儿教师最基本的素质，也是做好幼教工作的首要条件。

1. 倾听幼儿，鼓励幼儿主动学习

倾听有一种“系在一起”的力量。瑞吉欧教育理念曾提出：教师作用的核心

是倾听。倾听就是跟随和进入幼儿主动地学习的过程中去，注意倾听幼儿的语言表达、对话及在其他表征方式中表现出来的无声语言。[47] 在教师倾听幼儿的过程中，幼儿就是主动的学习者，教师会真正理解幼儿的表达方式、学习方式。

2. 欣赏幼儿，包容悦纳幼儿行为

《纲要》指出："应以关怀、接纳、尊重的态度与幼儿交往。耐心倾听，努力理解幼儿的想法与感受，支持、鼓励他们大胆探索与表达。"因此，当教师用欣赏的眼光看幼儿、包容幼儿的一切行为，悦纳幼儿所有想法，站在幼儿的立场去思考，了解他们真实的想法和感受，就会收获许多惊喜。

3. 观察幼儿，有效支持幼儿发展

观察是了解幼儿最基本、最朴素的方法。"当教师对幼儿的行为进行分析和解释，并把这种信息作为他们教学工作的一部分时，其结果是他们作为一个教师的角色发生了变化。他们从教幼儿变成研究，通过研究幼儿向幼儿学习。"[48] 所以，研究幼儿从了解幼儿开始，了解幼儿从观察幼儿开始。教师对于幼儿的观察和了解是开展教学工作的前提和保证，因此潜心观察才能慢慢走进幼儿的世界，只有走进幼儿才能真正爱幼儿。

（二）具备专心研究的能力

教师的专业精神是基准线，可以激发教师自身的责任意识、主动进取、创新奉献精神。教师的专业知识是保障，是教师胜任工作的基础。教师的专业能力是相互联系、相互支撑、相互融合，在教育实践中逐步形成教育智慧，提高教育质量。因此，我园在海洋生态文化背景下，从终身学习、善于反思、进取创新方面提出了教师专业化具体要求。

1. 自主学习，提升素养

终身学习是通过一个不断的支持过程来发挥人的潜能，激励并使人们有权力

47　周欣："瑞吉欧"学校中教师的作用［J］. 早期教育，2001（08）.

48　周欣："瑞吉欧"学校中教师的作用［J］. 早期教育，2001（08）.

去获得他们终身所选全部知识、价值、技能与理解，并在任何任务、情况和环境中有信心、有创造性和愉快地去应用它们。[49]幼儿教师学习指的是幼儿教师基于职业生涯的一种具有终身性质的学习，包括正规学习和非正规学习，其目的是促进自身专业化，使自己在职场生涯中成为一位成熟的专业人员；幼儿教师学习具有“学习功利性、学习内容问题性、学习操控自主性”等特征；适应时代挑战、促进幼儿发展以及体验职业幸福则是幼儿教师学习的内在价值。[50]

2. 善于反思，成为研究型教师

美国心理学家波斯纳提出了教师成长公式：成长 = 经验 + 反思。反思是个体自我完善和提高的过程，是促进教师专业发展的有效途径。《纲要》也指出，“教育活动的组织与实施过程是教师创造性开展工作的过程”，这里指出的“创造性开展工作”，就是要求教师在工作中不断地开展研究性学习，学习新的知识、方法、技能，积累相应的专业知识、能力和专业情意，不断提升专业素养，以适应新时期的挑战。[51]我园通过建立学习型团队，带领大家在教研中遵循、在行动中实践、在实践中反思、在反思中研究、在研究中行动这样一个不断循环往复的过程。

3. 进取创新，教师具有内驱力

作为一位当代的幼儿教师，只有进行持续的、主动的专业学习，积极进取，才能担当起培育英才的重任；具有开拓与创新精神是新时代教师专业精神的重要体现，教师在教育实践中积极研究、敢于借鉴、勇于开拓，寻求适合的教育方法，形成独特的教育风格。[52]我园重视教师进取创新精神的培养，以激活教师内驱力为抓手，创设满足教师个性需求、推动教师持续进步的研究氛围，让教师走向专

49 吴振东 . 幼儿教师学习与专业发展［M］. 合肥 : 安徽少年儿童出版社，2010:80.

50 吴振东 . 略论幼儿教师学习的基本特征及其价值［J］. 天津师范大学报（基础教育版），2007（3）.

51 吴振东 . 幼儿教师学习与专业发展［M］. 合肥 : 安徽少年儿童出版社，2010:70.

52 吴振东 . 幼儿教师学习与专业发展［M］. 合肥 : 安徽少年儿童出版社，2010:80.

业发展，提升教育工作实效，促进幼儿园的优质发展。

（三）具备开心合作的能力

著名教育家叶圣陶先生说：“教育工作不是一个人所能搞好的，它需要全体教师共同努力，教育工作者一定要能够与志向、兴趣相同的人合作。”尤其是随着现代化办学水平的提高和信息技术的广泛应用，教师之间的合作就显得尤为重要。

1. 开心悦纳

“海纳百川，有容乃大”，是说大海的宽广可以容纳众多河流，同样，具有海洋气质的教师团队，要能够如大海一样具有豁达的胸怀。在与同伴、幼儿、家长相处过程中，能够以愉悦的状态包容接纳，善于发现他人，尤其是他人身上的优点长处，并给予赞美，是建设具有海洋特质团队的首要条件。

2. 互助合作

教师的工作需要个体师德修养、专业素养高，同伴间有竞争，但更重要的是合作。一个班级三位同伴，需要真心付出、相互理解、互助合作，才能让一日活动质量更高，才能让每个孩子获得更好发展。只有处理好教师与教师之间、教师与家长之间的关系，才能形成取向一致的教育力量。[53]

3. 乐于奉献

幼儿教师面对的是3~6岁的孩子，年龄小，自我服务能力弱，一日活动环节多，需要关注到每个孩子的需要。班级三位教师之间要相互团结、相互支持、相互合作，才能更高效地完成工作。这必然要求教师对工作要有一种无私的奉献精神。[54]不论哪一个岗位，都需要具备吃苦耐劳、甘为人梯的精神，拘于自己的利益，无法撑起整个团队。

---

53 倪敏．幼儿教师最需要什么［M］．南京：南京大学出版社，2011:55.

54 吴振东．幼儿教师学习与专业发展［M］．合肥：安徽少年儿童出版社，2010:70.

第三节　海洋生态文化下的教师培养

教师队伍的整体素质和水平影响着幼儿园的文化建设和质量提升，二幼在教师队伍建设过程中，以“爱心育人”为导向，以“专心研究”为基础，以“开心合作”为支撑，综合发力，让“帆船”带领“小鱼”和“大鲸鱼”乘风破浪，一往无前。

一、“爱心育人”教师的培养途径

习近平总书记在全国教育大会上指出：“各级各类学校党组织要把抓好学校党建工作作为办学治校的基本功，把党的教育方针全面贯彻到学校工作各方面。”幼儿园坚持把全环境立德树人作为中心环节，把幼儿品德启蒙教育贯穿教学全过程，自觉履行为党育人、为国育才的初心使命，我园不仅通过多种形式对幼儿进行红色教育，还注重教师教育，全面贯彻党的教育方针，坚持社会主义办学方向。

（一）党建引领夯实“爱心育人”职业底色

1. 做好思想教育

坚持每周例会前进行第一议题，学讲话、学精神。组织开展多种形式的师德师风建设活动，以身边的榜样、典型人物、先进事迹为载体，激励教师不忘“为党育人、为国育才”的初心使命。如组织教师聆听“核武老人”魏世杰讲述“两弹一星”等英雄故事，强化教师的爱与责任。

2. 强化政治引领

利用丰富多彩的教育实践活动，强化政治引领。如带领教职工开展参观红色教育基地、组织“庆七一”快闪活动、“红色校园跑”、讲红色故事、唱红歌、红色诵读、开展社区志愿服务等红色教育活动，厚实“爱心育人”的红色底色。

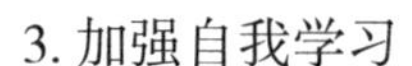

3. 加强自我学习

引领广大教师通过“学习强国”“青年大学习”等媒介学习党的方针政策，坚定社会主义办学方向。党员教师包干到班级，发挥引领、跟进、督促作用。

（二）师德培养规范“爱心育人”行为

幼儿园倡导“三声教育”理念，即“见面有问候声、问话有应答声、进步有赞扬声”，从微小行为入手，尊重幼儿，悦纳幼儿，涵养师德。

1. 制度管理树规范

制订并完善《青岛西海岸新区第二幼儿园师德行为规范》，完善师德师风承诺制度。落实园长负责制，不断优化管理体制。实施扁平化管理，管理人员包教研组，沉入教学一线，第一时间发现问题，反馈解决，提高管理效率。组织全体教职工认真学习相关文件、深入领悟，规范教学行为。

2. 多彩活动重体验

开展专题学习活动。带领全体教师学习国家、省、市、区有关师德建设的文件精神，提升教师对师德行为规范的认知。开展丰富实践活动，如邀请律师进行法治培训，邀请美学专家围绕服饰色彩、美妆、收纳等开展“悦己”系列培训，观看教育类电影《他乡的童年》《幼儿园》，组织团建等活动提升队伍活力；开展榜样带动活动，评选岗位标兵、“最美二幼人”，推树优秀师德典型；讲述“我和孩子的100件小事儿”“我的老师”，讲好二幼故事，建设一支乐于奉献、求真务实、爱岗敬业的教师队伍。

3. 监督管理强师德

强化师德失范行为整治，成立师德师风专项工作小组，通过日巡查、周反馈、月自评等形式排查、发现师德问题，跟进解决。签订《师德承诺书》《拒绝有偿补课承诺书》，建立多方评价体系，自觉接受家长、社会的监督。

4. 注重人文关怀

培养有爱心的教师，首先要爱老师。结合教师“婚、孕、产、病”等特殊情况，园领导、工会第一时间关心看望慰问，增设工作日“零星假”、体验式教师节、趣味运动会等。每当遇到节庆活动，都会向教师表达节日祝福和问候。如：元旦晚会，不同岗位的每一位教职工都能够积极参与，展示精彩节目，体验团队的魅力。以节庆活动为纽带，让团队中的每一个人都感受到来自集体的认可，对团队充满信任，对未来充满希望。

二、“专心研究”教师的培养途径

（一）分层培养支持教师有梯度发展

1. 新教师培养重基础和规划

一是新教师量身定做培养计划与内容。培训结合大班表演游戏《胖国王》、中班自然活动《由秋到夏——幼儿园和小麦的故事》、大班建构游戏《渔港码头》、大班角色游戏《美美理发店》等鲜活的案例，全方位地分析幼儿园的课程及活动，对教师专业知识与能力素养进行深刻解读。立足二幼“开放悦纳、进取创新”的教师培养目标，快速适应岗位，更新转变教育观念，追求做专业教师。

二是营造良好的氛围，激发新教师自我学习意识。我园开展以“阅读”为主题的系列活动，丰富教师的精神世界，教师节开展园长赠书活动，引导教师读好书、育好人；定期开展有滋有味读书会、读书沙龙、好书分享等活动，教师互相交流读书心得，创造一个良好的自主学习氛围，保障自主学习的环境，让“要我学”变成“我要学”。

三是制订发展目标，增强自信心。每一位教师在专业能力、学习能力、思考模式、兴趣爱好方面都存在差异性，因此我园要正视教师个体差异，因材施教，让每一位老师都能够确定“最近发展区”，制订发展规划和目标。制订目标时引导新教师结合现状从自身的兴趣爱好、自身优势、教学风格等方面进行分析，制订个人特色目标，从短期、具体、操作性强的目标开始，循序渐进制订中长期目标、长期目标。

2. 经验型教师培养重需求和跟进

一是明确教师发展需求清单。清单的制订能够更好地将教师发展需求和幼儿园支持有效联系和持续链接，幼儿园学期初从“我想做什么”“希望幼儿园帮我做什么”，学期末从“我做了什么”“幼儿园帮我做了什么”两个方面进行清单填写，幼儿园在倾听了解每一位教师的想法后，搭建系列专题平台，尽可能满足每一位教师在专业发展上的需求。

二是跟进指导。组织管理层、教研组长定期跟踪教师半日，教师主动观摩骨干教师、首席教师半日，通过不同层面的跟踪指导及互相学习，提高实践能力。

三是提供学习平台，培养自主发展能力。建立师徒结对、兴趣小组、特色领域等活动小组，尊重教师兴趣、发掘教师特长，制订切实有效的学期计划，实现自我成长。通过观摩活动、专家引领、菜单式培训等“研培一体化”的形式不断丰富、更新教师的专业知识，使其掌握一定学习策略，在实践、思考、体验中鼓励教师通过“乐于学—练习写—主动问—善思考—学会说”五步法，促进自身的自主学习，提升专业素养。

3. 骨干教师培养重自主和再提升

一是申领项目研究，激活教师创新意识。在满足教师个性发展愿望的基础上，我园坚持以“项目申领”为抓手，围绕幼儿园的特色项目或者课题研究，创设浓厚的教研氛围，促进教师专业内驱力的提升。在项目驱动下，发挥团队中个人的主观能动性，坚持以人为本，主张“自主申报、机会均等”，每学期的申报人将全面负责方案制订、组织实施、统筹协调、推陈出新，确保活动实施具有创新点、发展点。

（1）提前梳理、明确项目内容，教师根据自身特长及兴趣合理进行申报。

（2）不断调整项目负责人申请方式。由“单人申报，园级组合”调整为1~3 人“组团”申请，形成了“拍档式”项目申领方式。

（3）制定“重点项目申报评估、完成评价、评优”制度。根据个人申报情况，园级进行综合评估，项目完成后的质量和效果，由考核委员会做出评价，并推选出优秀项目负责人，在评优树先、考核方面优先推荐和适度加分。

二是同伴交流。每月最后一周组织教师风采展示活动，骨干教师基于已开展的主题课程，围绕集体教育活动、游戏成果、基本功三个项目依次展示交流，检核、反思、提高自身教学水平。

三是自我培训。根据"自我的最近发展区"制订个人短期、中期、长期发展计划，找准发展短板，增加自身专业知识以及海洋知识、能力储备，坚持阅读经典，有针对性地学习提升。

4. 首席教师培养重引领和输出

一是成立专题研究小组。首席教师就自己擅长的领域，成立专题研究小组，如教学小组、主题课程实施小组、家园沟通小组、游戏研究小组，每个小组由首席教师为组长，帮助其他教师有计划、有目的地成长，发挥引领作用。

二是参与园级教育教学年度规划。发现当前存在的问题，提供解决问题的思路，并参与问题解决的过程，为幼儿园整体质量的提升提供智慧支持。

（二）园本教研提升教师研究能力

1. 专家引领，拓视野格局

每学期邀请心理专家、省市名师、高校教授、安全卫生专家等，对管理层、骨干层和全园教师、保育员进行培训。集中组织教师到高校驻培，从视野、格局、综合素质等方面进行提升，成效显著。

2. 开展专题教研，提高业务能力

教师专业水平的提升不是短期就可以收到成效的，必须通过"认识—探索—内化—提升"的过程。[55] 我园采用问题式教研、诊断式教研、参与式教研、课例式教研、沙龙式教研等教研形式，根据问题选择适宜的方式，循序渐进地开展研讨活动。如在开展"情景式主题环境创设""有效投放区域材料"等专题教研活

55 顾荣芳等著 . 从新手到专家——幼儿教师专业成长研究［M］. 北京 : 北京师范大学出版社，2012:263.

动时，老师结合班级问题，通过清单的方式梳理共性问题和个性问题，在观摩研讨中确定有效策略。

3. 重视课题研究，提升研究能力

一是确立课题先导地位。课题研究代表了幼儿园科研水平，我园立项了 4 项国家、省、市海洋生态文化研究课题。采用全园参与—实践跟进—成果交流的模式，每学期开展不少于 2 次的课题研究阶段成果交流，每月开展一次主题课程评价交流。

二是鼓励教师自主选题，开展微课题研究。为了提高教师科研水平和热情，我园鼓励老师立足于教育实践，确立微课题。如针对小班入园适应如何与家长进行有效沟通，为年轻教师和家长提供了有效的支持。总之，在工作中，老师围绕教育实践发现问题，通过课题研究不断去行动、反思、调整、行动，形成教育经验，提升教育专业智慧。

三是提升教师驾驭海洋课程的素养。我园在开展海洋课程中，配备多种海洋类书籍、杂志，园内实现了资源共享，综合提升教师海洋知识储备；提高海洋主题课程设计研究能力。利用“体验式 + 观摩式 +N”的教研形式，研究海洋生成主题的设计、实施和评价，激发教师与同伴间的思维碰撞；评选优秀海洋主题案例，增强教师研究成就感。我园有 5 个海洋生成主题被评为青岛市精品课程，幼儿园每学期开展海洋生成案例、游戏案例评选活动，提升教师设计、组织海洋园本课程的能力，增强研究的内驱力。

三、“开心合作”教师的培养途径

为了促进教师的专业发展，我园提出做开心合作的教师，促进教师之间的合作，整合教师资源，提升团队的整体素质，打造有创新力的教师队伍。团队合作精神在于信任、合作和奉献，大家需要同甘共苦、共同发展，信任是团队的基础，合作和奉献则是必要条件，教师在合作中表现出强烈的团队荣誉感，感受到集体力量的伟大。

（一）开展团建活动增强凝聚力

1. 开展丰富团建实践活动，通过团体合作挑战游戏，潜移默化增强团队的合作意识和合作能力。

2. 组织趣味运动会、读书分享、观影、主题沙龙等全园团建活动，提升队伍活力，加强同伴互动，增强团队团结和谐的凝聚力。

（二）搭建交流平台提升学习力

1. 针对教学、后勤、保育等各岗位教职工，提供充分交流展示的平台，如主题课程实施评价、早操活动评比、班级环境创设评比、教师基本功比赛、保育技能等评比活动，在评比中明确团队的发展目标，进一步提高团队的核心业务能力。

2. 每学期分别组织管理人员、班主任、配班教师、保育员工作论坛，分享工作中的得与失，成绩与不足，实现同伴互助、个人反思式成长。同时从园所管理、班级管理、幼小衔接、海洋节庆活动、游戏研究等主题中优选典型代表，组织成果交流、现场展示、半日开放等活动，提高教师的专业核心技能，打造一支具有创新能力的教师团队。

（三）支持级部协作提升向上力

1. 幼儿园突出教研组长的引领作用

每学期各年龄组教研组长要交流、研讨、制订教研计划，聚焦问题拟定教研专题，充分发挥教研组长的能动性，通过体验式教研、专题教研、集中教研、小组教研等方式让教研组长能够独当一面，带动每位教师积极参与教研，共同成长。

2. 骨干教师牵头成立各领域的教研小组和学习互助组

定期召集听评课、小组教研活动，集中组织有主题的指导。通过特色引领、以老带新等方式在团队与小组合作中促进教师专业发展。

附录

附录一：教师研究性学习

扬起帆，开好船

怎么上好一节优质课？如果把一节优质课比作一艘即将扬帆起航的船，那么想让这艘船行驶更快、更平稳，就离不开舵、桨、锚和一个好的船长。那么在教学活动中，什么是舵、桨、锚和好的船长呢？

舵就是船控制方向的装置，在优质课里就是教师的理念。掌舵领航，需要理念的正确引领。活动中我秉持的原则：活动高效、有趣，在游戏中、愉悦的氛围中达成教学目标，不让幼儿成为教师的提线木偶，让每个孩子在活动中都是兴奋的、充满兴趣的。同时要学会肯定和鼓励幼儿的回答，给予幼儿积极的情绪体验。

奋力划桨才能劈波斩浪。桨就是划船的工具，也就是教学策略。一个好的教学设计可以说已经让这个课成功了一半。

整体设计框架总体遵循“三步走”原则，以科学活动《各种各样的桥》为例，这节教育活动属科学认知类，第一步是活动导入，导入要简洁、直切主题；第二步就是幼儿的自主探究；第三步就是拓展延伸，回归生活。活动过程既层层深入、直接有效，又能体现幼儿的自主学习。

锚是稳定船舶的部件，也是让优质课增光添彩的后方力量——教具、课件等。主要突出两点：有效和精致。

《平衡大师》导入环节的操作材料是为了让幼儿感受物体在身体上保持平衡，最初的设计中为幼儿投放了多种材料，包括泡沫砖、绘本、纸板等。在磨课的过程中发现多种材料受到的干扰过多，最后选择一种具有代表性且导入效果好的材料。同样对于活动中的视频素材，也是在收集大量素材之后进行剪辑的。

船长顾名思义就是授课教师。怎么样才算好的船长呢？我认为就是有高质量的师幼互动。前苏联教育家苏霍姆林斯基曾说：“教师的语言是一种什么也不能代替的影响学生心灵的工具。”语言既是教师知识技能的体现，更是教师教育思想的体现。

但想要有高质量的师幼互动是很难的，特别是新教师。我园经常会有这样的疑惑：明明也跟孩子互动了，为什么都说是无效的呢？其实我在磨课的过程中也存在这些问题，但我用了两招“看”——看别人和看自己。

看别人就是模仿学习。搜索往年的优课、优质课、公开课等视频，观摩学习、仔细揣摩，而后根据自己对这节课的理解，记录下这节课值得自己借鉴的地方。

看自己就是复盘思考。每次磨课都会录像，根据磨课团队提出的问题和建议，自己对照视频逐一复盘。从复盘到试讲再到复盘，不断完善教案，锻炼自己的语言表达能力，把可能会发生的各种突发情况进行推演，师幼互动的质量自然就会提高。

众人划桨开大船，有一个好的磨课团队也至关重要。由园长指导领航，协作共进的磨课团队，各成员都发挥自身的优势，倾心相助、出谋划策、头脑风暴，每次优异成绩的取得都凝聚着团队的智慧和力量。

附录二：幼儿眼中的“教师”

我的大王老师什么都会。
——郭欣蕊

刘老师会讲很多故事。
——周嘉益

薛老师照顾我们的生活，还给我们好吃的。

——赵高漠

王老师总让我们开心，我特别喜欢她。

——徐浩泽

附录三：同事眼中的“教师”

无所不能的新新老师

笑弯弯的眼睛，不紧不慢的话语，热情地帮助每一个人，猜猜她是谁？原来她就是我们的新新老师！

聪明能干的新新老师每天扮演各种角色，为了孩子无所不能。在春天带着幼儿放风筝、观察小草发芽，夏天挖沙水池、骑着小车一圈一圈地穿过操场，秋天捡落叶、晒地瓜干，冬天戴着手套打雪仗、堆雪人，怪不得每个幼儿都喜欢你，因为和你在一起的一年四季都是那么精彩！还记得你怀孕时挺着大肚子每天坚持来到幼儿园，带着孩子活动，吹泡泡、擦钢琴、整理床铺，巧妙地指导孩子跳绳，敬业的态度让每个人都竖起大拇指。

对待同事你贴心又温暖，总是抢着干活，任劳任怨；精彩的点子一个接一个，像是暖暖的小太阳，照耀着每个角落，和你搭班的时光真幸福呀！

附录四：家长眼中的“教师”

随着毕业倒计时，老师们与幼儿在一起的时光也接近了尾声。

三年前将宇琛送到园里时我是焦虑的，但三年来，所有的焦虑都化作了满腔感动。当然，这三年里所有老师的付出，那一幕幕我都记得。孩子刚入园时小王老师经常与我们电话沟通；我和孩子爸同时出差，张老师的暖心照顾；孩子因长时间咳嗽而请假，大王老师送给宇琛秋梨膏；孩子第一次值日时陈老师的鼓励与表扬；孩子裤子沾上小便时，李老师帮忙清洗；商老师的到来，让孩子的“画功”得到了大大提升；而徐老师将宇琛对足球的热爱彻底激发了出来。邹老师为了满足孩子做护旗手的愿望，特意向园里申请单独拿出时间来，让每个幼儿都去感受一下；为了让幼儿们对植物有更多的认识，带领幼儿开垦小菜园；为了幼儿，冒着摔伤的风险爬上幼儿园高墙摘花；当孩子尿湿裤子，为了保护孩子的内心安全，邹老师用自己的衣服包裹住孩子并将他单独带到一个房间进行清理；为了孩子们的水枪大战梦，看了天气、晒了水、准备了衣服，甚至做了“预案”；为了这些小可爱，老师们绞尽脑汁策划活动……这数不胜数的暖心、有爱的举动，看似日常、平凡，但我想，这一切一定都是源于热爱！而正是因为有你们这样的老师，带出来的孩子才那么富有爱心、热情善良、勇敢自信。

这三年里，孩子的成长，离不开老师们的付出与无私的关爱。老师们把所有孩子都当成自己的孩子，在孩子心里你们是可亲可爱可敬的老师，在我的心里，你们是让家长放心、有担当、内心充满爱与阳光的“辛勤的园丁”。

——宇琛家长

第四章　海洋阅读课程体系及实施

我的书里有片海

我的书里，有片大海。

翻过去，白帆点点，

翻过来，鱼虾满船。

大海，大海，多大多宽！

瞧，太阳月亮，也睡在里面。

海洋阅读课程是海洋生态文化的重要组成部分，是我园海洋生态文化与幼儿阅读课程的融合，是以各种海洋类图画书为主要资源，以幼儿的兴趣为切入点，在培养幼儿良好阅读习惯的基础上，形成的一系列具有目的性、计划性的活动设计或方案。这些活动帮助幼儿在阅读的过程中了解海洋、增长经验，促进阅读能力的提升，建立读写信心，享受阅读的乐趣，养成阅读习惯。在实施海洋阅读课程的过程中，还会不断产生新的课程生发点，不断丰富课程内容，让课程实现动态发展、持续优化和完善。

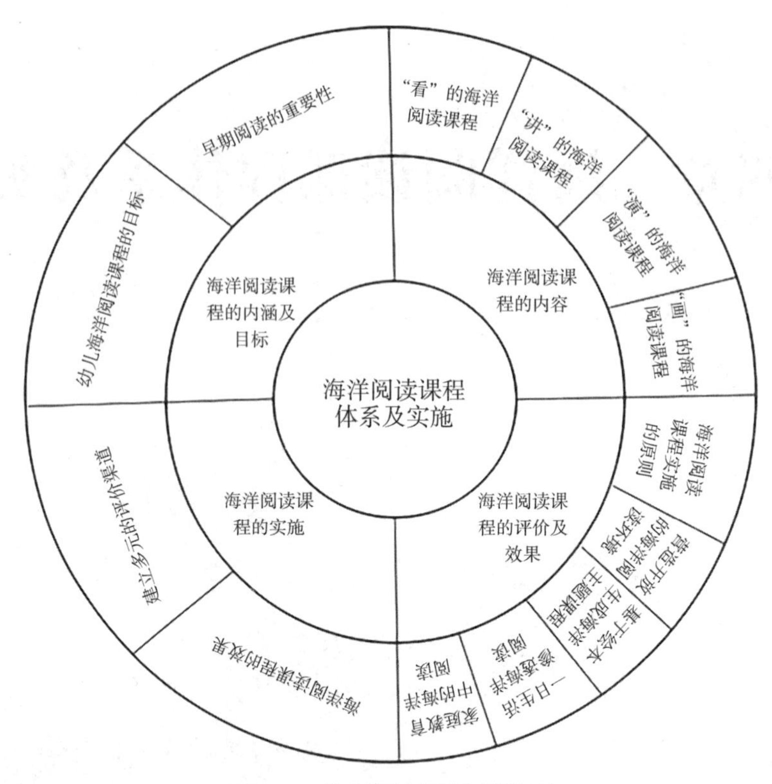

图 4–1　幼儿海洋阅读课程体系

第一节　海洋阅读课程的内涵及目标

早期阅读是助力孩子成长不可或缺的一环，不仅能够启迪幼儿的智慧，激发他们的想象力和创造力，更能够培养他们的语言表达和逻辑思维能力。

一、早期阅读的重要性

（一）早期阅读的内涵及价值

早期阅读一般是指学龄前儿童通过视觉作用于低幼读物，或通过成人对低幼读物形象的描述，来理解读物中图像、色彩及少量文字所表达内容的过程。早期阅读"早"字当头，包括前阅读和前书写内容，它是针对正规的、系统性的阅读

书写教育而言的，与正规、系统的阅读书写教育有本质的不同，其重点在于激发幼儿阅读的兴趣，培养阅读的基本能力，为学习正规的阅读书写奠定良好基础。[56]

1. 早期阅读的内涵

《纲要》在语言领域提出的关于阅读方面的内容是：引导幼儿接触优秀的儿童文学作品，使之感受语言的丰富和优美，并通过多种活动帮助幼儿加深对作品的理解和体验；利用图书、绘画和其他多种方式，引发幼儿对书籍、阅读和书写的兴趣，培养前阅读和前书写技能。

2. 早期阅读的价值

（1）扩大生活、学习的范围。对幼儿来说，文字符号如同手势、幼儿创造的书面符号、泥捏的物品等符号一样，可以用来表达他们的经历、感情和想法，也可以用来超越时空去创造虚幻的世界。所以，早期阅读使得幼儿的生活和学习范围逐渐扩大。一方面，早期阅读使幼儿交流的范围从面对面的口语交流扩大到通过图画、文字符号实现读者和作者的间接交流；另一方面，早期阅读使幼儿可以突破现实的限制，走向想象的世界。

（2）建立初步的“读写”自信心。幼儿通常以玩读写游戏开始他们的早期阅读活动。如乱涂乱画、假装读写等，他们可以看想看的图书、写自己想写的字、编自己想编的故事。这些读写游戏不仅可以帮助幼儿建立初步的“读”和“写”的信心，还有助于幼儿进行读写活动的思考和尝试，产生学习读写的欲望，使他们在正式学习书面语言时不会产生畏惧感、失去自信心。

（3）了解书面语言的特点和功能，为正式的阅读做准备。研究发现，经过早期阅读培养的幼儿有良好的阅读习惯与能力，早期阅读与幼儿后来的读写水平有很高的相关关系。在早期阅读过程中，幼儿逐步了解书面语言的特点，增长有关书面语言的知识，懂得“读”和“写”的初步规则。

（4）提高幼儿自我调适能力。传统的幼儿园教育比较重视用外部订正的方

56　颜晓燕著．早期阅读的整合教育［M］．厦门：厦门大学出版社，2011:06.

式来进行阅读教学，而新近的研究提出了培养幼儿内部调整能力、提高阅读水平的问题，并且强调了早期培养幼儿自我调适阅读技能的重要性。实践也已证实，幼儿可以在早期阅读中建立起一种自我纠正、自我调适的阅读技巧，这对于他们进入学校的书面语言学习有很好的帮助，有助于幼儿阅读水平的提高。

（5）享受分享阅读的乐趣。幼儿园有计划、有目的、有组织的早期阅读活动，为幼儿提供了集体学习阅读行为的环境。这将产生不同于幼儿在家或自学的效果。在幼儿园早期阅读活动中，教师与幼儿之间的相互作用，可以帮助幼儿获得最佳的早期阅读效果；幼儿在集体环境中学习阅读，可以与同伴一起分享早期学习阅读的快乐，从而提高他们参与阅读的积极性；教师还能够通过观察比较，发现某些幼儿阅读的特别需要，这样可以提供恰当的帮助。[57]

3. 早期教育中存在的误区

我国近几年对早期阅读的价值存在一个误区，认为“早期阅读有利于幼儿潜能的开发”。这种说法隐含了两个观念：一是幼儿的潜能开发最为重要，二是提前读写必然导致潜能的开发。这两种说法都有失偏颇。首先，强调潜能开发与幼儿全面发展的价值追求背道而驰。早期阅读最重要的价值在于帮助形成促进人一生发展的学习动机、态度，而非掌握读写算的基础知识和基本技能。其次，早期阅读并不必然能促进幼儿智能的发展。语言文字是表示事物或概念的一种符号代码，如果让幼儿在不熟悉某一事物或概念之前，死记硬背地掌握其符号代码的读法和写法，这样的活动不仅无法引发幼儿对文字的兴趣，还可能抑制幼儿心智的发展。

真正意义上的早期阅读对幼儿的全面发展具有不可替代的价值，这种价值并不体现在“开发幼儿潜能”上，而体现在使幼儿通过接触书面语言获得与书面语言有关的态度、期望、情感和行为，培养幼儿认识世界的基本能力，发展其终身学习的能力。[58]

57　周兢，余珍有著．幼儿园语言教育［M］．北京：人民教育出版社，2004:206.

58　周兢，余珍有著．幼儿园语言教育［M］．北京：人民教育出版社，2004:204.

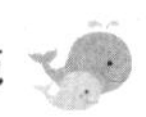

（二）早期海洋阅读的定义

关于早期海洋阅读并没有具体的界定，也缺少可借鉴的经验。我园在多年实践中积累了关于海洋阅读的经验。首先是阅读书目的选择不断聚焦。为了培养幼儿的阅读习惯，我园从 2014 年起设立了阅读节，当时注重投放绘本的数量，满足幼儿阅读的需要。但投放的种类比较宽泛，并未聚焦于“海洋”。随着海洋生态文化的研究与实践，海洋阅读节的内容越来越聚焦于“海洋”。幼儿园也开始有目的、有计划地对海洋类绘本进行研读、筛选、整理。2016 年，改变均衡发力、随机投放绘本的做法，开始有目的地重点投放，每年按照 30% 的比例对绘本资源进行补充，充实海洋绘本书单，建立海洋绘本馆。同时，绘本的分类更加具体，如海洋科普、海洋情感故事、海洋生态保护等。

其次，阅读目标更具海洋特色。2014 年，我园认为阅读就是通过阅读图画书的形式培养幼儿的阅读习惯，开阔视野，表达幼儿的经历、情感和想法，促进幼儿的发展。2016 年开始转向，除激发幼儿阅读兴趣、发展阅读能力、养成良好的阅读习惯外，更加重视幼儿亲海、知海、爱海、护海意识的养成。

（三）幼儿海洋阅读课程的定义

根据早期阅读的特点，结合多年实践，我园认为幼儿海洋阅读课程，以培养幼儿阅读习惯、激发阅读兴趣为出发点，以从知识、能力、情感等方面提高幼儿的整体素质为目标，通过引导幼儿阅读经典绘本，从中发现幼儿的兴趣点，生发出与海洋及海洋品质相关的涵盖五大领域的一系列活动，生成海洋特色阅读园本课程。幼儿在后续的阅读过程中不断产生新的兴趣点，不断生发新的活动，我园及时将这些活动融入海洋阅读课程之中，实现海洋阅读课程的动态发展。

幼儿海洋阅读课程产生的新理念、新思路，为我园海洋生态文化建设输送新鲜“血液”。它的包容性使之与其他课程体系产生紧密联系，促进海洋课程体系的完善；常年的坚持，让海洋生态文化的理念融入每一届幼儿和家长身上，海洋阅读成为二幼闪亮的名牌。

二、幼儿海洋阅读课程的目标

华东师范大学周兢在《3~6岁儿童学习与发展指南解读》中提到："通过早期阅读，幼儿可以接触学习有关书面语言的信息，获得书面语言意识、行为和初步能力。"《纲要》明确提出："利用图书、绘画和其他多种方式，引发幼儿对书籍、阅读和书写的兴趣，培养前阅读和前书写技能。"由此可见，幼儿阅读教育的基本目标即引发幼儿对书籍、阅读和书写的兴趣，培养前阅读和前书写技能。

（一）海洋阅读的知识目标

小班：

1. 初步了解海洋物种的丰富性和大海波澜壮阔的特点。

2. 感知诗歌、童话、神话等文学作品的不同特点。

中班：

1. 简单了解海洋生物的分布特点及自我保护的方法。

2. 知道书面语言和口语的不同表达方式。

大班：

1. 通过阅读海洋绘本，了解常见的海洋动物的外形特征和生活习性。

2. 掌握丰富的词汇，会用多种多样的形容词描述事物。

（二）海洋阅读课程能力目标

小班：

1. 能从封面图片了解绘本的主要内容。

2. 利用符号、图画等方式表达内心的想法和感受。

3. 能通过图文提示找到线索，完成相应的任务。

中班：

1. 通过观察绘本的关键画面形象，能够从中发现人物、动作、背景。

2. 清楚、完整、连贯地讲述阅读的绘本的内容。

3. 对儿童文学作品内容创造性的表现表达。

大班：

1. 初步具有收集海洋资料，捕捉海洋信息、海洋新闻的技能。

2. 主动联系图文，并能找出自己认识的文字。

3. 能用多种方法与同伴、成人交流自己所阅读的海洋图画书。

4. 能理解别人的情感，关心他人，培养创新能力。

（三）海洋阅读课程情感目标

小班：感受大海的神秘，萌生对大海的喜爱之情。

中班：激发阅读兴趣，产生通过阅读获得信息的强烈的求知欲，养成良好的阅读习惯，萌发书面语言意识和行为。

大班：

1. 产生“亲海、知海、爱海、护海”的意识。

2. 加深对海洋图书的理解，更好地传承和发展本土海洋文化。

表 4–1　幼儿海洋阅读课程目标

目标人群	目标					
	知识目标		能力目标			情感目标
	海洋知识	文学常识	阅读能力	表达能力	综合能力	
小班	初步了解海洋物种的丰富性和大海波澜壮阔的特点	感知诗歌、童话、神话等文学作品的不同特点	能从封面图片了解绘本的主要内容	利用符号、图画等方式表达内心的想法和感受	能通过图文提示找到线索，完成相应的任务	体验大海的神秘，萌生对大海的喜爱之情

续表

目标人群	目标					
	知识目标		能力目标			情感目标
	海洋知识	文学常识	阅读能力	表达能力	综合能力	
中班	简单了解海洋生物的分布特点及自我保护的方法	知道书面语言和口语的不同表达方式	通过观察绘本的关键画面形象，能够从中发现人物、动作、背景	清楚、完整、连贯地讲述阅读的绘本的内容	对儿童文学作品内容创造性地表现表达	激发阅读兴趣，通过阅读产生获得信息的强烈的求知欲，养成良好的阅读习惯，萌发书面语言意识和行为
大班	通过阅读海洋绘本，了解常见的海洋动物的外形特征和生活习性	掌握丰富的词汇，会用多种多样的形容词描述事物	1. 初步具有收集海洋资料，捕捉海洋信息、海洋新闻的技能。 2. 主动联系图文，并能找出自己认识的文字	能用多种方法与同伴、成人交流自己所阅读的海洋绘本	能理解别人的情感、关心他人，培养创造性和创新能力	1. 产生“亲海、知海、爱海、护海”的意识。 2. 加深对海洋图书的理解，更好地传承和发展本土海洋文化

第二节　海洋阅读课程的内容

幼儿最爱的阅读载体是绘本。绘本中丰富的色彩、生动的形象，在提高幼儿阅读能力的同时，发展了多方面的能力。随着我园海洋生态文化活动的开展，我园为幼儿提供了大量的关于海洋的绘本，并通过看一看、讲一讲、演一演、画一画等活动内容，让幼儿爱上阅读、享受阅读，畅游在阅读的海洋里，进而实现“好奇探究、快乐自信”的幼儿培养目标。

一、“看”的海洋阅读课程

阅读是从视觉材料中获取信息并加以辨认、理解、分析的过程，是表达的延

续。学龄前儿童的阅读打开方式是看图，通过图画来理解书中的意思。6岁前幼儿以看图为主，具体的图形图像、把文字形象化的图案都是幼儿的阅读重点。《纲要》中指出，教师应“引导幼儿接触优秀的幼儿故事作品，使之感受语言的丰富和优美，并通过多种活动帮助幼儿加深对作品的体验和理解”。因此，通过视觉来感受阅读是幼儿阅读的主要方式。

（一）自由自主地阅读

自主，是指自己主动发起，不受别人支配。儿童自主阅读是指在没有成人指导的情况下，自己选择阅读材料并进行阅读。我园从阅读能力提升、阅读兴趣激发、阅读效率提高、阅读情感丰富、阅读习惯养成等方面入手，全方位培养幼儿的自主阅读能力，为其日后的学习和生活打下坚实基础。[59]

为此，我园创设了方便随时阅读的公共环境。幼儿可以利用区域活动、餐后散步、离园前等时间在班级阅读区、走廊和楼梯等公共阅读区阅读。除此之外，还会用多种形式来调查了解“我最喜欢的海洋绘本”，根据调查结果，筛选丰富海洋绘本书单及资源库，在不同阅读区投放，支持幼儿自由自主阅读，满足幼儿对于图书的需求。

（二）“浪花朵朵”图书漂流

随着时代的发展，家长对于孩子的教育投资不断加大，每个家庭都会为孩子的成长购买图书。然而每个家庭的读书偏好不一样，购买的图书种类、数量也不一样，为了互通有无、实现图书资源的充分共享，班级每年定期开展图书漂流活动。每一本书就像一朵小浪花，千万朵小浪花组成了阅读的大海。

图书漂流活动分为四个阶段。

阶段一：制订计划，发起倡议，收集图书

通过“我的家庭书单”“我最喜欢的绘本”调查活动，对幼儿家庭中的绘本

59　管红燕．基于自主阅读能力培养下幼儿园教学策略［J］．天津教育，2022（07）．

情况进行统计，与幼儿共同讨论分析什么是图书漂流，为什么要图书漂流，自己家里哪些绘本可以用来漂流，共同制订适宜的漂流计划。同时，也向家长发起倡议，宣传图书漂流活动的意义。根据各年龄段的阅读特点，每次漂流，每名小班幼儿提供两本绘本，每名中班幼儿提供三本，每名大班幼儿提供四本，形成漂流书库。幼儿园也会提供《父母课堂》杂志，以及家庭教育类书籍同幼儿绘本一同漂流，让家长也参与到图书漂流活动中，并积极分享自己的阅读感悟。

阶段二：制作书袋，制定规则

为了激发幼儿漂流图书的兴趣，在图书漂流活动开始之前，教师组织幼儿根据自己的喜好绘制书袋，和幼儿共同制定漂流规则，并张贴在每本图书的扉页上。漂流规则，除了方便家长阅读的文字版，幼儿还会将规则用绘画的方式记录下来。

表 4–2　“浪花朵朵”图书漂流规则

活动安排	具体要求
漂流时间	周一借书，周五还书，周末图书消毒
漂流规则	爱惜漂流图书和漂流书袋，保持图书清洁和页面完整，如发现破损，请及时修补。如不慎遗失，请赔偿等价图书，并告知班级老师。 认真检查包内图书和各种材料；注意及时记录“阅读登记表”“漂流书签”

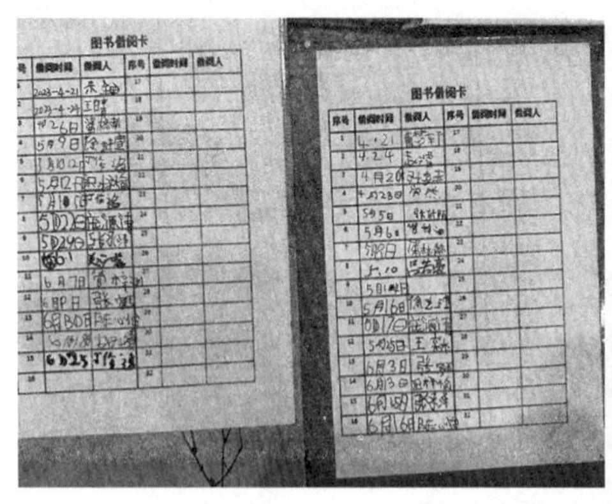

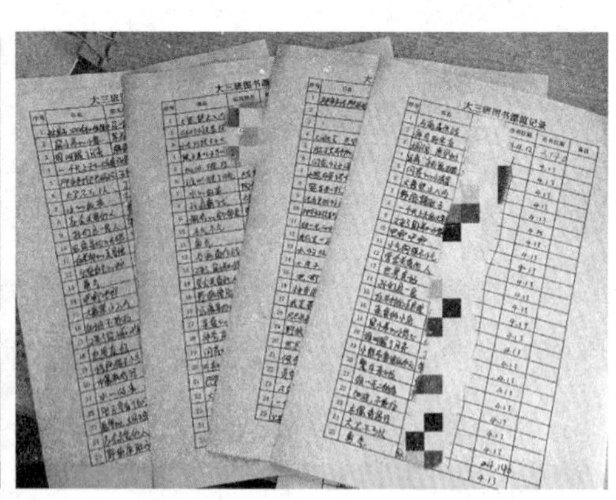

图 4–2　图书漂流借阅卡、登记表

阶段三：图书漂流，静心阅读

班级的漂流书库固定在班级的某一位置，每周一幼儿自主交换绘本，将想要阅读的绘本带回家。回到家后，老师建议爸爸妈妈放下手机，和孩子一起阅读。

家长可以在微信群分享阅读趣事，也可以打卡温馨阅读时刻。

阶段四：阅读感悟，分享收获

阅读过程中，家长用文字或影像形式记录阅读趣事，幼儿用绘画的方式表达阅读感悟，班级教师会有目的地在班级微信群和班级教室中进行分享和张贴，形成积极的阅读氛围。小班幼儿可以表达自己在书中最喜欢的形象、最喜欢的内容；中班幼儿表达自己对某一情节进行的联想和想象；大班幼儿将自己代入到书中，想象如果自己遇到了这样的事情会发生什么有趣的事。幼儿既可在集体前分享自己的阅读感悟，也可在班级阅读展板上张贴阅读感悟。张贴的内容幼儿可以随时翻看，并说说自己的想法。老师与家长还会将幼儿阅读过的书目以及阅读感悟及时收放到幼儿阅读档案中，作为幼儿成长发展的见证。

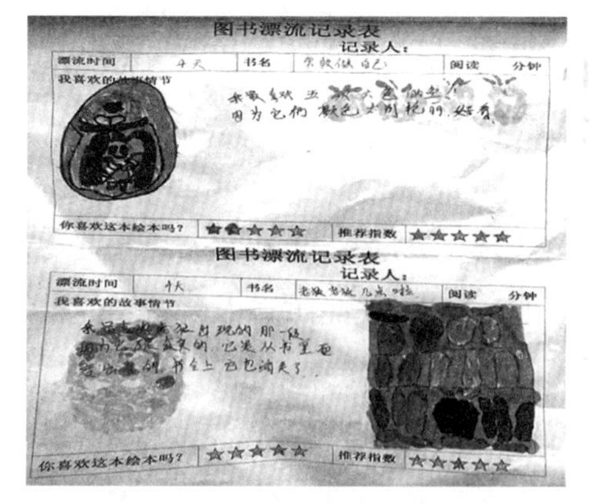

图书漂流记录表

记录人：

漂流时间		书名		阅读　分钟
我喜欢的故事情节				
你喜欢这本绘本吗？	☆☆☆☆☆	推荐指数	☆☆☆☆☆	

图书漂流记录表

记录人：

漂流时间		书名		阅读　分钟
我喜欢的故事情节				
你喜欢这本绘本吗？	☆☆☆☆☆	推荐指数	☆☆☆☆☆	

图书漂流记录表

班级：大四班

名字	书名	时间	阅读记录（印象最深刻的故事情节）
		2023.6.1	

我的收获

读了这本书我的感想是"友情"是无价之宝，友情是非常珍贵的。所以友情不是能用金钱来衡量的。因此，大猩猩用金钱租友情是不对的。

图 4–3　幼儿图书漂流记录表

二、“讲”的海洋阅读课程

讲故事是一个循序渐进的过程，它需要理解、分析、表达等方面的能力。研究表明，培养幼儿讲故事的能力不但可以促进幼儿智力与思维能力的发展，而且对幼儿语言表达能力和组织能力的提高都有很大的帮助。可以说，一个能把故事讲好的幼儿，是一个拥有多方面能力的全面发展的幼儿。[60] 我园将“讲”故事融

60　沈娴 . 从“绘本”到“会讲”——通过绘本培养幼儿的讲故事能力［J］. 科学大众（科学教育），2017（08）.

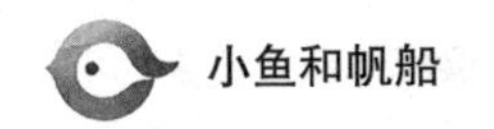

入海洋阅读课程之中，让“讲”变得丰富多彩。

（一）每日一讲之小蓝鲸故事广播

我园在公共区域设置广播站，话筒连接所有班级和户外音箱。幼儿园每学期初制订班级播讲计划，班级通过竞选及投票方式选出最会讲故事的幼儿，在午睡前和离园环节进行故事广播。在广播的过程中，班级所有幼儿和园外等待的家长都会听到广播。讲故事的“小小故事大王”，将自己播讲故事，让全园小朋友和家长听到，会产生自己“成了最会讲故事的小朋友”的自豪感，这种自豪和自信激励着幼儿更加热爱阅读。

在讲故事的过程中，幼儿可以接触大量的词汇和优美的语句，获得语言学习经验，感受绘本传递的情感。就像在讲述《闪电鱼尼克》后，幼儿会用“我喜欢你现在的样子”来表达自己对朋友的喜爱；在讲述《独一无二的你》之后，幼儿经常会说“因为我……我喜欢我自己”。

幼儿园的“小蓝鲸故事广播”活动开播至今，全园幼儿已养成一个安静倾听的习惯，一到故事播放时间点，全体幼儿都自觉安静，倾听故事广播，在故事结束时还能根据自己听到的进行评价：“这个小朋友讲得特别好听”“他讲故事声音响亮又清楚”“她讲故事的时候特别温柔”……欣赏与被欣赏、爱与被爱，在活动中悄悄地发芽，让幼儿感受到在幼儿园的每一天都是美好的。

表 4–3　“小蓝鲸”故事电台安排表

小蓝鲸故事电台（2023—2024 学年度第一学期）					
	10.17	10.18	10.19	10.20	
	大一	大二	大三	大四	
10.23	10.24	10.25	10.26	10.27	
中一	中二	中三	中四	中五	
10.30	10.31	11.10	11.20	11.30	
小一	小二	小三	小四	小五	

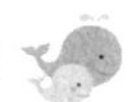

续表

小蓝鲸故事电台（2023—2024 学年度第一学期）					
11.6	11.7	11.8	11.9	11.10	1. 每天两名幼儿，时间安排如下： 午间电台： 12:00—12:05; 下午电台： 15:45—15:50。 2. 班级注意拍摄并留存幼儿广播视频及照片。
大一	大二	大三	大四	大五	
11.13	11.14	11.15	11.16	11.17	
中二	中三	中四	中五	小一	
11.20	11.21	11.22	11.23	11.24	
小二	小三	小四	小五	大一	
11.27	11.28	11.29	11.30	12.1	
大二	大三	大四	中一	中二	
12.4	12.5	12.6	12.7	12.8	
中三	中四	中五	小一	小二	
12.11	12.12	12.13	12.14	12.15	
小三	小四	小五	大一	大二	
12.18	12.19	12.20	12.21	12.22	
大三	大四	中一	中二	中三	
12.25	12.26	12.27	12.28	12.29	
中四	中五	小一	小二	小三	

（二）擂台争霸之海洋故事大赛

在讲故事大赛的最初阶段，家长和幼儿选择故事的范围比较广，各种类型的图书故事都有。随着海洋阅读课程的进行，大家逐渐聚焦海洋绘本，选择海洋类故事。幼儿利用区域游戏时间和在家的时间练习讲故事，和爸爸妈妈一起制作讲故事时所需要的道具。在班级的初赛过程中，幼儿通过投票选出讲故事更加落落大方、语言生动有趣、声情并茂的幼儿，代表班级参加园级海洋故事大赛。大赛结束后，会根据幼儿的不同特点及表现能力，为每个幼儿颁发奖状，如吐字清晰、声音洪亮的幼儿获得“小百灵奖”，讲述生动的幼儿获得“最具表现力奖”，讲述声音时加入自己想象的幼儿获得“最佳创意奖”，等等。

在比赛的激励下，幼儿言语生动有趣、声情并茂，大胆表现自己，在表述故事时配有活泼可爱的肢体动作，加上动听的音乐和亲手制作的道具，塑造出一个个生动又鲜明的角色形象，这些海洋故事为幼儿插上了想象的翅膀。

（三）经典再现之海洋传说大会

中国的传统文学除了古诗词还有很多意境优美、弘扬中华传统美德的神话传说。我园组织了“海洋传说大会”，老师、家长和幼儿共同搜集关于海洋的传说和故事，这些故事蕴含着人生哲理和优秀的品质，例如，百折不挠的《精卫填海》，维护正义、不畏强权的《哪吒闹海》，各显神通的《八仙过海》，等等。中国神话的主人公都具有不畏强权、自强不息、勇于奋斗的拼搏精神，是中华民族精神的重要体现。通过这些关于海洋的神话故事，幼儿不仅感受到了古代文学作品的语言美、画面美，更重要的是感受到来自中华传统文学形象的人格美。

（四）老师讲故事之海洋故事小屋

故事是一种生动的文学艺术形式，它以鲜明的主题、有趣的情节、生动的形象、优美的语言使人受到一定的教育。幼儿听故事不但能受到良好思想品德的熏陶，懂得许多道理，而且可以满足好奇心，激发求知欲，学习模仿文明行为和提高语言表达能力。[61] 教师通过声音、肢体的模仿带幼儿走进海洋故事中，引导幼儿进行多元化的表达、表现，在爱上绘本故事的同时，模仿海洋故事中的主要角色的行为，进而产生爱海、护海的行为。

我园教师能关注到幼儿当下最喜欢的、最适合的海洋故事，用声音塑造形象，抓住人物的个性心理，活灵活现地把人物形象展现在幼儿面前。在讲述故事的过

---

61 郑艳丽 . 探讨幼儿语言课中“讲故事”的艺术［J］. 教育教学创新研究高峰论坛论文集，2021:316–317.

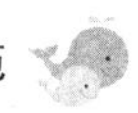

程中，教师还与幼儿有眼神的交流，这样既能观察幼儿的状态，还能通过眼神的传递增加故事的感染力，吸引幼儿的注意力。教师在自己班讲绘本，也通过小蓝鲸广播站给全园幼儿讲绘本，幼儿可以通过声音感受不同风格老师的魅力。

（五）家长讲故事之爸爸妈妈故事会

家长是孩子的第一任老师。家长与教师作为教育者，共同承担着教育的责任。讲故事作为幼儿园语言教育的一部分，也需要家园双方配合一致。

1. 发挥幼儿家长不同的职业、资源优势，丰富幼儿园集体教学内容，激发幼儿阅读兴趣，邀请爸爸妈妈进幼儿园讲故事。护士妈妈讲《鳄鱼怕怕，牙医怕怕》，公交车司机爸爸讲《前面还有什么车》，解放军爸爸讲《雷锋的故事》，怀孕的妈妈讲《妈妈肚子里有个房子》。

2. 亲子共读小讲堂。鼓励家长走进幼儿园，进到班级里为幼儿讲故事、读绘本。这不仅调动了家长参与幼儿园教学活动的积极性，还有效开发、利用家长资源，充分拉近家园距离，让家长和孩子在参与中体验阅读的快乐。

为了丰富家长讲故事的技巧，让家长知道如何给孩子讲故事，教师通过制作讲故事小视频，将讲故事过程中运用的指导方法标注在视频中发给家长。通过家庭教育五步法，家长学会了讲故事。

三、“演”的海洋阅读课程

“演”的海洋阅读课程，主要是指幼儿绘本剧创编到排演的过程。

（一）自主创编班本特色的故事

在海洋阅读课程实施的过程中，幼儿阅读了大量的绘本，同时也产生了思考和联想。在阅读绘本之后，幼儿总喜欢将自己想象成绘本里的角色，通过老师的引导，围绕故事中的人和事进行讨论、分析和想象，创编出一个具有班级特色的故事。中班原创故事《小飞鱼大冒险》就是这样产生的。

小飞鱼大冒险

在阅读绘本《海洋里的小秘密》时，小朋友们突然想知道大海里到底有没有会飞的鱼。通过各种途径查找资料，他们知道了大海里有一种“飞鱼”，它的鱼鳍很大，像翅膀一样，它能在海面上顺着风滑翔400多米……于是围绕小飞鱼，幼儿创编了绘本故事《小飞鱼大冒险》。故事中的小飞鱼要和好朋友小丑鱼去旅行，刚出门，小丑鱼就不见了。为了找到小丑鱼，小飞鱼经历了一次次奇幻又充满温馨的冒险，它躲开了大鲨鱼，带着其他小鱼逃离废弃的渔网，救出误食塑料袋的小鲸鱼，最后被大旋风带回了自己的家，意外地与小丑鱼重逢。幼儿们用稚嫩的画笔画出了故事过程，每个幼儿都参与到了故事创编当中。最后他们用手工制作给绘本加上了“小机关”，使整本书看起来更加有趣。

（二）自主进行故事表演

幼儿由于缺乏生活经验，不容易与绘本中的形象产生共鸣。而戏剧活动中真实的表演与多种感官的结合，可以引导幼儿通过对话、动作和情感等感知、表现绘本中的故事内容。当静态的绘本以一种动态的戏剧形式表达出来的时候，幼儿能够进一步理解绘本精髓，提升幼儿的体验，从而使幼儿更加直观地了解、感悟绘本内容，并学会运用绘本的文学语言，达到各领域的融合，促进全面发展。[62]

当自编的绘本故事有了雏形，幼儿开始设计表演背景，制作表演服装，选择角色，制作排练表，比如周一排练旅行环节，周二排练大鲸鱼遇到困难，周三进行小组汇报表演。互相当导演，导演给小演员提出建议：哪些道具需要改进，哪个小演员上场要换一下位置，等等。表演到一定阶段，幼儿制作邀请函邀请其他班小朋友，邀请爸爸妈妈来幼儿园观看表演。在舞台上表演的幼儿自信大方，沉浸在表演和观众的笑声、掌声中。

---

62 汤赟曦，李科芳 . 从绘本到绘本剧——幼儿园基于绘本的戏剧教育研究［J］. 亚太教育，2022,（21）.

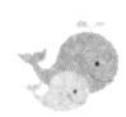

四、“画”的海洋阅读课程

（一）画一画阅读日记

阅读日记是幼儿在阅读之后，通过绘画表征的方式记录阅读的故事或阅读感悟。小班幼儿已经有了想要表达自己想法的意愿，可以用简单的符号表征自己在阅读中的发现，中、大班幼儿的绘画能力增强，用图画和符号进行表征，老师或家长将幼儿的表述进行记录。尤其是在图书漂流的过程中，幼儿会主动把每天阅读的图书用图画的形式表征出来，有时是自己对于这本书的感受，有时是看过书之后自己想做的事，有时是这本书里让自己印象最深刻的画面。

我园鼓励、支持幼儿进行这样的表征，因为这既是思维的过程，又是幼儿对阅读的梳理，更是一种“复盘”，是帮助幼儿把图书的内容在头脑中完整再现的独特方式。

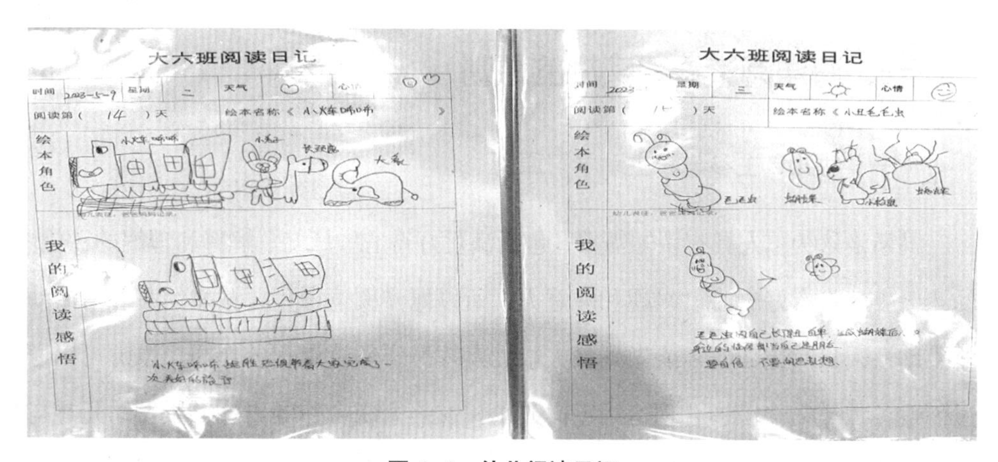

图 4–4　幼儿阅读日记

（二）创编海洋绘本

绘本是激发幼儿潜能、丰富幼儿生活、锻炼幼儿各方面能力的有效工具，绘本创编建立在幼儿能理解故事、对主题内容感兴趣的基础上，能有效激发幼儿的积极性。绘本创编是一个系统的过程，教师和幼儿提前做好规划，赋予幼儿适当的角色与对白，根据不同阶段幼儿特点选用不同创作素材，使得幼儿能在娱乐中快乐地学习，在学习中收获快乐，健康成长。[63]

幼儿在创编绘本的过程中，融合了自己的生活经验、阅读经验。有些绘本是班级共同创编，如上文中的《小飞鱼大冒险》，但更多的是幼儿自发地创编，这些故事情节离奇，显示出幼儿天马行空的想象力。有时故事并不精彩，甚至不完整，但依旧会得到鼓励、包容。因此，更多的孩子愿意创作出属于自己的绘本故事。

第三节　海洋阅读课程的实施

我园通过营造开放的海洋阅读环境、基于绘本生成海洋主题课程、在一日生活中渗透海洋阅读以及在家庭中开展海洋阅读等途径，深入实施海洋阅读课程。

一、海洋阅读课程实施的原则

（一）幼儿自主参与和主动学习原则

马斯洛认为：人具有认知需要，包括满足好奇心、认知、解释和理解的欲望。幼儿天生就具有好奇心、兴趣和注意力。所以海洋阅读课程要激发幼儿参与活动的主动性，只有这样，才能做到最大限度发挥海洋阅读课程的作用。教师可以通过创设各种活动情境、合理运用正向鼓励、加强家园合作等方式，激发幼儿参与海洋阅读课程活动的主动性。

（二）活动组织的多样性原则

杜威“做中学”理论提出，课程要基于儿童的兴趣和需要，儿童必须在真实的任务中进行探索学习，学习就是在直接经验中建构意义。所以在海洋阅读课程

63　梁艳．试论幼儿园绘本创编多样化策略的应用［J］．艺术品鉴，2018（05）．

的实施过程中，应重视通过各种各样幼儿喜闻乐见的活动来达成课程目标。

与此同时，还要注意同一活动的层次性，根据同一年龄阶段不同幼儿的能力发展水平、不同年龄阶段幼儿能力发展水平设计不同难度的活动，关注幼儿的身心感受。

（三）海洋阅读课程的连续性和一致性原则

幼儿的发展是幼儿园、家庭、社会共同作用的结果，所以这种教育力量要互相配合、协同一致。海洋阅读课程应充分利用本土的社区资源，幼儿园要主动联系社区，丰富课程内容，为海洋阅读课程的实施提供有力保障。同时还要重视家庭资源的作用，通过有效途径进行家园合作，保证教育效果的最大化。

二、营造开放的海洋阅读环境

开放的阅读环境一方面是指阅读环境在空间、时间、材料上的开放；另一方面是指幼儿在多元、开放的阅读环境中，能够自由结伴，自选内容，自主活动。创设开放的海洋阅读环境，可以营造良好的阅读氛围，让我园海洋生态文化得以落地落实，是环境育人的重要手段。

（一）建设支持随时阅读的公共区域

创设阅读环境是营造幼儿园书香氛围的最好办法。我园将幼儿园大厅、走廊等区域改造成开放式的公共阅读角，根据不同位置、不同大小、不同结构，因地制宜，营造阅读氛围。公共阅读区既可供幼儿自主阅读，也可供教师与幼儿小组阅读，还可供幼儿与家长亲子阅读，公共阅读区的图书取放方便，场地布置舒适安全，为幼儿、师幼、亲子阅读提供了便利的条件。

（二）创设支持专注阅读的班级环境

图书区是班级阅读环境的重要组成部分。在创设阅读环境时，明亮柔和的光线是非常重要的，要避免强烈的阳光，还要躲开阴暗的角落。安静的区域更有利于营造浓厚的阅读氛围，所以我园一般会在窗边布置一个可以拉窗帘的区域，铺上地垫，放上小沙发，让阅读区温馨舒适。在场地的布置上，我园阅读环境的整体颜色以柔和的浅色调为主，避免了过于浓艳的颜色。书柜书架的位置便于幼儿自主取放图书。选用的图书以适合幼儿的绘本为主，有选择性地投放，避免投放文字过多的图书。

（三）开设专门的海洋绘本馆

拥有丰富的、高质量的绘本是创设绘本馆的基础。[64]海洋绘本馆内的藏书，人均不少于 10 本，海洋类绘本人均不少于 8 本，分为海洋类、科普类、中国传统文化系列等共 9000 余本。绘本馆内既有独立阅读区，又有多人阅读区，不同内容的绘本分类放置在不同区域，所有书架高度在 130 厘米以下，方便幼儿取放。

三、基于绘本生成海洋主题课程

作为海边长大的孩子，幼儿们喜欢大海，熟悉大海，经常在海边玩耍嬉戏，对大海的一切都充满好奇和探究，培养知海、爱海、护海的幼儿，是我园海洋生态文化课程要实现的目标。围绕海洋绘本以及海洋本土资源，我园生成了一系列海洋主题课程。

表 4–4　海洋阅读生成主题

年龄阶段	主题名称	主题内涵
小班	大海里面我最大	海洋动物的多样性
	小鱼游游游	
	大海里面有什么	
	海边真有趣	

64　王海英著 . 儿童视野的幼儿园环境创设［M］. 人民教育出版社 , 2019:211.

续表

年龄阶段	主题名称	主题内涵
中班	美丽黄岛我的家	热爱家乡
	热闹的前湾港	
	神秘的海底世界	对海洋的好奇与探究
大班	海底总动员	勇敢与坚持
	小海螺和大鲸鱼	冒险与梦想
	闪电鱼尼克	冒险与阅读

（一）幼儿阅读兴趣衍生海洋主题课程

生成主题是教师通过仔细观察和倾听儿童阅读活动中的表现，分析关于儿童的兴趣、问题和关注点的线索，在此基础上生成活动主题，围绕该主题制订活动计划，即开放式的活动网络。其关注点是如何提供能够支持儿童兴趣并拓展儿童学习的环境、材料，丰富儿童认知。在儿童游戏和活动的过程中，教师进一步观察和倾听儿童，循环上述步骤，加深儿童对活动主题探索或生发出新的活动主题。[65]

大班生成主题《小海螺和大鲸鱼》

梓萌带来了绘本《小海螺和大鲸鱼》，她绘声绘色地讲述，引起了幼儿的关注：

小海螺个头那么小，可是它要到大海里去，到大海里很远的地方去，所以，她的心愿不小、目标不小，口气也不小。它跟着大鲸鱼到处旅行，看到了冰山、陆地、火山、巨浪、洞穴……经历了拯救大鲸鱼的历险。

小海螺满怀热情地去实现自己的愿望，它的行为、它的语言、它的脚步，都成为幼儿关注的线索。

老师引导幼儿围绕“你想带谁去旅行？冰峰，山峰，沙滩……你最喜欢去哪里？”这些问题，幼儿用绘画、符号记录等方式表达了自己的想法。如：我喜欢

65　熊灿灿．从预设走向生成：幼儿园主题课程转化的行动研究——以江西省南昌市 T 幼儿园为例［J］．早期教育（教育科研），2019（04）．

小丑鱼，因为它的花纹很漂亮；我想去看看冰峰，那么多冰，肯定很好玩；我喜欢大鲸鱼，我想坐在它的背上去旅行……幼儿互相分享自己的想法，交叉形成新经验。

幼儿对海里的动物充满好奇，海底有什么？大海里谁最大？谁最厉害？我见过哪些海洋动物？怎样保护大海？怎样保护海里的朋友……围绕着绘本《小海螺和大鲸鱼》，幼儿谈论的话题越来越多，感兴趣的事情也越来越多，跟随小海螺和大鲸鱼一起开启了奇妙的海洋之旅。

（二）幼儿深度参与丰富海洋主题活动

问题引发探究，为了满足幼儿的好奇心，帮助他们找到问题的答案，老师带着幼儿通过各种途径进行探索，生成了一个个围绕《小海螺和大鲸鱼》的实践活动和教育活动。

1. 实践活动

在组织亲子活动参观海底世界和极地馆过程中，海底世界大厅里的抹香鲸复原标本让幼儿直观地感受到了大鲸鱼的“大”，小海螺的“小”；极地馆里各种各样的海洋动物，让幼儿感受到了海洋生物的多样性。在进行教育活动“有趣的海洋动物”之前，请幼儿对海龟、寄居蟹、水母等常见海洋动物的习性进行大调查，为活动做准备。幼儿通过翻阅家里有关方面的图书、和爸爸妈妈一起去图书馆、上网搜索等方式，自主寻找和收集资料，养成主动学习、学会学习的良好习惯。

2. 教育活动

大班幼儿具有丰富的想象力和表达表现力，在“怎样救大鲸鱼”活动中，幼儿对绘本里的大鲸鱼搁浅在海滩上遇到危险的问题进行了思考。幼儿展开了怎样救大鲸鱼的讨论，还通过绘画方式记录自己想救助大鲸鱼的方法，在科学区通过不同的实验材料尝试这些方法，如用轮子或者滑轮等省力的方法搬动重的物品，用不同材料将不能自己浮起来的物品浮在水面上。幼儿在充分发挥想象力救助大鲸鱼的同时，还设计了保护海洋动物的海报进行宣传，邀请他人参与到保护海洋

动物的队伍当中。幼儿通过自己的思考对大鲸鱼有了更深的了解与认知，并且对海洋动物产生了保护、爱护之情。

在美工区，幼儿设计了不同种类的船，有的想乘着船和大鲸鱼、小海螺一起去远航，有的设计清理海洋垃圾的潜水艇，为大鲸鱼和小海螺提供更好的生活环境，让它们能到更多地方旅行。

（三）师幼互动提升海洋主题价值

《指南》中提到“要充分尊重和保护幼儿的好奇心和学习兴趣，帮助幼儿逐步养成积极主动、认真专注、不怕困难、敢于探究和尝试、乐于想象和创造等良好的学习品质”。在海洋绘本生成主题开展过程中，教师鼓励幼儿用各种方式表达自己的想法和感受，有的幼儿用语言，有的幼儿用绘画，还有的幼儿用唱歌跳舞的形式来表达。无论哪种形式，都有助于幼儿个性发展。

勇敢和坚持。在《小海螺和大鲸鱼》绘本中，小海螺很小，可它的愿望不小，目标不小，它和大鲸鱼一起出海远航，见到了从未见过的景象；小海螺很小，可它的智慧和力量不小，它写下了弯弯曲曲的字，竟然救了大鲸鱼的一条命！绘本带给幼儿的启发是：一定要有梦想，并且勇敢地去实现梦想，遇到困难不放弃，一定会有不一样的见识。幼儿跟随小海螺的步伐，一起去探险！

积极和乐观。生成主题《小海螺和大鲸鱼》的每一个组成部分都渗透着积极乐观的品质教育。例如区域活动《写给海洋动物的一封信》，幼儿用图画写信的方式和海洋动物做朋友，帮助受污染地区的海洋动物想办法，鼓励它们拯救自己的生命。

合作与团结。主题中还有很多需要同伴合作的活动，例如“我和鲸鱼去旅行”“我们是一家”等，都是通过活动促进幼儿的人际交往，在交往的过程中培养幼儿积极乐观的优秀品质。“懂得爱并且爱别人”让幼儿更加快乐。

自主与自信。在创造性游戏当中，幼儿可以自由表现，用表情、语言、动作表达自己的情感，并从中学会自我欣赏。在《小海螺和大鲸鱼》主题实施过程当中，幼儿自发地将绘本故事变成了创造性的表演游戏，从制作服装道具到布置游戏场景，从表演绘本上的情节到自主创编故事，“自己做主”让幼儿获得极大的掌控感、自我效能感，使幼儿更加自信。

大班生成主题活动：《小海螺和大鲸鱼》

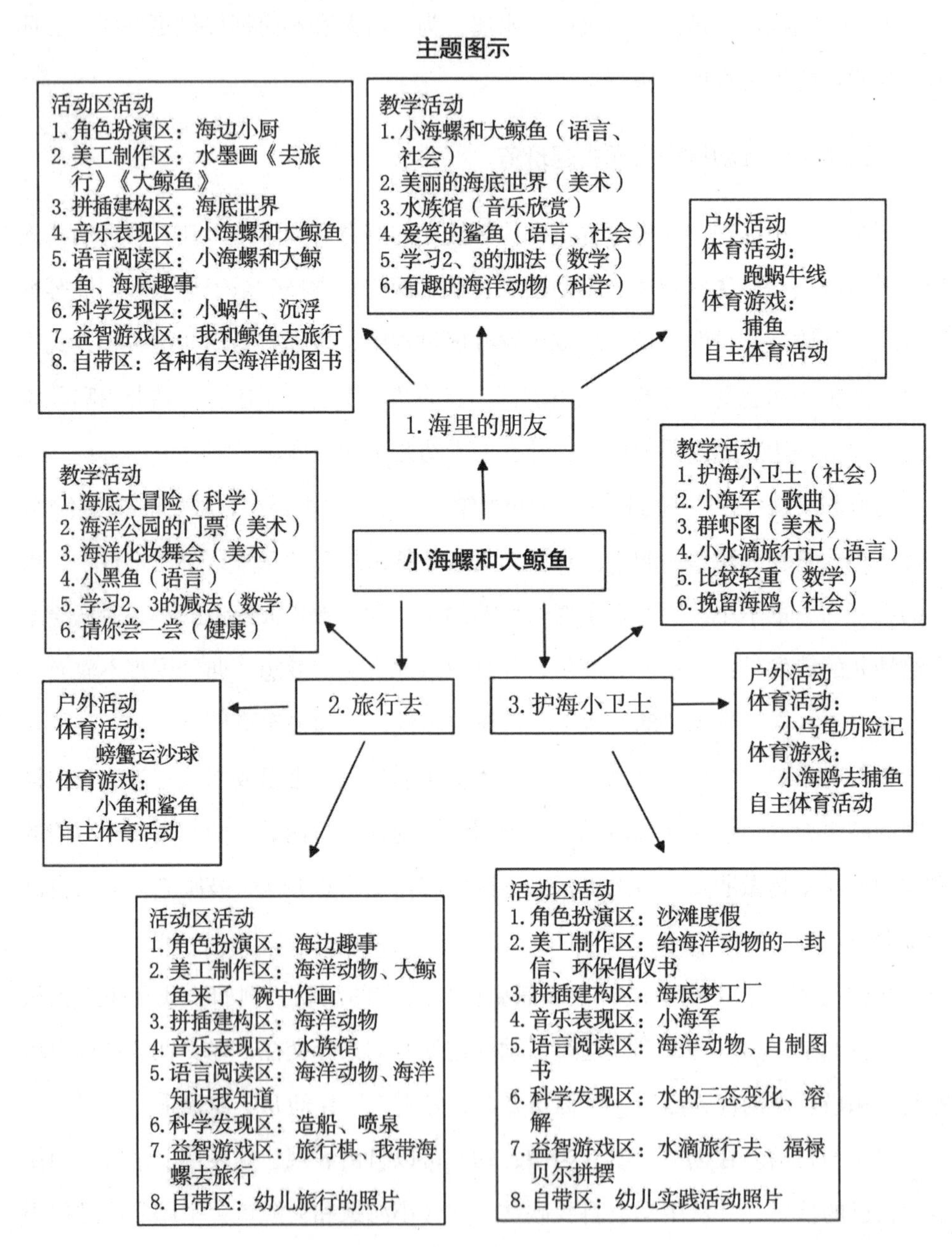

图 4–5　生成主题活动脉络图

四、一日活动中的海洋阅读课程

（一）在日常活动中渗透海洋阅读课程

幼儿时期是养成良好习惯的关键期，《不乱发脾气的小鲸鱼》帮助幼儿学会处理情绪的方法；《讲礼貌的海星》使得小班幼儿开始主动和老师打招呼；《为别人着想的小乌贼》让幼儿们知道了遇事要为别人考虑……

（二）在集体教育活动中融入海洋阅读课程

我园围绕幼儿的兴趣点，将海洋绘本生成教育活动。围绕人生最为重要、最需关注、最富有情感、最能体现人文精神和生命价值的主题，如探索、感恩、成长、幽默的故事等进行相关的主题产生的活动。[66] 通过主题阅读课程，让幼儿在感叹大海的广阔、神秘、美丽的同时，感受故事里的语言美、图画美、情感美。

（三）在区域游戏中链接海洋阅读课程

绘本阅读与区域游戏两种教育模式有着不同的发展重点，灵活运用两者的发展特性，就能使其合理融合，达到理想的幼儿教学效果。在区域游戏的教学模式中，不同的区域具备不同的作用和功能。[67]

阅读区的主要内容是分析绘本人物和编排绘本剧情，幼儿在教师的引导下梳理和探讨绘本内容，为创编表演游戏情节做好准备。搭建区，用积木搭建绘本《海底一百层的房子》中不同楼层的建筑，用拼插玩具拼插巴士不同的功能；美工区，搜集各种小石头、小木片，将自己画成小鱼的模样，幼儿也成了大海中的一条小鱼；益智区，幼儿从相似的鱼当中寻找一模一样的小鱼，锻炼专注力和观

66　吴兴莉 . 主题阅读与幼儿发展——幼儿园主题阅读课程研究［J］. 早期教育，2011（09）.

67　张珺妍 . 大班绘本阅读在区域游戏中的延伸与运用探究［J］. 科学咨询（科技 . 管理），2022（02）.

察能力；表演区，幼儿利用纱巾、纸盒、水果网等材料创造性地当作表演道具，把纱巾围在帽子上表演水母，把很多根绳子编在一起围在腰上表演水草，等等。

五、家庭教育中的海洋阅读

（一）激活新生家长的海洋阅读意识

每年的新生入户家访，教师会有意识地了解家庭阅读情况。据统计，有近50% 的家庭没有亲子共读的习惯，约 80% 的家庭没有专门的阅读区域，低于20% 的家庭以背诵古诗、识字为目的，而对幼儿成长最为有利的绘本则被忽视，关于海洋类的绘本少之又少。面对这种现象，从每年新生入园的家访开始，我园通过多种形式逐渐向家长渗透阅读的重要性。

除此之外，家长会和专家讲座是非常有效的阅读动员机会。家长会时，老师们将绘本里蕴含的促进幼儿发展的五大领域内容分享给家长，同时说明过早识字对幼儿想象力的抑制作用，在鼓励绘本阅读的同时，改变家长的教育理念和行为。在家长初步接触幼儿阅读绘本的重要性之后，我园还邀请专家走进幼儿园进行有关阅读方面的讲座，借助专家“第三方”的客观身份，家长们更容易对讲座所传递的观念产生认同。

（二）营造浓厚的家庭阅读氛围

一个理想的阅读区，应该允许幼儿舒适地坐着欣赏图书。阅读节开始之初，我园会请家长和孩子一起，在家里选一个舒服的角落，给孩子布置成家庭读书角，里面可以整齐摆放幼儿的图书，也可以放上舒服的靠垫，营造温馨的阅读氛围。

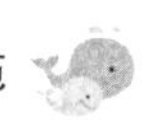

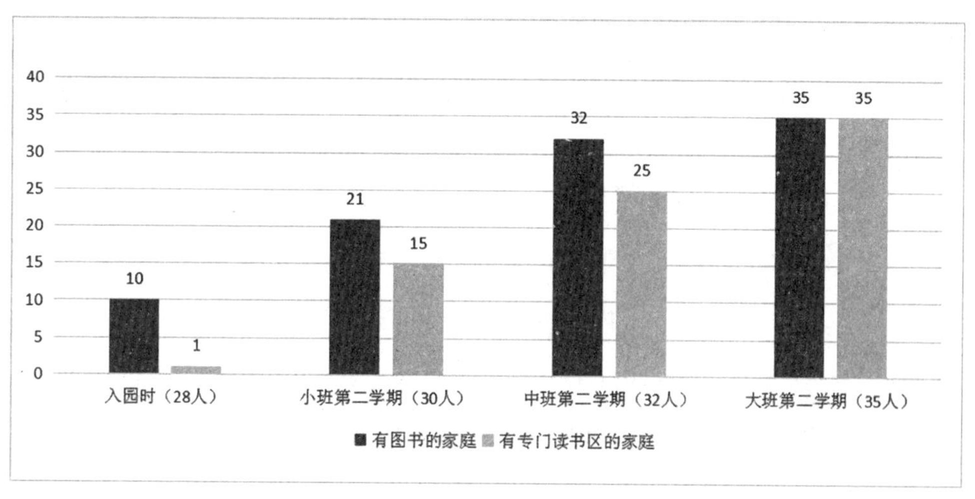

图 4–6 大一班家庭阅读区创设情况统计表

以大一班为例，在小班入园时，班级共有28名幼儿，通过家访我园了解到28个家庭中，有图书的家庭有10个，占35.7%；有专门图书区的家庭1个，占3.6%。可见初入园时绝大多数家庭并不重视幼儿阅读。

经过一学期海洋阅读课程的学习，到了小班第二学期时，班级共有30名幼儿，有图书的家庭有21个，占70%；有专门的图书区的家庭15个，占50%，家庭阅读氛围愈发浓厚。到了大班第二学期，班级共有35名幼儿，有专门图书区的家庭达到了100%。

（三）打造家园共享的阅读平台

亲子共读是指家长和孩子在轻松愉快的气氛中，共同阅读图书的活动。在海洋阅读课程的过程中，幼儿与家长是共同受益、共同成长的。共读使家长能够随时掌握孩子的阅读趋向，为父母和孩子的沟通创造了机会，分享读书的感动和乐趣，带给孩子欢喜、智慧、希望、勇气。除此之外，我园还通过多种活动吸引家长参与阅读节活动。

1. 读书打卡，坚持每天阅读

幼儿每天讲一个故事，绘本、童话、寓言都可以，请家长分享到家长群，或在“宝宝很忙”平台相册中新建“阅读”文件夹，将每天的讲故事视频上传。幼儿听到自己讲的故事在手机软件上播放，既兴奋又受到鼓舞，还能听到看到同伴是怎样讲故事的。

2. 绘本剧小剧场，全家总动员

幼儿爱说爱唱爱表演，更喜欢全家总动员参与活动。以家庭为单位排一场绘本剧，所有家庭成员都参与，内容不限，时长不限，但是要生动有趣，角色清晰，可以加上音乐、音效，也可以自制简单的道具，让表演更加吸引人。幼儿也可以在爸爸妈妈的帮助下把自己创编的绘本搬上舞台。家长以直观的感受，亲自体验表演游戏带给幼儿的成长。

年糕妈妈说：“这次的绘本剧让我感触很深，全家齐上阵的过程中虽然反反复复录了很多遍，但是我们收获了无数的欢乐和开心；尽管有失误，但我们都努力过。同时，我也深刻地感受到年糕的成长，孩子的记忆力和表现力比我们想象的要好太多，带给我们很多惊喜，真的是很有意义的一次活动。”

3. 体验式家长会，家长亲身体验

为了让家长感受到海洋阅读课程给幼儿带来的多方面发展，我园举办了体验式家长会，邀请家长到幼儿园里来玩一玩幼儿每天都玩的表演游戏。

体验式家长会是家长处于真实的游戏情境中，像幼儿一样通过亲身参与活动、完成任务。他们不只感知环境、与环境互动，而且在互动的过程中体会游戏给自己带来的认知、交往上的挑战及创造性、探究能力的发展，以及情感层面上的自主、愉悦和成就感。在体验过程中，请家长选择两种方式之一，一种是教师示范，家长照着做；另一种是家长之间进行讨论，自主确定如何根据主题进行表演。家长们都选择了后一种，大家普遍认为这种方式更有趣，更能体现自己的独特想法。表演结束后，引导家长将家长游戏和幼儿游戏进行对比，更深刻地体验到海洋阅读课程背景下的表演游戏为幼儿带来的多方面的发展。

第四节　海洋阅读课程评价及效果

为了能用比较全面、专业的眼光去审视海洋阅读课程实施的效果，我园采取幼儿评价、教师评价、家长评价等方式，通过行为表现、个人反思、小组共研、园部提升、家长补充等途径，从每一个幼儿发展要素、每一个价值点、每一个问题入手，对海洋阅读课程的有效性进行客观评价，有效诊断，阶段性地调整策略，优化海洋阅读课程。

一、建立多元的评价渠道

（一）注重参与的幼儿发展评价

幼儿行为评价是以幼儿为评价对象进行的评价方式。我园通过量表对幼儿参与阅读的主动性、行为习惯的养成、良好品质的表现等方面进行记录，评价的目的是更好地完善海洋阅读课程，而非评价幼儿良莠。

（二）注重反思的教师行为评价

除阅读环境创设、游戏活动外，教师在海洋阅读课程中的作用至关重要，以早期海洋阅读教育活动为例，我园借用一套由美国著名学者 Pianta.R.C. 等人研究开发的评价课堂互动质量的工具来对海洋阅读活动进行评价。它通过活动的情感氛围、活动的组织水平和教育支持水平三个维度的不同指标，重点评估阅读活动中教师与幼儿互动的水平状况，可以较好地反映幼儿园早期阅读教育活动的质量信息。[68]

68　周兢 . 早期阅读教育活动的构成要素、组织特点及质量评价［J］. 幼儿教育，2010（25）.

表 4–5　教师阅读活动组织评价表

绘本教学的情感氛围水平评价		
评价项目	评价指标	评价结果
氛围：师幼之间与幼幼之间的情感联系、尊重和喜爱	尊重、积极交流、消极情感、否定	
教师的敏感性：教师能意识到并回应幼儿的学习及情感需要	能主动意识到、能积极回应、能关注问题、幼儿能自主表现	
关注幼儿的看法：活动中对幼儿的兴趣、动机和观点的关注程度	灵活关注幼儿、支持自律和小领导、幼儿表达、限制移动	
绘本教学师幼活动质量的评价		
评价项目	评价指标	评价结果
行为管理：教师有效监管和修正幼儿不当行为	清晰的行为期望、前瞻性、纠正错误的行为	
产出性：教师组织活动并加以指导，以确保学习活动的有效性	教学安排：教师促进活动开展和提供有趣的材料，以利儿童最大可能地参与和学习	
绘本教学互动质量的教育支持水平评价		
评价项目	评价指标	评价结果
认知发展：教师采用讨论和活动的方式，而非机械性的方式促进幼儿高级思维能力的发展	分析和归纳、创造性、融会贯通、与现实生活联系	
反馈质量：教师通过对幼儿观点的评论和对幼儿活动的反馈来延续他们的学习	提供支架、反馈思路、促进思考、鼓励和肯定	
语言示范：教师鼓励和促进幼儿语言发展的程度	经常的对话、开放式的问题、重复和拓展、自言自语、平行对话	

二、海洋阅读课程的效果

幼儿海洋阅读课程带来了幼儿、教师、家庭的多方面变化。

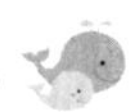

（一）促进幼儿多元能力发展

1. 提升语言表达能力

通过海洋阅读课程，幼儿阅读了大量的绘本，在直观形象的画面中理解了抽象的词汇，并从中感受到了词汇运用的情境，学会合理运用各种词汇，提升了语言表达能力。

2. 培养优秀品格

幼儿在阅读的过程中，对故事中的人物形象进行道德、行为等方面的判断，形成了初步的价值观。特别是有些绘本故事中潜在品德启蒙，对幼儿的优秀品质产生了潜移默化的影响，为健康人格的发展打下基础。

3. 提升探究能力

幼儿在阅读绘本的过程中，根据画面内容进行想象和推理，并根据线索想象接下来的故事情节，这些都是幼儿思维发展的过程。在阅读的过程中，幼儿经常会就故事提出各种各样的问题，我园引导幼儿根据这些问题展开探索，提升了幼儿的探究意识。

（二）丰盈教师海洋气质

1. 提升自身修养

我园的发展愿景是办“人文素养厚重，生成课程见长，海洋特色鲜明”的幼儿园，因此在海洋阅读课程中，教师阅读是不可或缺的部分。我园通过“好书推荐”“图书分享会”“阅读收获”等活动，鼓励教师多读书、读好书。同时，让教师们体验阅读的魅力，提升精神境界和涵养，拓宽视野，提高综合素质。

2. 实现专业成长

除了阅读专业书籍帮助教师实现专业成长外，由幼儿阅读海洋绘本而产生的海洋生成主题也成为教师专业成长的重要组成部分。在主题生成的过程中，教师组织实践活动、编写教案、生发区域游戏、进行符合主题的创造性游戏研究等。每一次的生成主题都是教师们反复实践、头脑风暴、思维整合的过程，引领着我园教师完成从新教师到成熟型教师、专业型教师到专家型教师的转变。

（三）提升家长亲子共读能力

1. 整体提升家庭阅读环境

在我园海洋阅读课程的整体带动下，幼儿家庭阅读环境产生了很大变化，主要表现在95%以上的家庭都创设了专门的读书区域，有的在阳台，有的在客厅一角，有的在卧室飘窗。家长阅读行为的增加，也为幼儿带来了潜在的环境熏陶。

2. 丰富家庭海洋阅读资源

海洋阅读课程带来的家庭阅读资源的改变主要表现在两个方面：一方面是适合幼儿阅读的书目的增加，大部分家庭拥有的书籍数量由原来的不足十本增加到二十本以上，有的家庭甚至可以达到一百本以上；另一方面是高质量幼儿图书的增加，随着家长阅读观念的改变，家庭图书由原来的古诗、识字类，转变为绘本类，尤其增加了数量较多的海洋类绘本，更加符合幼儿园阶段的年龄特点。通过幼儿园和家庭的阅读活动，小班幼儿一年的阅读量近260本，中班幼儿一年阅读量约360本，大班幼儿一年阅读量约460本。

3. 改变家长阅读观念

通过家访和约谈等方式，我园了解到大部分未经历过海洋阅读课程的幼儿家长，对于阅读重要性的认识普遍停留在阅读最后带来的结果上，认为阅读的价值就在于丰富知识，拓宽视野。在一系列阅读节活动之后，家长们的观念产生了本质上的改变，更加注重阅读的过程和幼儿阅读习惯的培养，这一点从家长们主动坚持阅读打卡、重视丰富家庭阅读资源就可以看出。还有非常重要的变化就是，家长们意识到，阅读不仅仅是幼儿园里的事，家庭阅读对幼儿阅读习惯的养成更加重要，从而提高了家园配合的紧密度。

4. 改变家长行为

海洋阅读课程带来家长行为上的改变。在家长参与海洋阅读课程的过程中，同幼儿一起阅读各类图书。这些图书在改变幼儿行为的同时，潜移默化地改变了

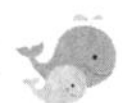

家长的行为。通过海洋阅读课程，家长意识到幼儿获得知识经验的方法是从“直接感知、实际操作、亲身体验”中得来的。家长们经常带着孩子到海边、沙滩、礁石上认知不同的海洋特性，带孩子去海军公园、海军博物馆，参观科技展，近距离地认识海洋、感知海洋带给我们的便利，以及人们的生活因为海洋发生的变化。

幼儿有了良好的保护海洋的意识，并将这种意识传递给家长。家长会不自觉地使自己成为幼儿行为上的榜样，从而改变自己的行为，同幼儿一起“亲海、知海、爱海、护海”。

5. 亲子关系更加紧密

通过海洋阅读课程，家长们对亲子阅读有了正确的认识，甚至有很多家庭将亲子阅读作为家庭中重要的亲子活动。亲子陪伴的参与人也发生了很大变化，在此之前，妈妈陪伴看书的比例远远大于爸爸，但是在活动之后，越来越多的爸爸参与到了亲子阅读活动当中，使亲子关系更加紧密。

附录

附录一：海洋阅读节活动方案

青岛西海岸新区第二幼儿园海洋阅读节活动方案

（2021—2022 学年度第二学期）

阅读可以唤起幼儿的创造力、想象力，让思维活跃、多元。为了让阅读成为幼儿一生的习惯，让好书成为幼儿一生的伙伴，让更多的家长参与亲子阅读，启蒙幼儿海洋意识，特举办一年一度的海洋阅读节活动。

一、活动目标

1. 在园内营造一种书香满园的良好氛围，使阅读真正成为幼儿的自觉行动和生活需要。

2. 积极倡导“我与好书同行”的思想，努力践行“我读书，我快乐，我成长”

的理念，引发孩子养成良好的阅读习惯的兴趣。

3. 通过开展读书活动，引导老师、家长一同参与读书活动，营造良好的读书氛围。

二、具体策略及措施

（一）宣传发动阶段（4.11—4.21）

1. 准备阅读节海报，商定阅读节口号，制作阅读节展板，班级创设阅读环境烘托阅读节氛围。

2. 做好宣传发动。4 月 21 日举行阅读节开幕式，向家长发放阅读倡议书，引导幼儿和家长认识到开展阅读活动的意义，明确阅读活动的目标、任务。

3. 发动集体的力量，引导幼儿和家长带图书到班级，进行图书分享。

（二）阅读开启阶段 (第 2、3 周)——班级活动

1. 图书漂流

中小级部

每班设计班内图书漂流站并制订班级图书漂流活动规则。每位幼儿从家里带来绘本，教师登记好幼儿信息并编号。班级从绘本馆借阅海洋类绘本充实到漂流站，每周幼儿互换书袋带回家和爸爸妈妈一起阅读。

大班级部

（1）我的图书去旅行

本次阅读节将打破班级界限，在班级与班级之间进行图书漂流，让幼儿阅读到更多样的绘本，开阔视野。

（2）一卡在手，阅读自由

大班下学期，幼儿已经会书写自己的名字，可以引导幼儿设计自己的书卡，让借阅图书的小朋友在书卡上签名，体验分享图书的快乐。

（3）绘本推荐达人

通过引导小朋友们录制“分享好书”的视频，生成二维码，将二维码粘贴到书袋上，体验分享与表达的乐趣。

2. 亲子阅读

中小级部：亲子阅读打卡

父母坚持每天 20~30 分钟的亲子阅读，并在班级群内以文字 + 视频 / 图片的形式进行打卡，以引导亲子共读。这样不仅能加深理解，增进感情，还能和睦亲情，提升幼儿自信心和表达能力。阅读节后，对坚持完成的家庭进行奖励。

大班级部：我的阅读打卡

运用幼儿思维可视化的理念，引导幼儿思考如何进行阅读打卡，哪种方式最方便、最好操作，将幼儿的思考通过量表等数据化的方式呈现。同时，通过设置打卡墙的方式，让幼儿感受到阅读量增加的成就感。

3. 餐前故事会

开展“我来讲故事”活动，每天拿出十分钟左右时间请幼儿在集体面前讲故事。大班可以讲爱党爱国的红色故事。

4. “小蓝鲸”广播电台

班级幼儿代表轮流到“小蓝鲸”广播站，给全园幼儿讲故事，培养幼儿自信表达。

5. 听爸爸、妈妈、老师讲故事

通过公众号，班级轮流推送家长和老师优秀故事。

6. 自制书签

教师（家长）和幼儿一起制作创意书签，收集废旧材料，如纸板、毛线、树叶、贝壳等，利用剪、贴、画等多种形式设计图案，大胆发挥幼儿想象力、创造力。通过制作书签培养幼儿对阅读的兴趣，感受中华传统之美。

（三）阅读展示阶段（第 4、5、6 周）——级部或者园级活动

1. 创意绘本展

将阅读与艺术教育相结合。幼儿用粘贴、绘画等不同形式，将自己阅读的绘本图书进行故事续编，创作自己的绘本故事。班级组织“讲讲我的绘本故事”活动，引导幼儿互相进行分享，讲一讲自己创作的故事。

大班根据下学期“幼小衔接”这一重点工作，确定“我上小学了”这一主题，在班级中投放《小阿力的大学校》《上课真的好有趣》《在教室里说错了也没关系》等绘本，引导幼儿大胆想象，自制绘本《我上小学了》。

2. 故事大王

中小班以级部为单位开展故事大王比赛，大班级部开展红色故事会。

3. 小小朗读者

幼儿诗歌、古诗中往往充满了趣味性、幻想性、快乐性、情感性。徜徉在诗歌的海洋中，可以更好地感受文学作品的美，也可以很好地提高幼儿语言表达能力。班级每周花费半小时组织幼儿开展朗诵活动。

4. 欢乐绘本剧

每个班级组织幼儿创编海洋类或中华好故事绘本剧展演，也可以进行家庭绘本剧展演，引导家长积极投入到活动中。

5. 小小辩论赛（大班）

观看辩论赛的视频，引导幼儿了解辩论赛的规则。结合幼小衔接主题，老师和幼儿共同选出适当的辩题，随后举办小小辩论赛，激发幼儿对小学的向往，体验语言表达的乐趣。

6. 绕口令大王（大班）

绕口令作为一种特殊的语言艺术，使幼儿兴趣浓厚，对幼儿的语言及思维发展具有极大的促进作用。班级可利用区域活动时间在阅读区、表演区开展“说绕口令”“绕口令比赛”活动。

（四）阅读节闭幕（第 7 周）

1. 成果发布会

中大班幼儿已经具备较强的语言表达能力，请幼儿来说一说班级开展阅读节的小趣事，培养幼儿的观察能力和语言表达能力。

2. 阅读心得

通过公众号平台，分享家长的阅读心得，让更多的家长了解阅读的乐趣，来

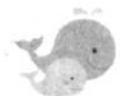

进一步营造良好的家庭阅读氛围，进一步做好家园共育。班级创设“童言稚语”板块，张贴幼儿阅读中的奇思妙想。

3. 成果梳理

以级部为单位，按照阅读节目标、活动准备、基本活动、家长社区资源、活动反思等内容进行阅读节成果梳理。

在这一年中最美好的季节里，让我们带着发现的慧眼，相约春天，聆听小天使们天籁的童声，一起体验与感受快乐的阅读之旅，让孩子们在“悦读”中健康快乐地成长。

2022 年 4 月

附录二：海洋绘本书单

科普类海洋绘本书单

年级	书名	信息
小班	《大海里的动物》	华阳文，中国出版社，2015
小班	《海洋》	吉尔·麦克唐纳，中信出版集团，2020
小班	《出发！去海洋馆》	宝宝巴士，福建科学技术出版社，2023
小班	《海洋的声音》	卢君辉，北京联合出版有限公司，2018
小班	《不可不知的水族馆》	阿部浩志，长江少年儿童出版社，2019
小班	《海底世界》	洛罗塔，广西师范大学出版社，2021
小班	《旅行鱼溜溜》	晓玲叮当，海燕出版社，2019
小班	《你好，海洋动物》	李继勇，中国人口出版社，2020
小班	《潜入大海洋》	赵霞，浙江人民美术出版社，2021
小班	《海底大探险》	孙静，长江出版社，2015
小班	《向海洋出发》	彼得·卡尔斯基，中国友谊出版社，2022
小班	《小海龟历险记》	李长平，作家出版社，2003
小班	《鲨鱼的誓言》	李金龙，吉林出版集团有限责任公司，2015
小班	《能捉鸟的鱼》	李金龙，吉林出版集团股份有限公司，2016

续表

类型	书名	信息
小班	《海底神射手》	李金龙，吉林出版社，2016
小班	《比目鱼求医》	李金龙，吉林出版集团有限责任公司，2019
小班	《海上救生员》	李金龙，吉林出版集团有限责任公司，2015
小班	《幸福的小蓝鲸》	李金龙，吉林出版集团有限责任公司，2015
中班	《海洋动物》	丽莎·里根，陕西人民教育出版社，2022
中班	《海底的秘密》	大卫·威斯纳，河北教育出版社，2021
中班	《海洋立体书》	帕特·雅各布斯，未来出版社，2018
中班	《奇妙的海底王国》	李金龙，吉林出版集团，2016
中班	《儿童海洋百科全书》	英国DK公司，中国大百科全书出版社，2017
中班	《动物动起来：在海洋》	卡罗尔·考夫曼（Carol Kaufmann），花山文艺出版社，2020
中班	《生机盎然的海洋》	英国迪纳摩公司，陕西人民教育出版社，2018
中班	《我爱海洋动物：鲸鱼》	海洋编辑部，青岛出版社，2023
中班	《螃蟹大冒险》	布伦达·拉尔夫·刘易斯，广东经济出版社有限公司，2020
中班	《大肚子的海马爸爸》	嘉良传媒，海豚出版社，2023
大班	《蓝鲸》	詹妮·德斯蒙德，长江少年儿童出版社，2016
大班	《揭秘海洋》	凯特·戴维斯，未来出版社，2012
大班	《海洋图典》	孙雪松，化学工业出版社，2022
大班	《深海秘境》	沃尔夫冈·德雷尔，陕西人民教育出版社，2021
大班	《蓝色大海的奥秘》	贾纽博托·阿基尼里，上海译文出版社，2022
大班	《画给孩子的海洋简史》	李妍，台海出版社，2021
大班	《鲸鱼可以长多长》	艾莉森·利门塔尼，辽宁科学技术出版社，2019
大班	《听海洋生物讲故事》	茱莉亚·布鲁斯，上海文化出版社，2021
大班	《我们的海洋》	崔钟雷，黑龙江美术出版社，2020

续表

类型	书名	信息
大班	《大小能目测的海洋动物》	汤姆·杰克逊，江苏凤凰教育出版社，2019
大班	《深海大冒险》	马克思·菲斯特，接力出版社，2013
大班	《鲸鱼的世界》	达西·多贝尔，成都时代出版社，2023
大班	《遨游热闹的浅海》	崔维成、周昭英，上海科技教育出版社，2021
大班	《接近朦胧的微光带》	李华，上海科技教育出版社，2021
大班	《发现奇异的深海》	李华，上海科技教育出版社，2021
大班	《探秘未知的深渊》	李华，上海科技教育出版社，2021
大班	《海洋的奥秘》	艾玛努埃尔·格兰德曼，海豚出版社，2022

环保类海洋绘本书单

年级	书名	信息
小班	《海洋垃圾不见了》	安德烈娅·赖特迈尔，北京时代华文书局，2021
小班	《最后一块海藻派》	文达·舒莱狄，三辰影库音像出版社，2022
小班	《我的泡泡去哪了》	依万、艾迪，群言出版社，2016
小班	《珊瑚王国》	诺尔斯，劳拉，詹妮韦伯，青岛出版社，2020
小班	《移动的黑色小岛》	乔·托德–斯坦顿，北京联合出版有限公司，2018
中班	《猜猜海鸥的心事》	艾莉森·福尔门托，敦煌文艺出版社，2017
中班	《海洋塑料》	[葡]安娜·佩戈、伊莎贝尔·米尼奥丝·马丁斯，后浪，浙江教育出版社，2021
中班	《保护我们的海洋》	王丽娜著，木木树文化绘，应急管理出版社，2020
中班	《海洋之书》	夏洛特·米尔纳，贵州人民出版社，2020
中班	《听，大海在说话》	艾莉森·福尔门托，敦煌文艺出版社，2017
中班	《黑色海水》	南贞姬（韩）文，彼得·霍拉赛克（英）图，文化发展出版社，2017

续表

年级	书名	信息
中班	《多样的海洋生物》	木木树文化，新时代出版社，2015
中班	《丰富的海洋资源》	木木树文化，新时代出版社，2015
中班	《奇妙的极地世界》	木木树文化，新时代出版社，2015
中班	《奇特的海岛风光》	木木树文化，新时代出版社，2015
大班	《100 岁的鱼》	劳拉·霍桑，北京联合出版社，2022
大班	《大头鱼海洋清洁记》	德博拉·戴森，二十一世纪出版社，2022
大班	《中华白海豚》	郑锐强，山东科学技术出版社，2022
大班	《一个像海的地方》	林柏延，现代出版社，2021
大班	《蓝鲸斯巴达克》	英娃，广州出版社，2011
大班	《别让深海流眼泪》	李华，上海科技教育出版社，2021
大班	《海洋篇·我们的地球发烧了》	斯蒂芬·艾肯，辽宁少年儿童出版社，2016
大班	《解救座头鲸》	罗伯特·伯利，中译出版社，2017-11

情感类海洋绘本书单

年级	书名	信息
小班	《笨拙的螃蟹》	史大胜、代东梅，中国人口出版社， 2019
小班	《爱笑的鲨鱼》	盖乐薇，中国人口出版社，2007
小班	《好吃，好吃，我要吃》	杰克·提克，中国人口出版社，2007
小班	《闲不住的小鱼》	露丝·盖乐薇，中国人口出版社，2007
小班	《乱挠痒痒的章鱼》	凯恩 ，中国人口出版社，2007
小班	《小白鱼找妈妈》	西纳顿，四川少年儿童出版社，2018
小班	《小白鱼过生日》	西纳顿，四川少年儿童出版社，2018
小班	《小白鱼真棒》	西纳顿，四川少年儿童出版社，2018
小班	《小白鱼放学啦》	西纳顿，四川少年儿童出版社，2018
小班	《不一样的好爸爸》	西纳顿，四川少年儿童出版社，2018
小班	《好朋友一起玩》	西纳顿，四川少年儿童出版社，2018

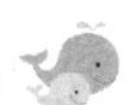

续表

年级	书名	信息
小班	《小白鱼会数数》	西纳顿，四川少年儿童出版社，2018
小班	《小白鱼了不起》	西纳顿，四川少年儿童出版社，2018
小班	《讲礼貌的海星》	林晓慧，黑龙江美术出版社，2020
小班	《不乱发脾气的小鲸鱼》	林晓慧，黑龙江美术出版社，2020
小班	《懂得说不的小海绵》	林晓慧，黑龙江美术出版社，2020
小班	《为别人着想的小乌贼》	林晓慧，黑龙江美术出版社，2020
小班	《好饿好饿的鱼》	菅野由贵子，北京联合出版公司，2016
小班	《原来笑这么棒》	沙姆布哈维，海洋出版社，2016
小班	《丢掉坏脾气》	沙姆布哈维，海洋出版社，2016
小班	《大海里我最大》	凯文·谢利，北京联合出版公司，2019
小班	《章鱼先生藏哪了》	吴名，接力出版社有限公司，2020
小班	《章鱼先生卖雨伞》	吴名，接力出版社有限公司，2020
小班	《章鱼先生要比赛》	吴名，接力出版社有限公司，2020
小班	《章鱼先生要拍照》	吴名，接力出版社有限公司，2020
小班	《章鱼先生过生日》	吴名，接力出版社有限公司，2020
小班	《海马宝贝大搜索》	安妮塔·拜思特博斯，新蕾出版社，2017
小班	《盛着轮船去探险》	法比安·耶雷米亚斯，北京语言大学出版社，2018
小班	《小船的旅行》	石川浩二，二十一世纪出版社，2009
中班	《归队的虎鲸哈罗德》	糖朵朵，卡通海洋出版社，2018
中班	《海牛戴眼镜》	卡丽·梅斯特，中国海洋出版社，2018
中班	《海鳗捉迷藏》	卡丽·梅斯特，中国海洋出版社，2018
中班	《河豚变皮球》	卡丽·梅斯特，中国海洋出版社，2018
中班	《虎鲸家族》	［美］萨莉·霍德森著，［美］安·琼斯绘，张蘅译，长江少年儿童出版社，2018
中班	《贪吃的小虎鲸》	《乐比悠悠大洋环游记》编写组，中国海洋出版社，2017

续表

年级	书名	信息
中班	《我是一只绿海龟》	［美］特丽莎斯比德赛斯科，海洋出版社，2016
中班	《我是一只锤头鲨》	［美］特丽莎斯比德赛斯科，海洋出版社，2016
中班	《我是一只座头鲸》	［美］特丽莎斯比德赛斯科，海洋出版社，2016
中班	《我是一只矮海马》	［美］特丽莎斯比德赛斯科，海洋出版社，2016
中班	《我是一只普通章鱼》	［美］特丽莎斯比德赛斯科，海洋出版社，2016
中班	《我是一只象海豹》	［美］特丽莎斯比德赛斯科，海洋出版社，2016
中班	《我是一只小丑鱼》	［美］特丽莎斯比德赛斯科，海洋出版社，2016
中班	《我是一只宽吻海豚》	［美］特丽莎斯比德赛斯科，海洋出版社，2016
中班	《独一无二的你》	［美］琳达·克兰兹，北京科学技术出版社，2013
中班	《勇敢做自己》	［美］琳达·克兰兹，北京科学技术出版社，2013
中班	《我救了一只大王乌贼》	［日］小木屋工坊，长江少年儿童出版社，2017
中班	《我是彩虹鱼》	［瑞士］马克斯·菲斯特，接力出版社，2008
中班	《彩虹鱼迷路了》	［瑞士］马克斯·菲斯特，接力出版社，2008
中班	《我不再偷懒了》	［印］沙姆布哈维，中国海洋出版社，2016
中班	《大王乌贼卡罗琳的战斗》	糖朵朵，卡通海洋出版社，2018
中班	《我才不怕呢》	灵犀，重庆出版社，2005
中班	《彩虹鱼和大鲸鱼》	［瑞士］马克斯·菲斯特，接力出版社，2008
中班	《条纹鱼得救了》	马克斯·菲斯特，接力出版社，2008

续表

年级	书名	信息
中班	《深海大冒险》	马克斯·菲斯特，接力出版社，2008
中班	《快睡吧，彩虹鱼》	［瑞士］马克斯·菲斯特，接力出版社，2008
中班	《彩虹鱼捉迷藏》	［瑞士］马克斯·菲斯特，接力出版社，2008
中班	《海底 100 层房子》	［日］岩井俊雄，北京科学技术出版社，2010
中班	《海豚找妹妹》	洪梅，浙江少年儿童出版社，2007
中班	《海风吹拂的青岛》	韩小霞，天津人民美术出版社，2021
中班	《寄居蟹的海洋课》	保冬妮、于澍，南京大学出版社，2020
大班	《闪电鱼尼克》	方素珍，中信出版社，2018
大班	《小海豚喜欢云》	保冬妮，大连出版社，2013
大班	《鲸鱼的歌》	保冬妮，大连出版社，2013
大班	《小海螺和大鲸鱼》	茱莉亚·唐纳森，外语教学与研究出版社，2005
大班	《白鲸小久》	保冬妮、卢瑞娜，南京大学出版社，2020
大班	《小丑鱼快跑》	保冬妮，大连出版社，2015
大班	《乌龟一家去看海》	张宁，接力出版社，2016
大班	《海豚之星》	叶祥明，广西师范大学出版社，2020
大班	《海豚男孩》	迈克尔·莫尔普戈，京华出版社，2018
大班	《鲨鱼女士》	杰丝·基廷，河北教育出版社，2019
大班	《章鱼哥藏猫猫》	保冬妮、卢瑞娜，南京大学出版社，2020
大班	《小海豹的 12 天》	保冬妮、卢瑞娜，南京大学出版社，2020
大班	《海象伯伯我爱你》	保冬妮、卢瑞娜，南京大学出版社，2020
大班	《王企鹅的幸运星》	保冬妮、卢瑞娜，大连出版社，2013
大班	《小海龟的勇敢旅程》	保冬妮、卢瑞娜，南京大学出版社，2020
大班	《小寄居蟹的第一课》	保冬妮、卢瑞娜，大连出版社，2013
大班	《美人鱼大变身》	保冬妮、卢瑞娜，大连出版社，2013
大班	《小海獭找爸爸》	保冬妮、卢瑞娜，南京大学出版社，2020
大班	《大头鱼上学记》	德博拉·戴森文，二十一世纪出版社，2016

续表

年级	书名	信息
大班	《噘嘴巴的大头鱼》	德博拉·戴森文，二十一世纪出版社，2013
大班	《大头鱼和小霸王》	德博拉·戴森文，二十一世纪出版社，2019
大班	《大头鱼的圣诞烦恼》	德博拉·戴森文，二十一世纪出版社，2016
大班	《大头鱼深海寻宝记》	德博拉·戴森文，二十一世纪出版社，2014
大班	《大头鱼去旅行》	德博拉·戴森文，二十一世纪出版社，2020
大班	《大头鱼睡不着》	德博拉·戴森文，二十一世纪出版社，2021
大班	《这就是航母》	崔轶亮、赵焓，北京科学技术出版社，2021
大班	《航母启程了》	贾超为、王懿墨，北京科学技术出版社，2020
大班	《海底两万里》	艾丽斯·萨玛尔茨、安东尼斯·帕帕塞奥，中信出版社，2018

中国海洋故事书单

类型	书名	信息
神话类	《妈祖护海》	钟林姣、朱士芳，大连出版社，2018
神话类	《哪吒闹海》	上海美术电影制片厂，辽宁少年儿童出版社，2017
神话类	《精卫填海》	焦柒月，河北少年儿童出版社，2017
神话类	《山海经》	瓦猫工作室 海豚传媒出品，新世纪出版社，2022
神话类	《北冥有鱼》	王淑杰，河北少年儿童出版社，2022
神话类	《八仙过海》	惠春鹏，辽宁少年儿童出版社，2021
神话类	《煮海治龙王》	郭红，辽宁少年儿童出版社，2022
神话类	《四海龙王》	黄清春，中国海洋大学出版社，2018
神话类	《海神娘娘》	黄清春，中国海洋大学出版社，2018
历史典故类	《郑和下西洋》	孙硕夫，北方妇女儿童出版社，2021
历史典故类	《中国海洋故事》	钟林姣，大连出版社，2019
历史典故类	《煮海为盐》	黄清春，中国海洋大学出版社，2023

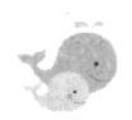

附录三：幼儿眼中的海洋阅读节

阅读节可以把好看的书，通过小蓝鲸电台推荐给大家。

——孙佳诺

阅读节可以表演绘本剧。

——王子悠然

阅读节可以扮演自己喜欢的故事角色。

——陈嘉睿

阅读节可以看好多好多好看的绘本。

——李钰清

附录四：家长眼中的海洋阅读节

最美的阅读

常峻是一名大三班的幼儿，连续三年参加了幼儿园举办的海洋阅读活动。

海洋是生命的摇篮，也是地球上最神秘、最美丽的地方之一，孩子对大海充满了好奇，有十万个为什么。大海是什么样子的？大鲸鱼、小海螺、成群的鱼儿们又是怎样在海底生活的呢？人类作为它们的好朋友，又要如何保卫它们的家园不受污染和破坏呢……

小班的懵懂期，第一次参加海洋阅读节。一本本有趣的海洋主题绘本故事，慢慢走进了孩子的世界，像一把钥匙开启了一场有趣且漫长的海洋探索之旅。第一期的阅读，画面感十足，不但颜色鲜艳，且立体感十足，可以更好地吸引孩子的注意力，有助于培养阅读兴趣，养成坚持阅读的习惯。

中班的表现期，随着对海洋文化的了解和探索，孩子的阅读经过量的积累有了质变。他在户外游玩中会用出其不意的语言表达他曾经在书中了解过的画面，也更愿意和其他小伙伴探讨有关海洋主题的话题。第二期海洋阅读的内容更加丰富，知识也以多种形式走进孩子的视野。在进一步的阅读中，孩子渐渐有了同理心，会自觉注意环保，用他的话来说，就是我们不要侵犯海洋动物们的家，它们的家需要干净和舒适。在海边游玩时，孩子也不忘把垃圾捡起带走。

大班的主动期，每日阅读再也不需要提醒，他会主动拿出喜欢的书和我们一起探讨。这个时期的阅读，更多的是倾听他的声音，和他一起讨论一些天马行空的问题。他会像小老师一样去问我们有关海洋有趣的知识，会用搭建或者图画的形式来呈现他眼中的海洋，甚至会在游玩或参观前，要求给他查询相关的绘本故事。

我非常喜欢和孩子共读一本书，走进同一个世界，感受不同的乐趣。也喜欢带着书中一个个的小问号，和他一起去海边寻找答案，去大自然探寻更多的惊喜和神秘，这样可以更好地激发孩子的阅读兴趣，培养他良好的阅读习惯。孩子在阅读中吸取更多知识，并学会与别人分享知识。他想做一个爱书，爱海洋，爱生活的祖国小花朵。

感谢幼儿园为孩子开启的海洋阅读新旅程，每一天，美一天。

——常峻家长

最美的阅读

最美人间四月天，在这个特殊时期，每年一度的阅读节犹如一场及时雨浇灌着孩子的精神世界。

虽然我以前也经常带孩子阅读，但是总是断断续续，没有坚持。这次阅读节刚开始的时候，为了鼓励孩子坚持每天阅读，我用她求了很久也没吃到的冰激凌

 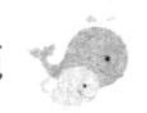

激励她，答应她读完一个月就买给她（当然这种方法不值得推荐）。就这样过了几天，我发现孩子经常拿着读过的绘本翻看，有时候还会拿着书来让我读，一天能读好几本。于是我觉得是时候告诉她“阅读之星”的事情了，孩子看到王老师的统计表激发了更强烈的阅读兴趣（得到老师的肯定一直是孩子开心的事情）。

后来王老师又鼓励大家做图书角，一步步的计划可谓用心良苦。为了更好地培养兴趣，老师们还组织了画绘本、排练绘本剧等一系列活动。孩子本来就喜欢画画，要画自己想到的故事真是一次奇妙的体验，她画了一张又一张，似乎有用不完的能量和创想。

排练家庭绘本剧，我和爸爸的拙劣演技被孩子嫌弃了。幼儿园的绘本剧展演中，我们听到、看到孩子们的精彩故事，有时忍不住哈哈大笑，参加集体活动让孩子收获了太多的快乐和自信。

阅读节已经一月有余，现在读书已经是我们家的日常。在这个特殊时期，感谢老师带领我们和孩子走近诗和远方。

——佳淇家长

第五章　海洋艺术课程体系及实施

我是一条快乐的鱼

我是一条快乐的小鱼
吹着泡泡
自由地嬉戏
去看珊瑚岛的美丽
我是一条快乐的小鱼
枕着波浪
听着美人鱼的歌
唱着大海的美
我是一条快乐的小鱼
手拿画笔
用最绚丽的色彩
描绘神秘美丽的海底

海洋艺术课程体系包括海洋艺术课程内容、实施及评价，通过实施环境中的艺术课程、海洋特色艺术节庆课程、一日活动中的海洋艺术课程，培养幼儿审美能力和海洋文化艺术素养，提升幼儿海洋艺术认知能力和创新意识，培养幼儿情感态度和人格全面发展，增强幼儿个性化的表现表达，培养幼儿“知海、爱海、护海”意识。

第一节 海洋艺术课程的内涵及目标

《指南》中指出，艺术是人类感受美、表现美和创造美的重要形式，也是表达自己对周围世界的认识和情绪态度的独特方式。二幼娃生长在海边，对大海非常熟悉并且很感兴趣。海洋不仅具有物质层面上的多样性和广阔性，精神层面的开放性、包容性，还具有艺术层面的丰富性，基于此，我园构建了海洋艺术课程。

海洋艺术课程发展了幼儿的创造性，思维的灵活性，也提升了幼儿合作、交流等社会交往能力，使其在海洋艺术熏陶中“好奇探究、快乐自信”地成长。

一、海洋艺术课程的内涵

（一）幼儿艺术课程的内涵

学前儿童美术教育属于普通艺术教育范畴，指教育者遵循学前教育的总体要求，根据学前儿童身心发展的规律，有目的、有计划地通过美术欣赏和美术创造活动，感染学前儿童，并培养其美术审美能力和美术创作能力，最终促进其人格和谐发展的一种审美教育。[69]学前音乐教育是以幼儿为主体，以适合幼儿的音乐为客体，通过教师设计和指导的活动使主客体相互作用的一种教育，旨在促进儿童的全面发展和身心健康。[70]幼儿艺术课程是指幼儿园音乐课程和美术课程，是实现幼儿园艺术教育目的的基本手段和基本途径，是依据幼儿的身心发展规律和兴趣需要，有计划、有目的地开展的各种帮助幼儿获得有益学习经验、审美经验，帮助幼儿能够通过艺术表达自身情绪情感的教育活动的总和。[71]

---

69 孔起英 . 学前儿童美术教育［M］. 南京 : 南京师范大学出版社，1998:33.

70 康建琴 . 学前课程理论与实践［M］. 北京 : 中国广播电视出版社，2007:248.

71 曹东方 . 幼儿园艺术领域课程游戏化研究［D］. 山东师范大学硕士论文，2018:15.

（二）幼儿海洋艺术课程的内涵

海洋艺术是指以海洋为主题或灵感来源所创作的艺术作品，包括绘画、摄影、戏剧、雕塑、文学等各种艺术形式。将艺术课程与海洋生态文化相结合，通过园所海洋艺术环境渗透、海洋特色艺术节、主题背景下的海洋艺术课程诠释海洋文化，抒发海洋情感，不仅可以唤醒和深化幼儿的海洋意识，而且能传播开放、开拓、进取、向上的海洋生态文化精神，培养幼儿的海洋生态文化综合素养。[72]

我园海洋艺术课程包含了音乐课程和美术课程，是实现我园海洋生态文化教育目的的基本手段和基本途径，在海洋生态文化理念下，依据幼儿身心发展规律，以《指南》和《纲要》为指引，以海洋话题为主，有计划、有目的地开展有益于幼儿感受美、表现美、创造美的教育活动的总和，具有情境性、趣味性、主体性的特点。

1. 情境性

我园创造了“童趣、灵动、自然”的园所环境，“三个一”的班级环境，在幼儿面前展现一个丰富多彩的海洋世界，并将这种隐性的课程与幼儿生活建立联系，激发幼儿的积极性，去感受大海的美。而情境的广度和深度，还为幼儿表现美、创造美提供了物质空间和思维空间。

2. 趣味性

“好奇探究、快乐自信”的幼儿培养目标，体现我园对儿童立场的坚守。在海洋艺术教育课程构建与实施中，从幼儿生活出发，遵循幼儿发展规律，选择那些可以被幼儿感知、富有趣味的内容，通过音乐、舞蹈、戏剧、美术、艺术节等形式开展，让幼儿在游戏、创造中，感悟海洋艺术的魅力。

3. 主体性

主体性是尊重幼儿作为独立个体的自主性和创造性。我园既注重艺术教育集

72　丁永成，张雪敏，姜程．涉海高校海洋文化艺术创新应用型人才培养模式的探索和实践［J］．高教学刊，2017（22）．

体活动中“幼儿在前、教师在后”的理念落实，还通过一日活动渗透、海洋艺术节等灵活的形式，给幼儿提供发挥艺术想象的空间，让幼儿自由大胆地创造，发挥主体性。

二、海洋艺术课程的目标

海洋艺术课程以引导幼儿快乐、自信地发展，激发幼儿对艺术活动的兴趣，培养幼儿、教师、家长健康的审美情趣，良好的艺术修养，发现美、感受美、创造美的能力，开放悦纳的海洋情怀为主要目标。在目标设置时，注重幼儿审美能力、认知品质、社会适应等多方面的协调发展。

（一）培养幼儿海洋艺术审美能力

受年龄和思维发展水平的限制，幼儿的审美能力除了具有形象性、感染性等一般特点外，还具有直观性的特点。在海洋艺术课程中，教师通过海洋情境创设、名画欣赏、名曲赏析、走进大海亲身感受海浪贝壳和沙滩礁石的美等直观的方式，让幼儿直接感受海洋美的刺激，产生审美愉悦感，激发审美想象，从而提升审美能力。

（二）提升幼儿海洋艺术创造能力

在艺术节，我园组织幼儿进行自由大胆的美术创作和各种形式的音乐展示活动，教师提供丰富的材料，如绘本、视频、名画、音乐作品等，让幼儿自主选择，让他们用自己喜欢的方式去想象、模仿、创造；在集体艺术教育活动中，根据幼儿兴趣，教师与幼儿共同确定艺术表现的主题，引导幼儿进行艺术想象，大胆创造。绘本剧、主题画展、夏日音乐会都是幼儿艺术创造能力的集中表现。

（三）提升幼儿海洋艺术表现能力

当人与环境的互动是由个体自行选择并且是建立在兴趣基础上时，个性将会得到极大的发展。在海洋艺术课程中，教师会营造神秘的海底世界、热闹的沙滩节等情境，引导幼儿勇于发表自己的见解，与教师、同伴进行自由交流，鼓励他们根据自己的喜好特长，用不同的艺术形式，选择不同的材料、方式，通过各种途径，大胆地进行富有个性的艺术表现。除了提供不同的海洋情境，教师还会根据不同幼儿的特点，为其营造个性化欣赏氛围，投放多样化的材料，并在指导过程中善于观察、适时介入，让幼儿以不同于其他人的方式表达自己独特的思想和情感，以此树立自我表现的信心。

（四）培养幼儿全人格发展

海洋带给幼儿包容、广博、开放、热情的影响，为幼儿艺术创作提供了轻松愉悦的环境，幼儿在海洋艺术课程中发现并欣赏身边美好的事物，逐渐形成初步的平衡、空间、架构等意识，并会根据这些塑造和谐的性格，不断滋养精神、涵育生命、完善人格；通过毕业红毯秀、童话剧展演等活动大胆展示自我、快乐表达，建立了积极向上的人生价值观；通过欣赏高雅的艺术作品疏解幼儿不良情绪，涵养自身性格和气质，形成快乐自信、开放悦纳的完善人格。

（五）萌发幼儿爱海护海意识

幼儿在感受、欣赏、表现海洋美的过程中，自然而然就爱上了大海。他们会通过绘画、手工、创编故事、创编绘本剧等方式，表达对海洋的热爱、对海洋生态现状的担忧以及对保护海洋的呼吁。

第二节　海洋艺术课程的内容

我园海洋艺术课程分为环境中的隐性艺术课程、特色海洋节庆课程、一日活动中的海洋艺术课程三部分，三个部分相辅相成。

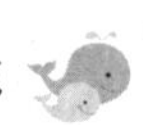

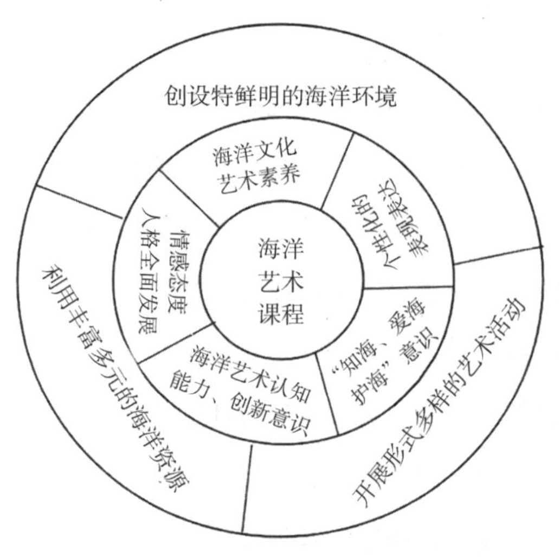

图 5-1　海洋艺术课程体系及实施结构图

一、环境中的艺术课程

环境作为一种“隐性课程”，对提升幼儿艺术认知、审美、个性化表达表现发挥着重要的作用。教师在倾听和追随幼儿的过程中，积极探索基于幼儿视角的海洋环境创设，打造空间灵活、极具个性与归属感的环境，让环境富有童趣，让幼儿在与鲜明的海洋环境互动中快乐成长。

（一）公共环境中的海洋艺术课程

1. 静态的海洋艺术文化环境

《纲要》指出“幼儿园环境是重要的教育资源，应通过环境的创设和利用，有效地促进幼儿的发展”。在满足功能性需求的前提下，我园注重营造形式美观、功能合理、突出海洋特色、符合幼儿身心发展的现代幼儿园室内空间环境。我园门厅、走廊、楼梯间、活动室同样设计成海洋元素的环境，这些环境是固定不变的，凸显办园理念，在发挥文化价值的同时，熏陶幼儿审美。

2. 动态的海洋艺术环境

我园注重环境的灵动润泽，一直坚持环境要体现幼儿“看得懂、讲得出、能参与”，具备互动性、参与性和体验性的特点。动态的幼儿园环境创设从儿童视角出发，通过对话的方式来完成，其本质是海洋文化的再现，它是动态的、发展的、生成的过程，也是一种人与海洋环境和谐共生与创造的过程。为了凸显鲜明的海洋生态文化特色，使海洋艺术渗透到幼儿园的每一个角落，在园内每个空间都会留白，随主题变化展示幼儿各种各样的表征作品，有大海的故事、有幼儿自画像等。如：幼儿园门厅左边有一个海洋情境角，教师会根据主题结合节日及时创设和更新符合海洋特色的艺术环境，主题包括开学季、毕业季、国庆节、庆新年、迎春天、海洋科技节、海洋运动节、海洋艺术节、海洋阅读节。幼儿会根据主题运用绘画、手工等方式创作海洋艺术作品，打造一个立体、可互动的海洋情景角，每天入离园、散步时和同伴、教师交流讨论。

（二）班级中的海洋艺术环境

我园形成了“三个一”班本特色海洋艺术环境创设机制，幼儿不仅参与环境的创设，还会通过多种形式与环境互动，在环境中感受美、表现美。

表 5-1　班级“三个一”海洋艺术环境创设计划一览表

班级	一本海洋绘本	一个海洋动物形象	一个海洋情景角
小一班	《小鲸鱼找妈妈》	小鲸鱼	美丽的海底世界
小二班	《小黑鱼》	小黑鱼	神秘的海洋
小三班	《勇敢的小海龟》	小海龟	海边真有趣
小四班	《大海里我最大》	大王乌贼	大海里的动物
中一班	《小丑鱼历险记》	小丑鱼	海底十万里
中二班	《独一无二的你》	石头鱼	贝壳桥
中三班	《闪亮的小海星》	海星	闪亮海洋大舞台
中四班	《海马先生》	海马	神秘的海底
大一班	《小海螺和大鲸鱼》	小海螺	唐岛湾
大二班	《爱笑的鲨鱼》	鲨鱼	北海公园
大三班	《闪电鱼尼克》	闪电鱼	鱼见（遇见）
大四班	《笨拙的螃蟹》	螃蟹	金沙滩

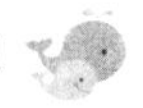

二、海洋艺术节庆课程

我园的海洋艺术节庆课程是借助关键时间节点开展的海洋艺术教育，包括海洋艺术节和传统节日相关的艺术活动。通过丰富的艺术活动引导幼儿多通道感受理解，注重幼儿的主动参与和大胆表现，让幼儿在沉浸体验式的特色艺术节庆课程中得到充分的发展。

（一）欢乐海洋“六一周”活动

我园以《指南》为依托，围绕海洋生态文化，举办“欢庆六一周”活动。“六一周”是指6月1日前后的一周内，幼儿园每天都会根据不同年龄段幼儿的特点和兴趣，结合家长的建议创新开展活动。通过形式多样的活动，幼儿在快乐有趣的游戏中体验节日气氛，在快乐探究、自信表现中提高动手能力、合作意识、艺术素养。欢乐海洋“六一周”活动的内容主要有四类活动形式。

1. 表演类活动

以表演为主的活动包括海洋绘本剧展演、海洋歌曲联唱、器械操展示。

（1）绘本剧展演

绘本剧剧目从幼儿阅读过的海洋绘本中选择，幼儿自主选择角色，丰富角色对话和台词，创编动作和舞蹈队形，自制服饰和道具。绘本剧最重要的特点是全班幼儿都参与，既体现了参与的全体性，又体现了幼儿的个性化表现表达。

（2）海洋歌曲联唱

海洋歌曲联唱内容的选择贴合幼儿生活经验，表演的形式多样，包括歌唱表演、手势舞、舞蹈伴唱等，相比原有的传统文艺汇演，它不是机械重复地排练节目，而是将传统的渔歌与当下流行的元素相结合，老歌新唱，体现海洋艺术的传承与创新，让每个幼儿根据自己的兴趣，以轻松快乐自如的方式展示自己。

（3）器械操展示

器械操是幼儿园的操节律动之一，对发展幼儿的肢体协调性、锻炼幼儿体质、培养幼儿的协作能力以及对音乐美的感受力有着独特的教育作用。在我园海洋生态文化背景下，教师将海洋特色融入幼儿器械操中，在音乐的选择上选用了《海草舞》《鱼儿游》《小海军》等富有海洋童趣的音乐；在韵律活动和放松环节中将海洋动物找朋友、网鱼等游戏情境融入其中，增添了早操的趣味性；操节环节，各班教师根据不同年龄段幼儿的动作发展需求，将幼儿走、跑、跳等基本动作与舞蹈、律动、音乐游戏等融合在一起，使整个操节充满童趣。

表 5–2　我园器械操节目单

节目名称	使用器械
《花样器械操》	幼儿早操棍
《齐舞飞扬》	彩带
《一起去海边》	水桶
《海边的小脚丫》	跳绳、麻绳
《酷炫篮球》	篮球
《足球向前冲》	足球
《大力水手》	拳击手套
《小鱼吐泡泡》	幼儿早操圈
《鱼儿好朋友》	手抓球
《沙滩乐》	凳子
《海娃力气大》	哑铃
《我是小海军》	彩旗

2. 游戏类活动

游戏类活动是指幼儿以游戏为主要形式庆祝节日，如小蓝鲸游园活动、水枪泡泡大战、夏日音乐会等。

（1）小蓝鲸游园活动

小蓝鲸游园活动是指教师根据幼儿年龄特点和发展水平，设置了与海洋艺术相关的游戏，鼓励幼儿主动参与各种活动，在愉快的节日气氛中，通过与同伴、

老师的充分互动，体验交往合作的快乐，促进艺术、语言、科学等五大领域的协调发展，感受海洋艺术节的热闹气氛，提升艺术表现创造力。

活动开始之前，教师会征询幼儿意见、制定方案、营造海洋艺术环境、征集游戏创意、准备活动物资，活动当天教师带领班级幼儿持游园卡游园，每个游戏15~20分钟，每完成一个游戏，贴一个海洋生物标识，集齐所有的海洋动物标识即为通关结束，可以领取纪念品，拍照留念。

表 5–3　小蓝鲸游园游戏内容

游戏名称	准备材料	游戏规则
小鱼摆尾	1. 有孔的抽纸盒制作的小鱼尾巴 2. 乒乓球若干	1. 5名幼儿为一组，每位幼儿背一个有洞洞的小鱼尾巴，里面装有5个乒乓球。 2. 游戏开始，将乒乓球晃出小鱼尾巴的幼儿获得胜利。（大中小三个年龄阶段的幼儿所用盒子大小及盒子上的洞大小不同）
皮皮虾运球	1. 纸球 2. 筐子	1. 每班幼儿分3组，每组10名幼儿，3组同时进行。 2. 游戏时，每队排头各拿一个球，当老师发出指令后，拿球的幼儿迅速将球从腿下传给后面的孩子，以此类推。 3. 将起点筐里的球全部传完后，再反方向将球从头上传回起点，最先将所有球传回起点的一队获胜。（小班10个球，中班15个，大班20个）
海洋动物绘画接龙	1. 画纸、笔 2. 桌子4张	将幼儿分成4组进行游戏，画纸放在桌子上，幼儿根据主题进行绘画，每人画一个海洋动物，不能重复，依次接龙。
锅碗瓢盆海洋畅享曲	1. 锅碗瓢盆 2. 鼓棒 3. 海洋主题音乐《我是小海军》《出发吧小纵队》等歌曲	1. 幼儿6人一组，选择自己喜欢的打击乐器。 2. 教师播放音乐，幼儿根据乐曲的风格、节奏快慢配器演奏。

续表

游戏名称	准备材料	游戏规则
我是大明星	若干纱巾，彩色一次性塑料袋、亮光纸、报纸、光盘、纸盒、牛皮纸、眼镜、帽子、吸管、彩带、金箍棒、灯笼、小动物头饰、领带	1. 每6个小朋友为一组，共分为5组，每组派1名代表抽签决定表演的题目。 2. 每组根据抽到的题目选择需要的材料，幼儿协商共同装扮自己。 3. 材料选择和装扮准备的时间为8分钟，然后每组有3分钟的红毯表演展示，表演前每组选出代表介绍自己组的主题和材料运用。
造型大比拼	纸盒、易拉罐、奶粉桶、纸筒、酒瓶、纸牌、纸杯、纸盘等	1. 5位幼儿为一组，每次3组共同参加，每组选取自己材料筐的游戏材料，自由搭建创意造型。 2. 创意时间10分钟，展示时间5分钟。
穿越珊瑚丛	1. 彩色长条布 2. 麻绳	第一关：将彩色长条布平铺在草坪上，幼儿双手双脚同时着地，双腿蹬直，以螃蟹爬的形式通过。 第二关：根据年龄特点，将两根麻绳拼摆出不同宽度的平行线，幼儿双脚放在麻绳外侧，双脚向前跳。
小乌龟运粮食	1. 小椅子 2. 粮食模型	3名幼儿为一组，第一位幼儿伸出手，依次拦腰抱住前面的幼儿，4组“小乌龟”同时出发，到对面沙滩去找食物，找到食物后立刻原路返回到家中，将食物放进仓库中，速度最快的一组“小乌龟”获胜，率先获得小粘贴奖励。
疯狂指压板	1. 指压板 2. 跳绳 3. 筷子 4. 乒乓球 5. 托盘	1. 每4人一组，共3关。 2. 流程： （1）指压板上跑步：10块指压板间隔排列，幼儿在上面跑步来到第二关。 （2）指压板之路：每人2块指压板，用这两块指压板走到第三关，这一关中脚不能踩到地上。小班幼儿改为在报纸上过障碍。 （3）轨道运小球：幼儿沿独木桥托轨道小球（大班每人4个球、中班每人2个球、小班每人1个球）到终点。球在中间可以掉，捡起来再走，最先到的获胜，球的数量不能少，全程不能用手。 （4）幼儿沿报纸回到起点。

活动以游戏为主要形式，幼儿自主选择闯关难度与任务，在同伴分工合作中感受成功的喜悦，肯定了自我，建立了积极健康、乐观自信的价值观。

（2）水枪泡泡大战

水枪泡泡大战是幼儿最喜欢的艺术节活动，在这一天，幼儿伴随着欢快的音乐，身穿款式各异、五彩缤纷的泳装，手里拿着水枪、泡泡机，迈着自信的步伐，摆出最酷的姿势，你追我赶，三五成群地集体作战，在这个过程中萌发了团队合作的意识。

表 5-4　水枪泡泡大战游戏内容

游戏准备	游戏规则	游戏过程
经验准备： 1. 带领幼儿了解什么是水枪大战。 2. 组织幼儿讨论水枪大战需要哪些物品以及注意事项。 物质准备： 大水桶、泳衣、雨靴、水枪、泡泡机、泡泡液、护目镜、走秀音乐、T 台设计	攻守游戏：一方身贴黄色纸，一方身贴红色纸，用轮胎设置垒包。黄色是攻方，红色是守方，黄色一方要到红色一方阵地抢球，红色一方要到黄色一方抢球，最先抢到 6 个球以上的队伍获胜	1. 水枪泳衣秀 2. 水枪泡泡大战 3. 师幼回顾游戏的过程，引导幼儿大胆说出自己的感受并进行表述

（3）夏日音乐会

夏日音乐会的缘起来自一次轻松的师幼谈话："老师，我从来没去过音乐节，真想去看看是什么样的。"为了满足幼儿的好奇心，增强他们的自信心和舞台表现能力，营造良好的艺术氛围，在老师和幼儿的努力下生成属于我园的夏日海洋音乐会。在这个过程中，教师将目光聚焦幼儿，发现幼儿的需求，倾听他们的想法、尊重他们的个体差异，发展幼儿的创造性。

3. 艺术性集市活动

活动中，幼儿首先要对集市的整体布局、摊位的招牌、商品海报、价签等进行"海洋主题"的规划、创作，让集市富有海洋气质、海洋范儿，幼儿将不用的图书、学习用品、小制作等拿到市场，分类摆放。在"小蓝鲸爱心"集市中，他们尝试运用数学经验进行买卖，学习交易语言，遵守交易规则；活动结束后，幼儿将交易所得亲手捐赠给需要帮助的人，用自己的行动关爱他人，萌发帮助他人的意识和情感。整个活动，实现了五大领域的融合，也促进了幼儿的全面发展。

表 5–5　小蓝鲸爱心集市活动

环节		内容
物质准备	大班	1. 海洋市场广告、海洋招牌及简介、买卖规则海报。 2. 收支记录表每人一份，引导幼儿记录，渗透数学思维。 3. 每位幼儿准备 5~10 件物品作为售卖品，请家长和孩子一起将家里囤积的玩具、图书整理出来，清洗、消毒，确保安全、卫生。所有商品品质完好，保证七八成新以上。 4. 各件物品明码标价，价格适中，单件物品价格不超过 10 元。幼儿估价后，将价签贴在商品上。 5. 提前准备好钱包，内放 10 元零钞（如 5 元、1 元、5 角等）；购物袋。 6. 每班根据人数自主设计海洋摊位形式，如平面摊位、立体摊位、流动摊位等。幼儿自备摊位，如地垫、货架或流动摊位车等，面积不超过 2 平方米（教师准备相应数量大垫子，方便幼儿借用），太阳帽，幼儿园的大帐篷（5 平方米 2 个）、小帐篷（3 平方米 4 个）（活动前一天下午提前摆放好）。 7. 准备一支粗笔及标签纸若干，可根据市场行情涨价、降价。
	中小班	每人准备五张一元钱，钱包，购物袋
经验准备		1. 班级组织“认识人民币”“创意销售”“海报设计”等相关活动，借助区域活动，如角色游戏中创设买卖的主题，与幼儿一起准备售货清单、店铺海报等，引导幼儿提前设计制作广告牌、布置摊位，尝试用不同的方式招揽客人、推销自己的商品，最后评选出“最佳销售冠军”，颁发奖牌。 2. 根据幼儿年龄特点提前丰富相关经验，例如，知道钱币的购买作用和购买方法、认识自己手里的钱、学习简单的交易对话等。
活动过程		1. 大班 4 个班级同时进行，每个班级幼儿按人数均分 a、b 组，一组扮演客人，一组扮演老板，每组 5 分钟时间布置自己的摊位，一轮游戏 30 分钟后交换角色。 2. 中班幼儿参与第一轮买卖，小班参加第二轮买卖。 3. 活动结束后回班分享销售成果，根据幼儿的销售额评选出“最佳销售冠军”，颁发奖牌。 4. 爱心捐赠：义卖结束后，幼儿进行爱心捐赠活动，把在爱心市场获得的收入投入捐款箱。家长志愿者清点孩子们的爱心资金，进行捐赠。

4. 赏析类活动

活动主要以观影和画展为主。

（1）观影活动

观影活动是幼儿最感兴趣的活动之一，海洋类和传统经典故事是观影重要选材，每年选择的影片都会与幼儿园的海洋生态文化相融合，幼儿投票确定影片名称，并自主设计电影票、座位号。在观影中，幼儿不仅看到了海底神奇而美丽的景象、海洋生物的特性，还体验到故事角色互帮互助、不怕困难的精神。

表 5–6　小蓝鲸观影活动

活动流程	具体内容
前期准备	1. 提前发放《小蓝鲸观影活动调查表》，请幼儿完成调查表，并根据调查结果选出 3 部幼儿提到的最喜欢的影片；请幼儿用投票的方式选出最受欢迎的影片，最终确定播放的影片。 2. 设计电影院名称。大班级部组织幼儿进行电影院名称的设计讨论会，并投票选出最合适、最有创意的电影院名称。 3. 设计电影票。教师提前在电影票线稿上写上排号、座号以及时间。发放电影票线稿，请幼儿自由创作，大班幼儿可以自己动手绘画，中小班可以简单涂色。 4. 食堂师傅为幼儿提前准备好爆米花。
环境布置	教师提前将排号、座位号打印出来，粘贴到小椅子的背面。在班级门口设置检票处、观影规则展板、食物发放处。幼儿代表在开播前一天做好宣传活动，制作好观影规则展板以及影片宣传海报
进场环节	2 名幼儿当检票员在检票处进行检票，2 名幼儿在零食发放处发放爆米花，检票后的幼儿要凭副券领取爆米花，进入影院后自己寻找排号、座位号，2 名幼儿当引领员，引领幼儿找到座位。全部落座后，播放电影
离场环节	各班级教师组织幼儿有序离场
活动后	表征分享感受，将观影感受画出来
资源库	《海洋奇缘》《猪猪侠深海小英雄》《海底小纵队》《潜艇总动员》《海底总动员》《小鲤鱼历险记》《海洋之歌》《海尔兄弟》《大鱼海棠》《深海》《海鲜陆战队》等

（2）海洋画展

每年的六一，我园还会举办海洋画展活动，所有的幼儿都会围绕海洋或快乐主题创作一幅作品。作品的表现形式各不相同，有绘画类、拓印类、扎染类等。作品完成后，幼儿会在老师的帮助下将作品展示在幼儿园外，家长和幼儿都可驻足欣赏。在这期间，幼儿讲解自己的作品，欣赏同伴的作品，自信地表现美和欣赏美。

（二）“蓝色梦想”毕业季活动

我园设计“蓝色梦想，快乐启航”为主题的毕业季特色海洋艺术活动，象征着幼儿即将由幼儿园进入小学进行学习和生活，是具有转折意义的纪念性活动。一场好的毕业季将为幼儿的在园生活画上一个圆满的句号。在活动中，创设海洋特色情境，开展一系列的回忆类、祝福类、感恩类、展示类、表演类等活动，使大班幼儿感受到毕业的庄重与神圣，并通过这些仪式感强的活动，充分展示自己，获得被重视、被肯定、被祝福的体验，成为快乐自信、好奇探究的幼儿。

（三）传统节日艺术课程

传统节日艺术课程是我园海洋艺术课程的重要组成部分，内容来源于传统节日中丰富多彩的艺术素材。在自主、灵活的活动中，提升幼儿的想象力和创造力以及审美能力，对培养幼儿文化自信、传承中华优秀传统文化也有着重要作用。例如元宵节、清明节、中秋节、重阳节等。

（四）社区共建艺术活动

社区共建活动形式灵活多样，我园与社区共建的内容主要有以下两类。第一是充分发掘社区艺术资源，通过走进幼儿园、走进班级开展传统技艺展示、民俗体验等活动，萌发幼儿的民族自豪感，提升幼儿海洋艺术素养。第二是发挥幼儿园自身海洋艺术特色优势，面向社区开展艺术活动，如幼儿海洋画展的开放欣赏、

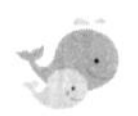

海洋绘本剧的巡演、红色微剧、音乐剧、歌舞类表演等，这些活动可以为社区的幼儿教育、早期艺术教育提供指导，发挥幼儿园的教育和文化功能，也为幼儿搭建了艺术展示的平台，促进了幼儿海洋艺术的发展。

三、一日活动中的海洋艺术课程

《青岛市幼儿园保育教育工作指导意见》指出："优化一日活动质量，明确幼儿园一日活动中游戏（活动区）活动、集体教学活动、户外活动、生活活动的教育功能，优化不同类别活动的质量内涵。"我园海洋艺术课程在一日活动中坚持保教并重、以游戏为基本活动的原则，体现课程与环境、室内与户外、动与静、集体与自由、游戏与学习相结合的理念，创设与教育相适应的海洋艺术环境和海洋艺术创作条件，尊重幼儿的个体差异，让幼儿在"愉快、充实、自主、有序"的一日活动中达成好奇探究、快乐自信的培养目标。

（一）海洋艺术集体教育活动

幼儿园海洋艺术集体教育活动是以班级为单位开展的艺术教育，设计时充分考虑艺术教育情境性、趣味性和主体性的特点，结合大中小幼儿的身心发展特点做出科学合理的设计。活动采用集体或小组形式，引导幼儿通过欣赏、交流、汇报、表演等方式表达表现海洋艺术美。

表 5–7　我园海洋艺术课程集体教育活动内容

课程分类	教学资源
海洋音乐类	《大海啊故乡》《小螺号》《黄岛民谣》《帆的故乡》《一条鱼》《小鱼的梦》《海洋之歌》《海底世界》《鲨鱼一家》《小小水母》《海洋动物真奇妙》《海洋行动》《海洋协奏曲》《小鱼游》《小鱼吐泡泡》《小金鱼》《小鱼去哪儿》《捕小鱼》《鱼儿好朋友》《章鱼和小鱼》《三条小鱼》《大眼睛小鱼》《小鱼游游游》《快乐的小丑鱼》《大海》《海的女儿》《海草舞》《贝壳之歌》《娃娃踏浪》

续表

课程分类	教学资源
海洋美术类	国外：《神奈川冲浪里》《圣玛丽海滨渔船》《阳光与海》《阿尔的海洋》《海滨圣玛利的风景》《发光的海水》《满载星辉的海面》《色彩的大海》《海浪》 国内：《海浪》《海水旭日卷》《沉浸的海湾》《海阔天空任鸟飞》《虾》《海纳百川》《海之梦》《海上共朝生》

（二）海洋艺术表演游戏

游戏是幼儿的天性，是幼儿特有的生活和学习方式，也是幼儿的基本权利，将“以游戏为基本活动”落到实处，是对幼儿游戏权利和身心发展规律的尊重。我园海洋艺术表演游戏是以海洋为主题的表演游戏。

表演游戏案例：《小飞鱼大冒险》

一、游戏背景

幼儿在读《海底小问号》的时候，被神秘的海底世界吸引，产生了丰富的想象。其中就有幼儿好奇地问：“大海里有会飞的鱼吗？”这个问题也引发了其他幼儿的好奇。在老师的引导下，孩子们不仅创编了《小飞鱼大冒险》的故事，还打算将这个故事搬上舞台。

二、游戏内容与过程实录

（一）区域联合更好玩

为了满足表演游戏《小飞鱼大冒险》的需要，我们在各区域的功能上进行了一系列的联合，美工区的幼儿负责绘画、设计创编绘本故事、制作服装道具等；角色区则是为表演的幼儿设计角色造型；搭建区则是为表演的需要搭建不同场景，各区域都为表演区服务。

每天区域活动时，幼儿自发地进行与表演区相关的游戏，美工区里有为表

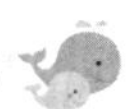

演区制作道具、创编剧本的幼儿，角色区里的“造型师”忙着为“小飞鱼”“大鲸鱼”造型，表演区的幼儿已经准备好场地，要开始表演了。于是我们和幼儿商量，把这三个区域联合起来都叫表演区，都为表演区服务，然后再分组，分为道具组、创编组、表演组。幼儿拍手叫好，接下来我们一起为新区域做进区标志，幼儿画进区标志，我们塑封做成手环。

（二）规则大升级

1. 小演员需要听从旁白的指挥吗

嘉益今天扮演的是小飞鱼，在表演的时候嘉益的情绪非常投入，当表演到小飞鱼被大鲨鱼追赶时，小飞鱼表现出了非常害怕的情绪，她飞快地逃跑，为了躲避大鲨鱼的追捕，甚至忽闪着翅膀激动地跑到了舞台外面。候场的小丑鱼格格立即伸出了制止的手势，试图阻止小飞鱼离开舞台：“你不能出去，你不能跑到舞台外面。”旁白家悦也着急地喊道：“别跑！周嘉益。”然而，小飞鱼沉浸在自己被大鲨鱼追赶的情境里，并没有听到周围的提示和提醒，最终旁白家悦只能无奈地说道：“小飞鱼，你怎么不听旁白的提示啊？”游戏过后讲评环节，小演员开始讨论，到底该怎么表演？最后得出结论：小演员在台上的时候不能够背对着观众，也不能跑到舞台下面去，要听从旁白的指挥。

2. 缺少角色怎么办

表演区小飞鱼仔仔，小丑鱼格格，大鲨鱼浩泽，大漩涡俊俊正在候场等待表演。随着旁白朵朵的解说，演出开始了：“小飞鱼在家里觉得很无聊，很想出去玩一玩。”小丑鱼的扮演者格格高兴地挥舞着手臂：“太好了，太好了，我还没出去过呢。”朵朵：“大鲸鱼一不小心就把小飞鱼和小丑鱼吸进了肚子里。”轮到大鲸鱼上场了，可是一直没有人上场，“大鲸鱼呢？”“大鲸鱼去哪了？”“谁是大鲸鱼啊？”场上的小演员们纷纷问道，他们到处找也找不到大鲸鱼，突然发现原来今天没有人扮演大鲸鱼。浩泽说：“我们再找个幼儿扮演大鲸鱼吧。”于是小演员们到观众区去寻找一个大鲸鱼，沛言主动说：“我当大鲸鱼吧。”俊俊说：“大贝壳也没有人，还得找个大贝壳。”沛言说：“要不还是我吧。”

（三）什么是适合小演员角色的造型

梓涵今天要扮演小飞鱼，她先来到造型屋准备装扮自己。沛言早早地就在造型屋等着了，看见梓涵来了，问：“你今天演谁啊，我来帮你装扮吧。”梓涵说：“我要演小飞鱼。”沛言说：“小飞鱼得有翅膀啊。”一边说一边从玩具筐里拿出蓝纱，“梓涵，你把胳膊举起来。”梓涵很配合，沛言把蓝纱从梓涵的腋下缠了一圈，然后握着蓝纱的边，想了想对正路过的萱萱说：“萱萱，你能帮我拿根皮扣吗？”萱萱把皮扣递给沛言，沛言把蓝纱的两个角用皮扣扎在一起，固定住后说：“好了，你看怎么样？”梓涵挥动了一下胳膊问：“翅膀在哪呢？”沛言想了想：“这样吧，重来。”说着解开蓝纱给梓涵披在肩膀上，这样举起胳膊下面也有蓝纱了。梓涵高兴地挥动蓝纱转圈，然而刚转一圈纱就掉了。梓涵对沛言说：“是不是得固定一下呀？”沛言说：“用皮扣吗？”梓涵笑着摇头：“我觉得皮扣太小了，太勒了。”两个幼儿在材料筐里找了找，找到了花朵手环，沛言说：“这个应该可以。”然后，沛言把蓝纱两边分别用花朵手环固定在梓涵的手腕上，这下小飞鱼有翅膀了。梓涵又说：“我看见小飞鱼还有鱼鳍呢。”沛言拿来闪光彩带给梓涵围在脖子上，又在梓涵头顶用夹子夹了一根，一直垂到背上，说：“看，鱼鳍有了吧。”

（四）竞选表演角色

随着《小飞鱼大冒险》剧本的收尾，幼儿进行了一次表演角色的自由竞选。在竞选的过程中，幼儿先进行这个角色的表演，然后每个小观众拿着雪花片对小演员们进行投票，得票最多的幼儿便出演这个角色。

三、游戏的特点及价值所在

这次活动起源于幼儿对小飞鱼的好奇与探索，通过绘本故事《小飞鱼大冒险》的创编与表演，加深了幼儿对海底的认识，丰富了幼儿的经验。

一是在绘本剧剧本的创作过程中，幼儿需要根据角色形象，创编故事情节、角色台词，进行排练表演等环节。这一系列的过程，幼儿相互协作，共同完成剧本的创作和排练，锻炼了沟通和合作技能。

二是在绘本剧编排的过程中，从角色塑造到舞台布置，从音效配合到表演技巧，每一个环节都需要幼儿进行头脑风暴和探索创新。不仅锻炼了幼儿解决问题的能力，也增强了他们的自信心、创造性思维和团队合作能力。

三是表演不仅可以展示幼儿的想象力和创造力，也可以提高他们的表达能力和艺术鉴赏能力。通过观看表演，幼儿可以学习和借鉴其他人的优点，进一步完善和提升自己的表演技巧和水平。整个活动不仅富有趣味性和实践性，更为重要的是培养了幼儿的综合素质和价值观念，让幼儿在表演游戏中获得全面发展。

（三）海洋艺术创意课程

我园创设了海洋创意艺术馆，不仅能适应幼儿的发展需求，还能根据当下幼儿园教学的实际情况，从不同的角度开展各具特色的幼儿海洋创意艺术活动。艺术馆包括海洋涂鸦区、海洋主题绘画装饰区、泥塑区、纸工区、沙画区，这些区域可以让幼儿在轻松愉悦的环境和开放的情境中亲身感受、体验探索艺术世界，激发艺术兴趣和艺术创造力，提升艺术素养和审美情趣，获得情感、社会性、艺术审美等能力的全面发展。

第三节　海洋艺术课程的实施

多年来，我园一直致力于幼儿海洋艺术课程的建构实施。课程内容从宽泛到聚焦，组织形式由单一到多元，课程目标由追求艺术效果到关注幼儿自主性、创造性的发展。

一、海洋艺术课程实施原则

结合《指南》，我园的海洋艺术课程注重幼儿沉浸体验，从幼儿的兴趣点和已有经验出发，充分利用海洋元素和自然环境；注重幼儿的主动参与和大胆表现，让幼儿在沉浸体验式的课程活动中得到充分的发展。

（一）环境立体渗透原则

幼儿园随处可见的海洋元素，潜移默化地影响着每一个生活在其中的幼儿。海洋艺术课程活动开展之前，教师带领幼儿根据艺术课程主题，丰富班级海洋环境，营造灵动童趣的海洋艺术氛围，激发幼儿兴趣，为创造性艺术表现提供空间。

（二）多途径资源开发原则

利用多种途径搜集、筛选海洋资源，是我国海洋生态课程的基础。一是教师通过调查筛选本土海洋资源、打造园所海洋元素环境、利用幼儿园资源创造性地实施海洋艺术主题课程，发展幼儿艺术认知能力。二是利用丰富的海洋资源，引导幼儿通过听、看、触摸等多感官通道，感知海洋生物的特性，感受海洋自然之美。三是挖掘黄岛地域海洋生态文化资源，如黄岛民谣、渔船对歌、打渔号子、沙画等，观察幼儿所需，通过艺术欣赏、创造表达等形式，提升幼儿文化自信以及艺术的感知能力与创造能力。

（三）多形式表达表现原则

在海洋艺术课程实施中，注重幼儿多角度、多形式的表现表达、增强课程目标的达成和落实。一是环境中大量留白，鼓励幼儿根据自己的兴趣，运用多种形式大胆创作；二是在艺术集体教育活动中，引导幼儿通过自主创作、同伴合作等方式，在主题下进行个性化的表现；三是在艺术节活动中，开展丰富多样的活动，引导幼儿运用听觉、视觉、触觉等多种感官进行艺术表现。

二、海洋艺术课程实施路径

（一）海洋艺术环境创设策略

1. 创设“童趣、灵动、自然”的海洋文化环境

童趣体现在以幼儿的视角创设环境，如微笑的鲸鱼、自由游弋的小鱼，钻出沙洞的小螃蟹、远道而来的海鸥、海底游弋的潜水艇……这些海洋场景，符合幼儿的兴趣，都在幼儿的视线范围内；灵动体现在主题场景是变化的，每一个墙面的内容呈现都是动态的、灵活多样的、有生命力的；自然就是不刻意、不堆砌，包含了环境内容的自然、材料使用的自然、表现表达的自然。

2. 创设随主题变化、互动性强的海洋课程环境

主题环境中，有师幼共同创设的情境角，不仅营造了浓厚的主题氛围，幼儿还可以通过游戏、展示作品等形式与之互动。主题墙饰突出“儿童味”，展示幼儿的问题、探究过程和新发现；课程材料多为低结构材料和海洋类自然材料，幼儿自主使用材料，自由创作。

（二）节庆节日课程组织策略

1. 家校社共同参与

我园借助家长特长、专业资源开展活动，例如来自青岛美术馆的家长志愿者开展“名画欣赏”活动，让幼儿在欣赏体验过程中，提高审美能力和艺术感受力。

2. 重点突出幼儿的表达表现

在节日来临之际，以“倾听儿童，相伴成长”为主旨，本着“把节日还给孩子、把快乐还给孩子”的理念，充分发挥幼儿的主体性，活动前幼儿自主选择节日庆祝的方式，设计活动内容，活动中幼儿自主地表达表现，活动后共同梳理，分享感受，使幼儿真正成为节日的主人。

（三）海洋绘本表演游戏策略

表演游戏是幼儿以故事等文学作品为线索展开的游戏活动，表演内容根据幼儿的兴趣确定，兼具“游戏性”和“表演性”。

1. 创设表演环境，丰富表演材料

丰富生动的表演环境是进行表演游戏的基础，表演环境的创设过程蕴含着师幼对表演内容的理解与创造。我园坚持以幼儿为主体，鼓励并帮助幼儿按照自己的理解选择现有的材料，创造性地制作表演所需要的场景、服装、道具。

一是扩大游戏空间，调整表演区布局。将表演区从活动室搬到宽敞的走廊，给了幼儿更大的创作和表演的空间。二是幼儿自主布置游戏场景。根据绘本的故事内容，幼儿大胆想象和尝试，自主创设表演场景，包括场地布置、道具摆放等，这样产生的场景幼儿更熟悉，游戏时更加自主。三是自制游戏服装与道具。幼儿根据需要自主设计制作服装、道具。每一次表演游戏，幼儿都能在游戏过程中发现缺少的道具或服装，然后在下一次表演时积极制作、完善表演。

2. 深入理解作品内容，丰富表演经验

教师引导幼儿完整欣赏绘本，分析角色，讨论、交流作品中的角色特点，角色的内心活动，鼓励幼儿用自己的方式，个性化的表现、表达对不同角色的理解。在对角色行为进行分析的过程中，幼儿深入理解作品内容、了解角色行为产生的原因，建立起与人物的情感联系。“分析”的过程，提升了幼儿的逻辑思维能力，让他们能透过表象理解故事。在此基础上，才能更生动地表现角色的特点，表达角色的情绪情感。

3. 教师适时适宜指导，支持幼儿自主游戏

“自主选择”和“自行分配”是幼儿进行角色分配和轮换的基本原则。教师鼓励幼儿大胆选择自己喜爱的角色。当遇到兴趣减弱、冲突加剧、出现安全隐患等情况时，教师采用谈话、角色扮演、设问启发等方式，引导幼儿主动思考问题解决的办法，推动幼儿深度学习。

4. 高质量的分享、交流、评价，提升表演游戏水平

高质量的游戏交流与评价，可以帮助幼儿丰富表演经验，积累解决问题的办法，使表演游戏能更深入持久地开展下去。教师抓住三个“注重”，不断利用交流、分享、评价，提升幼儿表演游戏水平。

一是注重同伴互评。从同伴角度评价游戏，分析游戏中好的做法和遇到的问题，大家一起总结梳理经验、探讨解决问题的方法。二是注重幼儿自由自主。从创设表演环境，到理解作品内容，再到自主游戏，整个过程中，幼儿克服困难，创编动作，发现问题、分析问题、解决问题，用夸张的动作、丰富的语言生动演绎每个角色。三是注重任务预设，明晰再次游戏的新要求。游戏讲评环节，老师帮助幼儿掌握角色的主要特征，体验角色的心理活动，鼓励幼儿尝试用不同的语音语调、神情动作表现自己对角色的理解，为下一次表演游戏做好准备。

（四）海洋艺术集体教育活动组织策略

在艺术集体教育活动中，教师经常会出现指导过多、控制过多等情况，有些新教师组织艺术活动时形式单一，导致幼儿对音乐、美术作品的感受，以及自主性、主体性的发挥等都体现得不够。我园基于以上问题打破传统艺术活动组织模式，引导幼儿在听觉、视觉感知的基础上，激发对音乐、美术的审美情趣，体验审美愉悦，丰富他们的艺术活动经验，在促进幼儿表现力与创造力发展的同时，培养幼儿对艺术的喜爱之情，让其在游戏中敢于创作、爱上表演。

1. 选材——艺术活动的起点

好的选材是开展艺术活动的起点，能带给幼儿不同的情感共鸣。我园在选择内容时基于海洋主题，关注幼儿的年龄特点、能力水平、兴趣点等，并充分考虑所选题材对幼儿的可感性和可接纳性。如音乐的形式特点是否鲜明突出，美术作品构图是否完整、可参与性是否充分等。

2. 欣赏——艺术活动的支架

幼儿良好的倾听态度、欣赏能力直接影响活动开展的效果，如播放音乐时能耐心地倾听，不东张西望；同伴讲述时能用心倾听，感受理解音乐，并能向同伴大胆阐述自己的观点与想法；欣赏美术作品时，能从造型、色彩、构图等方面感知分析、交流讨论，对作品进行联想、表达、再创造。

一是立足原有经验。为使幼儿在教学过程中更好地理解作品，活动前注重丰富幼儿相关经验。如，注重生活中的海洋素材的欣赏，每个学期带幼儿走近大海，近距离感知洁白的浪花、金黄的沙滩、千姿百态的礁石。

二是利用多种形式。教师在教学过程中应该结合幼儿年龄特点、实际发展水平、作品特点等，选择适合的教学方式，例如图谱演示、故事情境带入、邀请艺术大师走进课堂、亲子共同参与式、大带小混龄式、汇报表演式，让幼儿通过视觉、听觉、运动觉等多通道的协同活动，在原有经验和当下活动之间搭设学习的支架，增进幼儿对作品的感受。

3. 表达——艺术活动的关键

表达是艺术活动的关键，教师要尊重幼儿表达表现的方式，创设让幼儿自主表达与表现的机会。海洋艺术集体教育活动中，幼儿用自己喜欢的形式大胆表现，体验艺术创造的乐趣。幼儿制作以海洋为主题的手工作品，运用撕贴、剪、折、泥塑等方式制作不同形态的手工作品，用线条、形状、色彩、构图等艺术语言创造出有空间感的海洋艺术形象，比如海洋动物、珊瑚、船等。

4. 评价——艺术欣赏的句点

评价是对幼儿感知、表现的一种评议。通常采用的方式有教师评议、同伴评议、自我评价。评价能使幼儿在教师和同伴的认可与表扬中感受艺术的乐趣，体验参与艺术欣赏活动带来的愉悦与成功，激发其继续参与艺术欣赏活动的兴趣与欲望。

（五）海洋创意美术馆活动开展策略

创意艺术馆普遍存在，实施的艺术课程也相似，如何突出幼儿园的海洋特色、更好地实施海洋创意艺术课程，我园通过以下三个小技巧让幼儿既能欣赏又

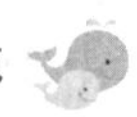

能“玩起来”。

1. 丰富低结构材料

低结构材料能够更好地满足个体的操作需求，有利于幼儿形成新经验。高结构的美术活动材料带给幼儿更多的是模仿与练习，缺乏对幼儿创意表达的有效支持。在海洋主题艺术创作过程中，与海洋有关的废旧材料更能激发幼儿的兴趣，更具创意性，因此，我园提供大量的贝壳、沙子等海洋类低结构材料。

表 5–8　低结构材料分类表

海洋废旧材料	蛤蜊贝壳、沙子、墨鱼盖、蓝色纱幔、鹅卵石、海星壳、扇贝壳、海螺皮、螃蟹壳
线状材料	绳、棉线、毛线、麦秸、草棒、橡皮筋、高粱秆
面状材料	纸、布、树叶、羽毛、刨花
块状材料	泥、面团、萝卜、瓶子、纸盒
点状材料	沙子、小珠子、纽扣、谷物、果核、种子

2. 会说话的范例

幼儿与艺术环境的互动最初是由材料引发的，在环境设计中，可视化、易理解的范例，能使幼儿的创意表现更具有目的性，也增加了同伴共同活动的趣味性。如通过图片的方式呈现操作步骤，或通过艺术作品穿插的方式展示范例，或通过视听相结合的视频提供线索等。除此之外，还有“会说话的画”墙体设计，将作品展示在可抽拿的作品袋或墙饰上，让幼儿的作品“说话”，满足幼儿多维的表达愿望。

3. 循序渐进式艺术提升

海洋艺术课程的教育不是一蹴而就的，艺术馆的体验学习也不是一次就能完成的，而是一个循序渐进的过程。根据园内的安排，幼儿每周都会去艺术馆进行活动，一个月 4 次，可以创作一个主题的系列海洋经典作品，一学年可以完成 10 个海洋主题的作品。这 10 个主题创作的艺术形式各不相同，通过欣赏、创作、游戏互动等多种形式提升幼儿的审美能力，培养幼儿的想象力和创造性思维，实现幼儿海洋艺术素养的阶梯式成长。

第四节　海洋艺术课程的评价

海洋艺术评价虽然要在一定程度上关注艺术技能、知识，但最为重要的是构建“家—园—社”多主体协同评价机制，形成正确评价思维，选用科学适宜的美育评价方法，培养幼儿感受美、欣赏美及创造美的素养，真正实现陶冶幼儿性情、涵养幼儿品德、提升幼儿情趣的目的。

一、海洋艺术课程多元评价方式

根据《指南》精神，海洋艺术课程评价关注的是幼儿兴趣和情感的激发，以及幼儿是否能大胆地进行艺术表达,以及学习主动性、专注力、学习习惯等的养成。

（一）评价主体多元化

海洋艺术课程采用多主体、开放性的评价，综合运用教师评价、幼儿自我评价、同伴评价与家长参与评价等方式进行。

1. 教师评价

教师评价的关注点不是幼儿是否“画得好”“演得像”，而是幼儿的海洋艺术素养、感知觉、想象创造能力的培养和人格的全面发展。教师通过观察，根据幼儿的表现及时评价，也会在活动后通过视频、照片回顾，以集体、小组讲评的方式启发幼儿反思提升。评价以纵向为主，对幼儿的进步给予肯定。

2. 幼儿自我评价

幼儿是海洋艺术课程的主体，在“计划—体验—反思”中发表自己的意见、提出自己的想法，进行自我评价。例如：在海洋艺术节筹备期间，幼儿表达了要参加音乐节的想法，教师及时给予支持，幼儿从内容设计到场地安排再到材料准备，全程参与，筹备过程中不断地讨论可行性，既是对自己能力的评价，也是自

身主动性发挥的重要契机。活动后，幼儿用图画、符号记录活动过程、感受，真实地回顾、思考、评价自己的表现以及活动带给自己的感受。

3. 同伴评价

幼儿是有能力的学习者，他们会根据自己的表现、行为进行简单的语言评价。例如，音乐欣赏活动中，幼儿对《大海啊故乡》进行了自主表达，之后教师提问："你们觉得好朋友刚才哪里很棒？"幼儿A评价幼儿B："我觉得你能一边唱一边跳，很好。"幼儿B听后也正面评价了幼儿A："我觉得你刚才唱歌的时候是笑着唱的，很棒。"在后续的活动中，幼儿B也开始努力一边唱一边跳，幼儿A在唱歌的时候也加上了笑容，两个同伴在相互的评价中共同进步提升。除了语言互动评价，还有投票式评价、绘画式评价，如投票选出心中表现最棒的小演员，以"四格记录法"的方式记录伙伴的精彩表现。

4. 家长参与评价

家长评价，在艺术课程中都是以分析幼儿作品、观看幼儿音乐活动表现为主。家长首先对照《指南》的领域目标，了解幼儿的发展需求及课程的目的价值，然后倾听幼儿的想法，发现自己对幼儿想法和能力水平的认知存在的误区，并基于此，为幼儿发展提供适宜的服务。为了帮助家长适宜地评价，教师经常以小故事、小片段、视频的形式将幼儿的表现发送给家长，并结合《指南》解读幼儿在课程中表现出的能力水平以及学习品质，帮助家长理解评价是有依据的，更应关注幼儿的艺术想象力和学习品质的培养。

（二）评价方法多样化

依据幼儿海洋艺术课程的目标进行评价，主要以形成性评价为主，一般采用展示法、观察记录法、个案分析法等，了解幼儿现有的经验、能力、认知、兴趣等，调整教师的教学目标、内容和策略等。

1. 才艺展示评价，关注综合能力发展

以对外开放的形式展示幼儿的才艺，激发幼儿学习的兴趣，体验成功的喜悦，增强幼儿自信心。主要形式包括歌曲联唱、毕业典礼中的才艺展示、六一艺术节展示、文艺演出、进社区的演出等，幼儿在活动中展示自我、肯定自我。

表 5–9　幼儿音乐活动展示评价表格[73]

<table>
<tr><th colspan="5">幼儿才艺展示评价表</th></tr>
<tr><td colspan="5">姓名：　　　　年龄：　　　　性别：</td></tr>
<tr><td colspan="2">评价维度</td><td>弱</td><td>中</td><td>强</td></tr>
<tr><td rowspan="5">歌唱活动</td><td>唱歌的节奏和音调准确度</td><td></td><td></td><td></td></tr>
<tr><td>能在唱歌时恰当地运用面部表情和身体动作</td><td></td><td></td><td></td></tr>
<tr><td>能运用和控制唱歌的气息、唱歌的力度，分句恰当</td><td></td><td></td><td></td></tr>
<tr><td>能运用歌唱的嗓音</td><td></td><td></td><td></td></tr>
<tr><td>唱歌的咬字和吐字清楚</td><td></td><td></td><td></td></tr>
<tr><td rowspan="5">音乐律动</td><td>身体动作与音乐节奏、节拍、曲调吻合</td><td></td><td></td><td></td></tr>
<tr><td>能随着音乐主题的变化来变换动作</td><td></td><td></td><td></td></tr>
<tr><td>能根据音乐的节奏、旋律协调自如地做动作</td><td></td><td></td><td></td></tr>
<tr><td>动作能够体现音乐的情绪变化</td><td></td><td></td><td></td></tr>
<tr><td>能在聆听音乐时即兴地做动作</td><td></td><td></td><td></td></tr>
<tr><td rowspan="5">打击乐活动</td><td>认识并能识别打击乐器</td><td></td><td></td><td></td></tr>
<tr><td>能辨别音乐的节奏和节奏型</td><td></td><td></td><td></td></tr>
<tr><td>能根据音乐的节奏，准确演奏打击乐器</td><td></td><td></td><td></td></tr>
<tr><td>能根据指挥进行演奏，并且节奏准确、力度和音色恰当</td><td></td><td></td><td></td></tr>
<tr><td>能用乐器或其他发声器材创作简易的乐曲</td><td></td><td></td><td></td></tr>
<tr><td rowspan="4">音乐欣赏活动</td><td>能听出音乐作品的主要情绪、情感</td><td></td><td></td><td></td></tr>
<tr><td>能够辨别音乐的强弱关系和速度变化</td><td></td><td></td><td></td></tr>
<tr><td>能够掌握音乐的结构，分辨音乐作品中乐句、乐段</td><td></td><td></td><td></td></tr>
<tr><td>能够在欣赏过程中展开积极的想象和联想，并能运用绘画、舞蹈等方式表达对音乐的感受</td><td></td><td></td><td></td></tr>
</table>

73　孙文云．幼儿音乐教育档案袋评价的探讨［D］．华南师范大学，2007：27–28.

续表

幼儿才艺展示评价表				
音乐审美情感	喜欢音乐活动，能积极地投入到音乐活动中			
	能够感受音乐的情绪情感			
	能够根据音乐的情绪情感展开想象			
	能够用歌唱、演奏或律动表现音乐所反映的情绪情感			
社会性	喜欢独自或与他人合作唱歌、律动及演奏乐器			
	在活动中能与其他同伴友好相处			
	能发扬友爱精神，乐于助人			
	在合唱、合奏活动中，能与他人合作			
	在音乐活动中，能控制自己的行为动作以及情绪情感			

2. 艺术作品评价记录，聚焦成长的点滴

评价或展览幼儿作品时，下方表格可利用，关注幼儿作品中表现的情感与成长发展，可加以标注。

表 5–10　幼儿艺术作品评价表 [74]

幼儿作品评价表（成长方面）				
姓名：　　　　年龄：　　　　性别：				
参考方面		少	适中	多
技巧的使用	色彩			
	人物			
	空间组合			
完成作品表现的努力程度				
情感成长：使用比较自由的线条和笔触 画面经常偏离普遍性				
智慧成长：细节性较多 画面色彩变化 画面与物体有关的物体出现				

74　王泓丹．多元化学前儿童艺术教育课程评价研究［D］．陕西师范大学硕士论文，2019:38.

续表

幼儿作品评价表（成长方面）			
美感成长：色彩敏感性 线条敏感性 形体敏感性 画面装饰性图案			
社会成长：合作创作 主动组织合作			
创造性成长：模仿他人 表现方式不同 风格独树一帜			

3. 个案观察记录，关注个体发展

（1）个案观察记录法

观察幼儿在海洋绘本剧排演中的行为，发现其兴趣、行为特征的变化发展，从开始的创编台词动作到最后的舞台展示，教师在观察的基础上对幼儿行为进行持续的记录，再形成合适的行动计划。同时，设计阶段性活动《幼儿海洋艺术课程评价表》，展开评价。

表 5-11　海洋艺术课程评价表格

评价内容	幼儿表现	分值
活动态度	愉快、积极，乐于参加活动。	
活动表现	1. 对海洋主题内容感兴趣。 2. 对活动环境、材料有兴趣，能够利用环境的资源来学习。 3. 乐意与同伴分享自己的经验感受，必要时与同伴合作。	
活动成效	1. 活动中有自信心和成就感。 2. 在活动中获得与主题相关的经验，并且在经验、能力、认知上有所发展。 3. 个体的特别的成效。	

（2）个案分析法

每个幼儿都有自己的最近发展区，都有各自的个性特点、能力差异，基于个性动态的特性，教师对某幼儿进行长期跟踪研究，了解幼儿成长发展的特点及所需的支持。

二、海洋艺术课程效果

（一）幼儿发展由艺术能力向全面发展进阶

儿童就是天生的艺术家，天生拥有游戏的精神和艺术的心灵。没有艺术和游戏陪伴的儿童，是孤独不幸的；没有艺术和游戏的童年，是黯淡无光的。在海洋艺术活动中提升幼儿感受美、欣赏美、创造美的能力，促进幼儿全面发展，加深对海洋文化的感知，增进对大海、家乡的情感，达成好奇探究、快乐自信的幼儿培养目标。

1. 形成幼儿健康的个性

每个人都有自己的个性，在海洋艺术中，教师根据幼儿的个性，采取合适的教育方式，将幼儿的性格培养和艺术教育结合起来，在潜移默化中，促进幼儿形成健康的个性，为幼儿的人生发展奠定良好的基础。

2. 促进幼儿的认知发展

海洋艺术以其独特的色彩、旋律等艺术元素刺激幼儿的感官，在观察、辨别、描述中拓宽认知。

3. 陶冶幼儿的情操

海洋艺术教育具有美育的功能，能够陶冶幼儿的情操、滋润幼儿的心灵、提高幼儿的审美能力。美术作品、音乐作品、舞蹈作品、戏剧作品等带给幼儿审美愉悦时，作品内涵的价值观和思想也滋养了幼儿的心灵。

（二）教师由“教”到“引”的转变

教师是海洋艺术课程开发的参与者与研究者，由“教”转变为“引”，即由刻板教授转变为适时适度支持引导。教师在活动中不断观察，记录幼儿的艺术表现，分析反思，适时提供支持，促进幼儿主动学习、全面发展。

1. 转变教育观念

教师在实施海洋艺术课程中打破传统观念，不过分追求幼儿艺术技能的传授和训练，而是更关注其审美体验、艺术表现的培养；注重幼儿个性化的表达表现，突出幼儿的思维过程，重视幼儿的感受。

2. 灵活实施课程

考虑幼儿的需求和兴趣。比如，赶海季节到来，幼儿对挖蛤蜊、捡贝壳做手工很感兴趣，教师就带他们走出幼儿园去亲近大海，感受海边玩沙拾贝的乐趣。引导幼儿依据自己的想法，使用不同的艺术形式来表达对大海的喜爱。这种从自身角度出发的艺术教育形式，不仅满足了幼儿的需要，提高了其艺术表现能力，同时也帮助幼儿积累了经验。

（三）家长由关注技能培养向关注学习品质转变

一些家长对艺术教育的认识存在误区，重视结果忽略过程，把幼儿艺术教育效果的衡量标准简单定为技能的强与弱，忽略了儿童艺术修养和审美趣味的培养，教师通过半日活动、艺术节、家长会等途径，向家长传达正确的艺术教育价值观，引导家长学会从幼儿的艺术表达中倾听幼儿的想法，关注到幼儿的专注、投入和自信。

附录

附录一：幼儿眼中的海洋艺术节

我最喜欢的就是海洋艺术节里的吹泡泡，还有水枪大战，我要和我的小伙伴一起把敌人的旗帜拔掉。

——睿睿

看电影的时候好像真的来到了电影院，我园排着队检票，吃着香喷喷的爆米花，看着我最喜欢的《海底总动员》，太幸福啦！

——如意

《小飞鱼大冒险》是我园自己编的绘本剧，小飞鱼在海底遇到了很多有趣的事情，最后从鲸鱼的肚子里跑了出来。我还自己做了表演的衣服，大家一起演了很长时间，还表演给其他班的幼儿看，大家都给我们鼓掌啦。

——元宝

附录二：家长眼中的海洋艺术节

在其他幼儿园还把六一作为汇报演出的时候，二幼早已通过内容丰富的活动刷爆家长朋友圈，比如时装秀、童话剧、歌舞剧、泡泡大战等。

园长妈妈详细讲解了今年的海洋艺术节构想，很快得到了家委会成员的支持。今年，幼儿园想呈现的不仅仅是一场演出，想锻炼的也不仅仅是孩子的舞台呈现，而是想从前期的准备工作开始，到演出，再到最后的收尾总结，全程由孩子参与。这其中涵盖了演出剧本的甄选、角色的竞选、背景音乐的筛选、服装道具的制作、舞台的包装，甚至细致到海洋艺术节海报和吉祥物的设计、邀请卡的设计、伴手礼的制作……你意识到了吗？这哪里是一场六一演出，这分明是一场舞台剧的总策划、总设计和总执行啊！而这一切，全部是孩子在老师的引导和帮助下完成的。在我园家长还处在“听起来很美好，但还不太确定这个方案是否可行”的时候，园方已经开始大刀阔斧地行动起来了。于是乎，每天回家都会被孩子缠着问：“爸爸，狮子出场的时候用什么背景音乐好？”“妈妈，快教我针线怎么用，我要给演出服缝上亮片。”“爷爷奶奶快来看，这是我新学的表演动作。”……诸如此类，我们惊奇地发现，原本这些我们想都不敢想的事情，确确实实地在孩子身上发生了。那个稚嫩的小娃娃，居然已经变得这么能干了。大班演出的时候，小班的弟弟妹妹会到场助演；中班演出的时候，大班的哥哥姐姐会到场助演；小班演出的时候，中班的哥哥姐姐会到场助演。我想说这样的安排堪称精妙！终于可以体会园长妈妈和老师们的良苦用心。让孩子真正成为海洋艺术节的主人，尽可能让孩子去操办属于自己的艺术节，也让孩子更深刻地去理解“艺术”的含义，而并非仅仅是“表演节目”。这一个多月的筹备和演出，我们的孩子能学到多少东西，根本数不过来！

——琪琪家长

第六章　海洋科学课程体系及实施

小船

月亮

是一艘金灿灿的小船

摇啊摇

带我进入甜美的梦乡

海草

是一艘绿油油的小船

晃呀晃

带我驶向大海的深处

二幼

是一艘暖洋洋的小船

飘呀飘

带我步入探究的殿堂

《指南》指出："幼儿的科学学习是在探究具体事物和解决实际问题中，尝试发现事物间的异同和联系的过程。"经过10年的实践探索，我园逐渐完善海洋科学课程体系，以海洋绘本、海洋科学体验、海洋科技节等活动内容为载体，以"三步走"集体科学教育活动、创设班级"海洋科学实验角"、整合家园社协作式教育资源为实施路径，引导幼儿阅读绘本、亲身体验、动手操作、自主表达，激发幼儿对海洋科学探索的兴趣，激发幼儿"知海、爱海、护海"的情感，推进我园海洋科学启蒙教育。

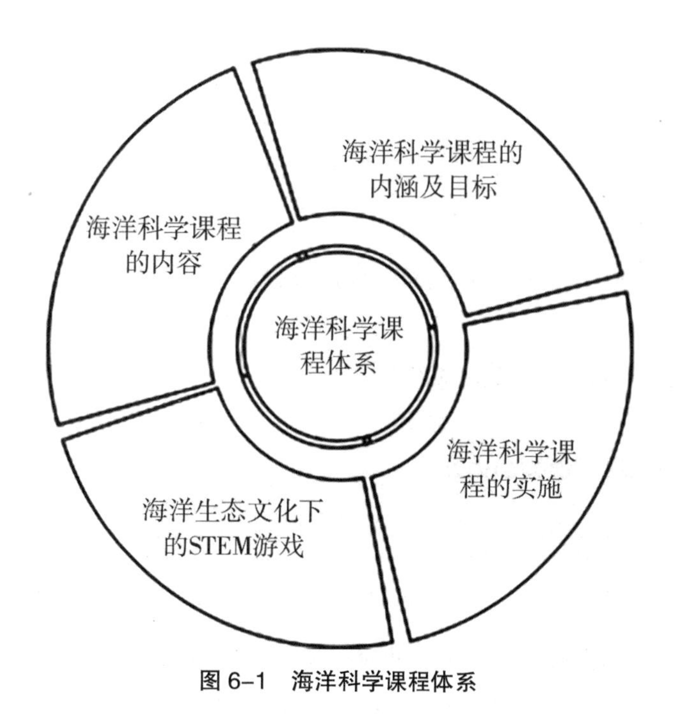

图 6-1　海洋科学课程体系

第一节　海洋科学课程的内涵及目标

当今世界正经历百年未有之大变局，科技的竞争越来越聚焦于高端科技人才的竞争。许多国家将科学教育提到国家战略的高度，并向幼儿延伸。党的十八大以来，围绕科技人才教育与培养出台了一系列政策。教育部出台了“强基计划”等针对基础学科的支持政策，2012 年以来认定建设 1189 个基础学科一流专业，[75] 大力培养在基础学科领域有天赋、有潜力的青年英才；2017 年出台的《国务院办公厅关于深化产教融合的若干意见》更加强调推动学科专业建设与产业转型升级相融合。[76]

2001年7月，教育部颁布的《幼儿园教育指导纲要（试行）》，将“科学”

75　赵婀娜，吴月．强基础研究 育拔尖人才．人民日报，2022-03-18（01）.

76　陈凯华，郭锐，裴瑞敏．我国科技人才政策十年发展与面向高水平科技自立自强的优化思路［J］. 中国科学院院刊，2022，37（05）:613-621.

与“社会”“语言”“健康”“艺术”列为幼儿园教育的五大领域，幼儿科学教育受到了前所未有的重视。[77]陶行知早在儿童创造力的“六大解放”中就提出：“任何时代的发展都需要创造力，创造力开发得越早，其发展潜力越大，因此创造力的开发应从幼儿开始。要重视科学实验，玩科学游戏，以此来解放幼儿的创造力。”可见，学前时期的科学教育是日后培养出创新型人才的关键。

一、海洋科学课程的内涵

（一）幼儿科学课程的内涵

关于“幼儿科学课程”的定义，所处的研究角度不同、考虑的层面不同，给出的定义也会有所不同。吴志勤将幼儿园科学课程界定为《纲要（试行）》中对科学领域所作的课程规划，包括幼儿园科学课程目标、课程内容和评价等方面以及这些内容所彰显出来的新理念。[78]张宪冰则将科学课程界定为有目的、有组织、有计划地为幼儿提供科学经验及科学体验的过程。

我园在幼儿培养目标中强调好奇、探究，提出幼儿应对环境敏感、对事物好奇，愿意深度、持续探究。幼儿科学课程恰好把幼儿的好奇心、探究自身与周围世界的自发需要纳入有目的、有计划的教育中，保证了幼儿认知、情感、态度、有关技能的协调发展，为培养目标的实现提供支架和载体，是幼儿园课程中不可缺少的一部分。[79]

（二）幼儿海洋科学课程的内涵

通过查阅文献资料，我们发现关于幼儿海洋科学课程概念界定较少，主要有以下几个方面：联合国教科文组织（1988）发表报告，将海洋教育分为专门性的海洋科学课程和普通海洋科学课程。专门性的海洋科学教育以培养海洋科学家和

77 俞芳 . 幼儿科学教育内容框架的分析与展望［D］. 华东师范大学，2011:11.

78 吴志勤 . 幼儿园科学课程实施现状研究［D］. 西南大学，2008:11.

79 张宪冰 . 幼儿园科学课程的反思与建构［M］. 长春：东北师范大学出版社，2012:37.

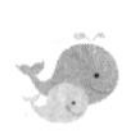

工程师为主要目标；普通海洋科学教育则以一般民众为对象，目的在于使其了解海洋资源保护和管理的重要性。[80] 陈文硕认为幼儿海洋科学课程有更加宽泛的视角，研究的内容也更加广博，包括集体教学活动、区域活动以及幼儿园一日生活中所有涉及海洋科学领域的内容。[81]

我园认为，幼儿海洋科学课程是指幼儿园基于海洋科学课程内容（海洋技术、海洋生物、海洋自然现象、海洋生态环境及污染、海洋资源、海洋科学小制作）面向儿童开展科学教育。它是以海洋资源为载体、海洋文化为主题开展的使人受益的科学教育活动，旨在丰富人的海洋科学知识，提高人的海洋科学意识，改善人的海洋科学行为。

二、海洋科学课程的目标

（一）海洋科学课程目标制定原则

1. 着眼于幼儿终身发展

追求有益于幼儿终身发展的大目标是海洋科学教育的价值取向。海洋科学教育更强调培养幼儿的探究兴趣和探究欲望，注重幼儿乐学和会学的教育目标和价值，培养幼儿内在的学习动机和兴趣。海洋科学教育培养起幼儿对科学的学习兴趣，幼儿获得了终身学习的动力机制、探究问题和解决问题的方法，就能不断运用这些方法去获得知识，解决各种问题。

2. 教育内容贴近幼儿生活

教育内容生活化的目的是让幼儿理解和体验到教育目标和内容对于幼儿当前学习的意义。只有当幼儿真正感到所要学的内容对于自己当前有意义，是他当前想要知道的东西或想要解决的问题时，才能积极主动地去学习和理解事物及其间的关系，才有真正的内在的探究科学的动机。同时，要适时地将教育目标融入幼

80　张文青 . 青岛市中小学海洋教育研究［D］. 青岛大学，2014:12.

81　陈文硕 . 幼儿园运用蓝色海洋资源对儿童进行教育的研究［D］. 华东师范大学，2020:79.

儿感兴趣的活动，使幼儿在感兴趣的活动中实现有意义的教育。

3. 激发幼儿科学探究兴趣

让海洋科学教育活动成为幼儿感兴趣的活动是引导幼儿主动探究的前提。教师要发现、支持、扩展和利用幼儿感兴趣的活动，发现、保护和培植幼儿可贵的好奇心和探究兴趣。海洋科学课程的这一特性是培养幼儿的探究兴趣和好奇心、使幼儿理解科学的实际意义、获得终生学习的动力机制的根本保证，也是幼儿获得真正内化的科学经验的根本保证。

4. 注重探究活动的可操作性

幼儿对科学的学习是在直接感知、亲身体验和实际操作中进行的，我园在海洋科学教育的实施中关注幼儿对探究活动的可操作性。在海洋科学课程中，材料是幼儿操作的对象，也是学习的载体。通过对材料的操作，幼儿可以感知事物的特性，认识事物之间的联系，还可以发现问题、提出问题、解决问题。教师应引导、支持幼儿通过自身与周围物质世界的相互作用，了解周围物质世界的客观现实及其间的关系，获得初步的内化经验。

（二）海洋科学课程的总目标

我园位于沿海城市，具备实施海洋科学教育的条件，通过借鉴国内外先进的幼儿教育理念，并根据幼儿年龄特点，选取合适的海洋科学课程内容，旨在延长海洋科学教育活动的时间，增加海洋科学教育活动的频次，提高海洋科学教育活动的效率，从而推进我园海洋科学课程实施。

海洋科学课程对于幼儿科学态度的引导有着重要的作用，是幼儿全方位素质教育的重要组成部分。我园面向幼儿开设的海洋科学课程，不单积累科学的经验，更重要的是引导幼儿关注海洋自然现象，了解与海洋有关的知识经验，在聚焦海洋的基础上，更加具有海洋所独有的包容悦纳的特性，培养幼儿好奇探究的学习品质、主动学习和独立思考的能力，强调热爱海洋、保护海洋的情感，具有海洋人类命运共同体意识与情怀。具体有以下几方面目标。

1. 培养好奇探究的品质，具有初步的科学精神

科学态度最重要的就是好奇心。好奇心是幼儿认识事物的天性，求知是幼儿的本能。幼儿天生具有科学家一样强烈的好奇心，幼儿总是有无数的惊奇和疑惑，他们对周围世界的认识是从这里开始的。爱探索是幼儿的年龄特点，他们对陌生的事物和现象都会产生尝试一下或摆弄一番的愿望。在探索过程中，通过自己动手对物体的触摸与操作，在与物质世界相互作用的过程中，幼儿主动建构起自己对有关海洋世界的认识，并在今后的海洋探索中，不断地补充、修正、达到完善。

2. 发展幼儿科学思维，获得解决问题策略的感性认识

幼儿的思维特点是具体形象思维占主导。受幼儿自身思维发展水平的影响，幼儿的科学学习也局限于具体形象水平。在幼儿阶段，幼儿还很难掌握抽象的科学概念，或进行抽象的逻辑推理。因此，幼儿阶段的科学学习更多的是和具体形象的事物联系在一起。[82]

对于幼儿而言，科学思维的第一步是用感官观察和探究周围环境。他们对使用工具发生了兴趣，并体验到工具有助于他们更好地探究事物的细节。幼儿受到鼓励或引导去观察和进行谈论时，能表现出对周围世界的惊奇和欣赏，他们受到成人对世界所表现出的兴趣的强烈影响，能提出相关问题。例如，在大班“海洋之心”活动中，当教师引导幼儿猜测遇到油和水混合在一起会怎样，成人可能会给出一个正确的答案：油水分离。这是基于我们对物质特性的抽象理解而得出的解释。但是对幼儿来说，他们不需要知道油和水抽象的物理特性，更不需要了解二者不能混合背后的原因，幼儿通过实验操作，用搅拌、晃动瓶子等方法尝试将水和油混合，再观察两者混合以后的现象。通过实验，幼儿发现油和水是会先混合，再慢慢地分层的。幼儿在这个具体形象的过程中认识到物体的特征和属性，这就是幼儿的科学学习过程，也是幼儿用自己的方式进行描述、记录、交流及讨论，寻找问题的答案，思维发展的过程。

82　张俊．幼儿园科学领域教育精要：关键经验与活动指导［M］．北京：教育科学出版社，2015:25.

3. 培养实践和操作的能力，获得有关事物及其关系的经验

幼儿对事物及其关系的认识不是靠记忆，而是靠对特殊的材料、物体进行科学探索，通过各种例证得到的，是幼儿在和物体不断相互作用的过程中，经过反复操作和思考而悟出来的、体验到的和感知到的。幼儿通过亲身经历获得的经验性知识是幼儿理性思维和今后学习的基础。例如，幼儿在探究潜水艇的“潜水的秘密”时，可以通过科学实验“沉与浮”来进行模拟，利用矿泉水瓶内水的多少来感知沉与浮，了解潜水艇“潜水”的基本原理。

4. 增加幼儿科学经验的积累，推进家园合作共育

探究型、体验型主题活动是一种弹性课程，在海洋科学课程中占据重要地位。其主题的确立、内容的选择、活动的推进和拓展，都来源于幼儿的兴趣和需要，探究中需要幼儿搜集大量的信息、材料，无疑需要家长的支持和参与。除了日常需要家长配合的活动外，班级成立家长志愿者团队，鼓励家长设立家庭科技角，满足幼儿日常探索的需求，引导家长成为海洋科学课程建构的参与者。通过家长的指导和协助，幼儿开阔了眼界，增长了知识，也增进了亲子关系；同时，家长在活动中逐渐转变了对幼儿的教育观念，提高了家庭教育的整体素质，并更好地支持和配合了幼儿园的教育工作。

（三）海洋科学课程年龄阶段目标

《指南》中指出，幼儿的思维特点是以具体形象思维为主，应注重引导幼儿通过直接感知、亲身体验和实际操作进行科学学习。基于幼儿认识事物的思维特点和科学探究特点所需，我园将海洋科学课程各年龄阶段目标确定为根据幼儿科学教育总目标确立的、按幼儿年龄阶段划分的、中短期幼儿发展目标。它一般分为小班、中班、大班的教育目标，同时每个年龄段目标涵盖科学知识、科学方法和科学精神三个方面，并且强调这三个方面是一个整体，不能割裂。由此构成了一个幼儿园海洋科学领域课程的三维目标体系，见表 6–1：

表 6-1　海洋科学领域课程的三维目标体系

目标	核心价值	具体内容		
		小班	中班	大班
目标 1： 亲近海洋，喜欢探究	1. 有好奇心和探究热情。 2. 有初步的科学精神和态度。	1. 喜欢接触大自然，对有关海洋的事物和现象感兴趣。 2. 经常问关于海洋的问题，喜欢摆弄科技制作的材料和工具。	1. 喜欢接触与海洋有关的事物，经常问一些与海洋事物和现象有关的问题。 2. 常常动手动脑探索海洋的物体和材料。	1. 对感兴趣的海洋问题总是刨根问底。 2. 愿意动手制作海洋科学小制作。
目标 2： 具有初步的探究能力	了解一些最基础的科学方法，初步经历一些简单的科学探索过程。	1. 对感兴趣的海洋事物能仔细观察，发现其明显特征。 2. 能用多种感官或动作去探索海洋。	1. 能对关于海洋的事物或现象进行观察比较，发现其相同与不同。 2. 能根据观察结果提出问题，并大胆猜测答案。 3. 能通过简单的调查收集信息，能用图画或其他符号进行记录。	1.能通过观察、比较与分析，发现并描述不同种类的海洋生物的特征或某个海洋现象前后的变化。 2. 能用一定的方法验证自己的猜测，在成人的帮助下，能制订简单的调查计划并执行。 3. 能用数字、图画、图表或其他符号记录，探究中能与他人合作与交流。

续表

目标	核心价值	具体内容		
		小班	中班	大班
目标3： 在探究中认识海洋事物和现象	获得一些有关周围物质世界的基本经验，学习一些浅显的科学知识与技能。	1. 认识常见的海洋生物，能注意并发现周围的海洋生物是多种多样的。 2. 能感知和体验海洋现象对自己生活和活动的影响。 3. 初步了解和体会海洋生物和人们生活的关系。	1. 能感知和发现海洋生物的生长变化及其基本条件。 2. 能感知和发现简单的海洋物理现象，如海洋生物的形态或潮汐现象等。 3. 初步感知常用的科技与海洋之间的关系，知道海洋科技有利也有弊。	1. 能察觉到海洋生物的外形、特征、习性及生存环境的适应关系。 2. 能发现常见的海洋生物的结构与功能之间的关系。 3. 能探索并发现常见的海洋现象产生的条件及影响或影响因素。 4. 初步了解人们的生活与海洋自然环境的密切关系，知道尊重和保护大海。

第二节　海洋科学课程的内容

海洋科学课程的内容是实现课程目标的有效途径，是海洋科学课程活动设计与具体实施的主要依据，也是实现海洋科学课程目标的实质部分。幼儿与周围环境直接接触，通过感官认识自我和周围世界，同时又通过媒体，了解一些他们不能直接接触的事物。我园结合“海洋生态文化”理论体系，以海洋技术、海洋生物、海洋自然现象、海洋生态环境及污染、海洋绘本五方面内容作为课程内容来源，从沉浸游戏中的科学教育、海洋主题科学课程、海洋科技节庆课程、海洋科学实践课程四方面来梳理海洋科学课程内容。

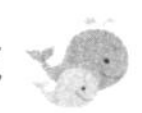

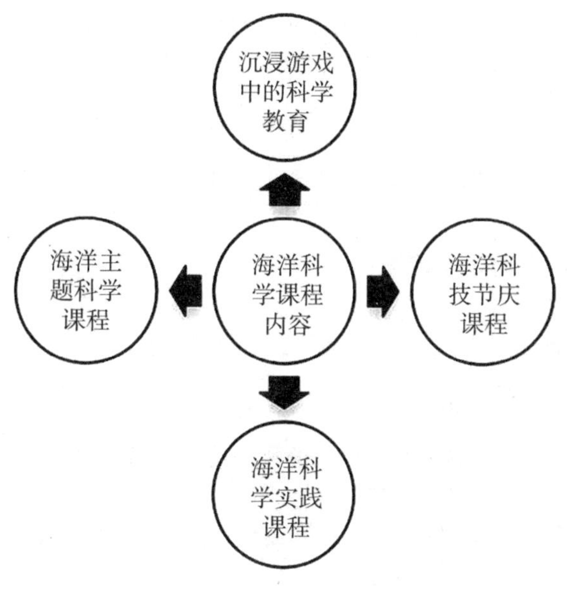

图 6-2　海洋科学课程内容结构图

一、海洋科学课程的内容来源

《纲要》指出，教育活动内容的选择，既贴近幼儿的生活来选择幼儿感兴趣的事物和问题，又有助于拓展幼儿的经验和视野。海洋科学课程在筛选课程内容来源时，遵循这一原则，即贴近幼儿的生活及其感兴趣的海洋话题。

（一）体现海洋科学技术

海洋技术是研究海洋自然现象及其变化规律、开发利用海洋资源、保护海洋环境以及维护国家海洋安全所使用的各种技术的总称，是研究实现海洋装备及工程系统的技术手段与方法。[83] 海洋技术有多种不同的分类方式，主要分成三类：基础技术、相关技术和应用技术，其中先进的机械设计与制造技术已经成为当前海洋技术发展的重要领域。我园依托本土资源，利用靠近前湾港、轮渡的地域优势，将船舶制造技术以及海洋交通运输作为海洋科学课程内容。

83　陈鹰，瞿逢重，宋宏等 . 海洋技术教程［M］. 杭州：浙江大学出版社，2012:4.

表 6–2　海洋科学课程内容——海洋技术

技术类型	内容
船舶制造	轮船、潜艇、航母、各种深海水下运载器等
交通运输	跨海大桥、海底隧道、港口码头等

（二）认识海洋动物与植物

我国海域辽阔，海洋生物种类繁多、资源丰富。海洋生物是指海洋里有生命的物种，包括海洋动物、海洋植物、微生物及病毒等。

表 6–3　海洋科学课程内容——海洋生物

生物种类	内容
海洋动物	1. 海洋无脊椎动物 贝类：鲍鱼、鱿鱼、牡蛎、扇贝、蛤蜊、蚬子等。 甲壳类：对虾、龙虾、螯虾、梭子蟹、青蟹等。 棘皮动物：海星、海胆和海参等。 2. 海洋鱼类：鲅鱼、带鱼、石斑鱼、大黄鱼、魔鬼鱼和鲳鱼等。
海洋植物	藻类植物：海带、裙带菜、马尾藻、紫菜、石花菜、江蓠、石纯和浒苔等大型海藻。

除了解海洋生物的种类外，海洋科学课程内容中关于海洋生物还需要掌握以下几方面内容。

一是海洋动物区别于其他物种的外部特征和生活习性。海洋动物是有生命的，它们需要水、空气和食物维持生命，否则就会死去；海洋动物生活在不同的地方，有不同的行为方式、不同的繁殖方式、不同的食性；海洋动物对其生活环境的适应，如海洋动物的身体结构与所处的环境的关系，行为方式与所处环境的关系，海洋动物怎样改变自身以适应环境的变化，等等。

二是海洋植物的多样性以及区别于其他种类植物的特征。认识常见的海洋植物，知道它们的名称和外形特征；知道海洋植物的组成部分及各部分的功能；知道海洋植物有不同的繁殖方式；获得海洋植物生长过程的经验；初步了解植物生长的必要条件以及植物生长与环境的关系，等等。

（三）了解海洋自然现象

海洋自然现象包括的内容有很多：有月球、太阳等对地球造成影响，产生的一些海洋自然现象，如潮汐现象；有比较特殊的海洋自然现象，如海市蜃楼现象、珊瑚白化现象、巨浪现象等；有灾害性的海洋自然现象，如海冰、赤潮、海啸和风暴潮，以及由地震或者海啸所引发的核辐射灾害与海洋和大气相关的灾害性现象，还有“厄尔尼诺现象”和“拉尼娜现象”、台风等。除自然现象外，造成海洋自然现象的原理以及这些现象给人类生活带来的影响都可作为海洋科学课程的内容。

（四）感知海洋生态污染

海洋生态环境不仅包括海水、海底、海水平面上方的大气，还包括沿海和沿岸区域。地球上的海洋都是相互连通的，形成了整体的海洋。随着人们对海洋的开发，不合理的人为活动对海洋环境造成了极大的破坏。海洋环境的污染加剧，如海水污染来源增多、海水污染对海洋生态和人类造成危害、温室效应、过度捕捞，导致海洋物种正走向灭绝。据此，我园在海洋科学课程中，探究海洋污染的原因、现状以及应对方法，如爱护海洋动物、不过度渔猎、不乱扔垃圾、保护珍稀海洋生物的生存、保护水源、保持环境整洁等。

（五）阅读海洋绘本文学

“海洋绘本馆”是我园的特色功能室之一，这里拥有不同主题的绘本，能满足大中小不同年龄段幼儿的阅读需求，其中海洋类的绘本多达上千本，比如《小海螺和大鲸鱼》《大海里我最大》《我是一条快乐的鱼》等。在阅读绘本的过程中，教师会根据幼儿的兴趣选择适合本年龄段幼儿的海洋绘本，生成教育活动、区域活动和实践活动。如何选择海洋绘本推进实施海洋科学探究活动呢？主要从以下三方面选择。

1. 选择和幼儿的生活息息相关的海洋绘本，比如《大海里我最大》这一绘本，能够从幼儿熟悉的海洋生物入手，更好地激发幼儿对不同海洋生物外形特征、生活习性的好奇心和探究兴趣。

2. 选择一些海洋自然现象、简单海洋科普类绘本，充分满足幼儿阅读后和同伴交流绘本内容的意图。如《小海龟的勇敢旅程》《奇幻海洋的秘密》这一类的绘本。针对幼儿提出的问题，鼓励幼儿进一步探究，生成海洋科学探究活动，比如“探究鱼鳍的秘密”“探究船行驶的快慢”等。除了幼儿的实际操作之外，会借助观看视频、亲子查阅资料、发放调查问卷等，支持幼儿的科学探究活动，满足幼儿的探究需求。

3. 选择能够激发幼儿想象力的海洋绘本，同时题材需要贴近生活，易于经验迁移，有科学探究价值。比如无字绘本《海底的秘密》，可以给幼儿留出想象和进一步探究的空间，拓宽幼儿的思维，激发幼儿主动探究海洋科学的奥秘。下表是我园海洋科学活动实践中的海洋绘本投放目录。

表 6-4　不同年龄段投放的不同种类的海洋科学绘本

分类标准	大班	中班	小班
海洋生物类	《鲸鲨》 《海边遇见有趣的科学》	《海底100层的房子》 《海边的动物》 《蓝子鱼和海藻》 《海葵大家庭》	《大海里我最大》 《珊瑚王国》 《你好，大海》 《鱼妈妈》 《魔法夜光书·海洋寻宝》
海洋技术类	《海底大探险》 《这就是航母》 《向海洋出发》	《灯船》	
海洋自然现象类	《海底的秘密》 《揭秘海洋》 《大堡礁》	《神奇的海底世界》 《奇妙的海洋王国》 《大海的起点》	《蓝色大海的奥秘》
海洋生态环境及污染	《蓝鲸》 《海洋居民大会》 《海洋护卫队》 《我想去看海》 《我想养一条蓝鲸》	《爱的约定》 《海浪》 《一只海龟的旅程》	《大海生病了》

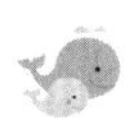

二、海洋科学课程的内容

《纲要（试行）》指出，幼儿园教育要综合健康、语言、社会、科学、艺术各领域的教育内容，教育活动的组织形式应根据需要合理安排，因时、因地、因内容、因材料灵活地运用。因此，我园开展海洋科学课程的形式丰富多样，包括海洋游戏日、集体教学活动、社会实践活动、海洋绘本等。

（一）沉浸游戏中的科学教育

《指南》中明确指出“游戏是幼儿园的基本活动”。我园海洋科学课程与游戏相结合，在一定程度上冲破了狭隘的课程观。游戏精神渗透于幼儿一日活动的理念体现了一种以儿童为中心，以游戏为主要教育形式的课程理念。为给幼儿提供充足的游戏探究时间，深入开展海洋科学游戏活动，我园提出了沉浸式游戏的理念：幼儿在游戏中专注、自主，能进行深度学习。

表 6–5　不同种类的沉浸游戏的关键经验

游戏类型	游戏主题	游戏材料	关键经验
建构游戏	《海边木栈道》 《海上的船》 《海上的桥》（栈桥、贝壳桥、跨海大桥等）	积木、奶粉桶、泡沫砖、纸盒、纸板、易拉罐、雪花片等材料	能够通过观察、比较与分析，发现并描述不同形状积木的特征，发现其异同，能用数字、图画、图表绘制图纸并记录
角色游戏	《热闹的渔港码头》 《逛海鲜市场》 《海鲜大排档》	各种海鲜（贝壳、海螺、成品海带等），露营装备，各种颜色的色素等	常见的海产品，能注意并发现周围的海产品是多种多样的，察觉到外形特征、结构与功能、习性之间的关系，感知生活中经常食用的海产品的加工方式

续表

游戏类型	游戏主题	游戏材料	关键经验
表演游戏	《小飞鱼大冒险》 《小海螺和大鲸鱼》 《海底一百层的房子》 《大海里我最大》	海洋绘本中的服装、头饰、道具	增强对海洋生物的兴趣、好奇心和探究欲望；萌发热爱海洋、保护海洋生态环境的情感
沙水游戏	《拯救海洋动物》 《海底城堡》 《海上的帆》 《船儿跑得快》	沙水池、铲子、小桶、海洋生物模型、引水管道	认识自然物的性质；区别冷热、多少、深浅等不同的概念；感受建立容量、容积以及守恒等概念
科学探究活动	《海水制盐》 《海底潜望镜》 《贝壳的秘密》 《神奇的海洋动物标本》 《各种各样的海带》	各种贝壳、海螺的实物，各种桥的模型，动物标本，放大镜，潜望镜，自制的各种船，海水制成的盐，以及海洋挖掘机模型，各种海洋仪器设备、渔网	了解探究活动现象背后的海洋科学原理；通过直接感知、亲身体验和实际操作进行海洋科学学习，激发探究兴趣，体验探究过程的快乐

下面以典型的探究性游戏——沙水游戏为例，说明沉浸式游戏中如何渗透科学教育。

高宏在幼儿园区角的创设研究中认为，幼儿在沙水区可以认识自然物的性质，可以在沙水游戏中区别冷热、多少、深浅等不同的概念，沙水区可以满足幼儿好动和摆弄物体的愿望，激发探索精神[84]。王晓燕则认为幼儿用不同的容器舀水、倒水、灌水、洒水，可以在操作实验中感受建立容量、容积以及守恒等概念，提高动手、观察、比较能力[85]。

对幼儿而言，海洋、波浪、河流、池塘和积水等本身就是游戏的场域。在游戏过程中，教师可以通过设置情境，引导幼儿通过思考、交流、合作来共同解决

84　高宏，韩雪梅，魏娜．幼儿园教育活动设计［M］．哈尔滨工业大学出版社，2014.

85　王晓燕．玩水之乐寓教于乐［J］．教育教学论坛，2015.

游戏过程中碰到的各种难题，在这个过程中既锻炼幼儿的思考能力与创造能力，又培养了幼儿的探究能力。通过引导幼儿进行自由探索和操作，从而积累科学经验和感性认识，在感性认识的基础上形成一定的形象思维，获得相关的数学和科学认知，建立正确的科学前概念，有利于形成对事物本质的正确认识，为将来进一步学习数学及科学知识奠定必要的基础。

表 6-6　沙水游戏的关键科学经验

活动名称	适合年龄段	主要活动环节	涉及数学经验	涉及科学经验
堆城堡	中班 大班	规划建构城堡的方案；讨论建构城堡的具体分工；运用沙水游戏的技能进行堆建，如用小水桶、铲子、砌刀及各种城堡模具将湿沙子堆成想象中的城堡，从上向下用小刀或者其他工具将沙堡修剪成想要的形状	大小、高低、立体和平面几何、空间方位等	力、力矩、重力、粘合力等
挖水渠	中班 大班	设计河道布局，挖不同长度、形状、深浅的河道，向河道运水	长短、宽窄、深浅、直线曲线等	沙和水的物理特性、力等
海洋动物救援行动	小、中、大班	通过观察、触摸、抓握等感知沙的特性，使用不同的玩沙工具运送沙	多少、薄厚、深浅、空满、轻重等	力、物质状态、位移、速度、能量、能量守恒等

（二）海洋主题科学课程

主题课程园本化是《纲要》颁布实施以来重要的课程改革内容，经过近十年的探索，我园将五大领域教育内容与海洋资源相融合，构建了海洋特色鲜明的科学课程体系，海洋主题科学课程主要有以下内容。

1. 区域活动

提供海洋特色材料，内容指向知海、爱海、护海意识的培养。比如科学区活动大班的“海水制盐”，中班的“海底潜望镜”和小班的“贝壳的秘密”，引导幼儿了解海洋的秘密；美工区手工制作“贝壳风铃”、水墨画“美丽的海底世界”、拓印“大王乌贼来了”等，表现海洋艺术美；阅读区提供海洋绘本，丰富幼儿对海洋的认知；搭建区搭建灯塔、船舶、栈桥等，深度了解海边建筑的特点和作用。

2. 海洋环境隐性课程

首先创设海洋科学元素的环境，其次投放与海洋相关的操作材料。比如潜望镜、自制的船、海水制成的盐，以及海洋挖掘机模型，各种海洋仪器设备、渔网等，为幼儿海洋科学探究活动提供物质保障。

3. 以海洋为主题的科学集体活动

我园每学期根据大中小三个年龄段幼儿的年龄特点和兴趣需要，开展适合的海洋科学集体教育活动，主题活动开展中的内容与海洋紧密相关。例如，在大班“潮涨潮落”活动中，大班的幼儿对于海洋知识有一定的了解，知道涨潮、退潮的现象，但对潮汐现象的产生原因并不了解，教师通过集体教学活动，利用图片、视频等多媒体技术，帮助幼儿了解潮涨潮落的原因及其与人们生活的关系。

表 6–7　主题中海洋科学教育内容

主题	次主题	活动名称	海洋科学教育内容
海边真有趣	1. 海边玩 2. 沙水乐 3. 贝壳美	去海边	知道大海的颜色、海水的味道等，观察海边的环境，了解海边玩耍的安全事项
		鱼宝宝笑了	知道乱扔垃圾给海洋环境及海洋生物造成的危害，树立保护大海的意识
		帮水宝宝搬家	感知海水流动的特性，探究用不同的方式搬运海水
		看看、摸摸小贝壳	感知贝壳光滑和粗糙的不同特点，观察贝壳在水中的沉浮现象
我爱家乡	1. 风光美 2. 美食多 3. 家乡好	家乡的路	感知家乡的路的丰富性，了解海底隧道、跨海大桥、木栈道的基本结构和功能
		船儿向前行	探索可以让船只产生动力向前行进的方法以及影响其行进速度的因素
		小海鲜的聚会	观察、了解壳类小海鲜的外形特征以及它们的生活习性

续表

主题	次主题	活动名称	海洋科学教育内容
我家住在大海边	1. 海边的事 2. 海底的谜 3. 海上的帆	潮涨潮落	了解潮涨潮落产生的原因及其与人们生活的关系
		海底探秘	在阳光照射下海水深浅与海水颜色变化的关系
		海洋生物种类多	按照鱼类、贝类、藻类对海洋生物进行分类；认识海洋生物的名称、主要特征和生活习性
		潜艇秘密多	了解潜水艇下沉、上浮的原理，能用塑料瓶探索潜水艇的沉浮原理，知道潜水艇水舱是仿照鱼鳔创造发明的，初步感知仿生学原理
		海水的妙用	知道淡水资源匮乏的现状，初步了解海水综合利用的相关知识

（三）海洋科技节庆课程

为满足幼儿的好奇心及探究欲，我园依托海洋资源，每年秋季开展海洋科学节庆活动——海洋科技节。海洋科技节中，我园注重利用参观实践、动手操作、亲身体验等方式，让幼儿在探究中建立对事物持久的兴趣，形成喜欢寻找答案的良好品质。

一是注重走进大自然进行体验感知、观察探究，如：带领孩子赶海，了解螃蟹、贝壳的种类形态、生长的环境，然后收集生活中常见的贝壳，比较不同。二是参观前湾港、码头，了解各种各样的船；参观海军公园和海军博物馆，初步感受祖国的强大，产生民族自豪感。三是注重开展生活中的海洋科学探究活动。引导家长在家和孩子探索身边的海洋科学，用生活中的物品做海洋科学小实验，发现海洋科学小秘密。

表 6-8　我园“海洋科技节”计划

活动内容	活动目标	活动形式
海洋科学实验小课堂	1. 了解实验步骤以及现象背后的海洋科学原理。 2. 通过亲身体验和实际操作进行海洋科学探究，激发幼儿探究兴趣，体验探究过程的快乐。	园级
海洋知识竞赛	1. 普及海洋知识，宣传海洋意识，弘扬海洋生态文明。 2. 营造知海、爱海、护海的氛围。	班级
亲子海洋科学小实验	1. 调动家长在海洋科学课程中参与的积极性。 2. 提高家长在科学教育方面的能力。	班级
海洋科学家长进课堂	1. 形成良好的海洋科学教育氛围和教育合力。 2. 提高海洋科学活动内容的丰富性、趣味性。	班级、园级
海洋社会实践活动	探究发现海洋科学在生活中的应用，拓宽幼儿对海洋科学的认知。	班级、级部
海洋科普大讲堂	1. 利用社会资源，丰富的海洋科学教育活动。 2. 了解海洋科学知识，探究海洋科学奥秘。	园级
海洋科学手工制作	1. 培养幼儿的海洋科学素养以及满足幼儿的科学探索欲望。 2. 学会使用一些实验器材和工具，并会用不同的方法进行操作。	班级
海洋科学画展	展现中国的海洋科学，传播中国海洋科学发展状态及价值观。	园级
“STEM 游戏”成果发布会	1. 培养幼儿的工程思维和数学思维。 2. 培养幼儿的语言表达能力以及逻辑思维能力。	班级、园级

1. 班级科学实验小课堂

在班级中，各班利用下午个性化学习时间（下午 3 点开始，小班 20 分钟，中班 25 分钟，大班 30 分钟），开展班级内的海洋科学小实验展示活动。参加展

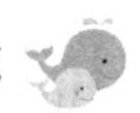

示活动的幼儿需要做以下准备：第一，家长协助幼儿选择海洋主题的小实验，在实际操作中观察探究，熟悉实验材料和步骤；第二，幼儿自主报名，由家长在班级群内接龙，教师确定参与活动的幼儿人数；第三，幼儿将实验材料准备好，在活动当天带到幼儿园。鉴于不同年龄幼儿独自完成实验是有差异的，所以展示形式分为线上和线下，需要家长协助的幼儿可提前录制视频，能自主完成的幼儿可以在班级里现场操作，最终根据幼儿投票结果选出“最佳人气奖”“我是海洋实验家”等奖项，激发幼儿参与海洋科学探究的积极性。

2. 海洋科学知识竞赛

海洋科学知识竞赛是一个面向幼儿和老师普及海洋知识、培养海洋意识、弘扬海洋生态文明的平台。在“海洋科技节”期间，我园会组织海洋知识竞赛活动。知识竞赛面向全体幼儿，根据不同年龄段幼儿的发展水平，选择适宜的海洋知识作为竞赛内容。

（1）班级初选

在老师和家长的共同引导下，幼儿掌握一定储备量的海洋科学知识，班级幼儿先进行比赛，根据实际情况，每班分别选出 4 名幼儿参加园级比赛。

（2）园级决赛

幼儿根据年龄段按组别进行比赛。比赛开始前，主持人老师介绍竞赛规则并请各班参赛幼儿进行自我介绍。决赛阶段每位幼儿答题 5 次，题目随机生成，分必答、抢答、游戏判断三大类型。

每组派出 1 名幼儿抽签，确定班级必答题的题目组别。幼儿在轻松愉悦的知识游戏中接受挑战，体会社会规则。每个环节记录员公平、公正且认真地记录下各组的得分情况。

抢答环节每组派出 1 名幼儿按铃并举手获得回答问题的机会，获得机会后由本组的队友回答题目。幼儿的手速快、思想高度集中，队友间也默契十足，啦啦队更是跃跃欲试，将竞赛活动推向高潮。

判断环节主要以游戏的方式考验幼儿的海洋科学知识储备量、思维判断能力，幼儿根据主持人的问题迅速做出判断。

随着游戏判断环节的结束，竞赛活动结果也随之而出，根据参赛幼儿得分情况确定最终班级排名（如得分相同，用时短者居前）。比赛共设一等奖、二等奖、三等奖，优秀指导教师、优秀组织奖若干；按组别各设“海洋知识小达人”15 人、“海洋之星”10 人，每名参赛幼儿都有奖励，保证幼儿探索积极性。

3. 海洋亲子科学小实验

海洋科学小实验是一种融操作性、思考性、变化性、趣味性于一体的活动，它能最大限度地激发幼儿对科学活动的兴趣，能够满足幼儿的科学探索欲望。为了充分满足幼儿对身边事物和现象的认识兴趣和探究欲望，我园充分调动家长在海洋科学课程中的参与积极性。“海洋科技节”期间，在班级、幼儿园两个层面开展亲子海洋科学小实验活动，实验均来自于幼儿的实际生活，其中海洋类的亲子小实验所占比例为 41% 以上。

亲子海洋科学小实验的特点是邀请家长参与到课程活动中，利用海洋资源，与幼儿共同体验探究过程。不仅能够及时满足幼儿的探究欲望，也加深了家长对于幼儿海洋科学教育的认识，促进家长和幼儿进行互动与共同研究，提高家长在科学教育方面的能力。

表 6–9　亲子海洋科学小实验

实验名称	实验原理
潜水海马	当塑料瓶受到挤压，吸管口所受压强增大，使更多的水进入吸管（管内空气压强也增大）。此时，吸管和其中的水以及曲别针的总重量大于浮力，因此下沉。当松开手，吸管受到的压强变小，管内空气将部分水排出来，此时浮力大于吸管和其中的水以及曲别针的总重量，所以就会浮上来
杯中海底世界	这次实验与密度有关，因为它们的密度大小为水 > 色素 > 油，所以一开始色素会浮在油和水中间的夹层中。加入盐后，部分盐溶解在色素中，色素密度增大，快速下沉到水中溶解。加入一大勺盐之后，盐在水中快速溶解扩散，带动色素运动，看上去就好像是海水在翻涌一样，就形成了美丽的杯中海底世界

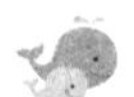

续表

实验名称	实验原理
海洋之心	本实验中，水、酒精、油，这三种物质的密度大小排序为水>油>酒精。油的密度在水和酒精之间，所以油像一颗宝石一样，悬浮在水和酒精之间，形成美丽的“海洋之心”效果
水中火山喷火	作为火山的锥形瓶中装的是热水，烧杯中装的是冷水。热水温度高，分子间运动更加剧烈，密度更小。当打开塞子时，密度更小的热水上涌，就产生了我们看到的“火山喷发”现象
水变蓝了	扩散是物质从高密度区域向低密度区域转移，直到均匀分布的现象。盐水密度比色素大，所以能看到色素悬浮在盐水上，一段时间后才慢慢扩散。 同理，蜂蜜的密度比水大，所以当一勺蜂蜜放入水中时，就以较快的速度向密度更低的水中扩散。而如果是一勺水放入一杯蜂蜜中，水的密度比蜂蜜小，则很难扩散开来

4. 海洋科学家长讲堂

为了形成良好的海洋科学教育氛围和教育合力，我园充分利用家长的职业优势，开展关于海洋科学主题的家长进课堂活动。活动由班级教师组织，面向班级全体幼儿。活动开展之前，各班会成立“海洋科学小分队”，通常由 5~8 名家长志愿者组成，每周 1 次，教师和家长共同制订活动计划，商定海洋科学的相关主题内容，确定活动具体时间。

授课的家长来自不同的行业，有前湾港、黄岛油库、海军博物馆、贝壳馆、中国海洋大学……这些行业多与海洋作业相关，不一样的老师，不一样的课堂，“家长老师”精心准备，幼儿会获得不一样的体验。

5. 海洋科学实践活动

依托本土资源和家园合作，组织赶海、挽留海鸥、保护海洋等实践活动，走进青岛极地海洋世界、海底世界，亲身体验，感知大海的秘密；绘制海洋科学的宣传画，向身边的人宣传海洋科学知识；组织研学活动，参观前湾港、黄岛油库、贝壳馆、海军公园，在实践中探究发现海洋科学在生活中的应用，丰富幼儿的海洋科学认知。

6. 海洋科普讲堂

为引领师幼在与海洋的对话中了解海洋科学知识，探究海洋科学奥秘，在全园范围内营造良好的海洋科学探究氛围，每年“海洋科技节”期间，我园会邀请海洋大学、海洋研究所、明月海藻集团等专家教授，为老师和幼儿开展海洋科学主题的科普大讲堂，内容包括海洋科学知识、海洋科学技术、海洋资源、海洋生态等。

7. 海洋科学制作

帆船、轮船、渔船等船舶用途不同，结构不同，蕴含丰富的科学知识。班级结合幼儿年龄特点，通过亲子制作、幼儿独立完成的形式，加深幼儿对各种各样的船的认识，激发幼儿对船舰进一步探究的兴趣。

表 6–10　海洋科学手工制作的种类

分类	名称	分类	名称
交通工具	潜水艇	想象类	海洋泡泡器
	不会沉的汽船		海底的房子
	前湾港的货车		海底的汽车
	跨海大桥		海洋垃圾打捞器

8. 海洋科学画展

海洋科学画展是幼儿表达自己对海洋科学认识和理解的形式之一。作品涉及海洋自然风光、海洋生物科学、古船模等不同元素，展现幼儿对于海洋的喜爱，用艺术赋能海洋科学，以艺术手段展现中国海洋科学，传播中国海洋科学发展状态及价值观。每年海洋科学画展会设置专门的展览区域，展出作品 200 多幅，展览时间持续一周以上，宣传海洋文化、科技等。

9.“STEM 游戏”成果发布会

基于 STEM 教育理念，我园以班级为单位开展 STEM 游戏研究，教师及时捕捉幼儿的兴趣点，支持幼儿开展 STEM 游戏活动。如大班的“海水制盐”“海水淡化器”，中班的“前湾港货车”“海上垃圾打捞器”，小班的“喂海鸥”等活

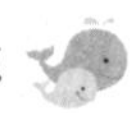

动。幼儿园也会组织全园性的海洋科学展示平台——“STEM 游戏”成果发布会。“海洋科技节”期间，我园会组织园级“STEM 游戏”成果发布会，各班将学期研究的海洋科学成果进行展示，由参与的幼儿代表上台展示，并且在全园范围内进行投票，最终选出第一名、第二名和第三名，既是对幼儿积极探索的鼓励，又激发了更多幼儿参与到 STEM 游戏中。

第三节　海洋科学课程的实施

课程实施是一个计划好的课程被教师执行的过程，是一个体现某种目的的课程在实践中运用的过程。[86] 我园海洋科学课程的实施基于儿童视角，以幼儿的兴趣为立足点，整合家园社教育资源，让家长和社区加入其中，以打造“海洋科学实验角”“海洋科学体验馆”、开展“三步走”集体科学教育活动、提供海洋科学展示平台为实施路径，将海洋科学课程转化为幼儿的经验，实现海洋科学课程目标。

一、开展“三步走”集体科学教育活动

海洋科学集体教学活动是教师根据幼儿认知发展的水平和幼儿海洋科学教育的目标与任务，有目的、有计划地选择和设计海洋科学教育的内容，提供探索材料，并指导幼儿共同参与的一种活动。

我园的海洋科学集体教学活动，内容源于幼儿对海洋的兴趣，贴近幼儿的实际生活，实施过程通过“三步走”，引导幼儿自主探究。

（一）灵活适宜的导入

导入要简洁，直切主题。科学活动中主要有两种导入方式，现象操作类可直

86　Snyder, J., Bolin，F. & Zumwalt, K.（1992）.Curriculum Implementation.InP.W.Jackson（ed.）: Handbook of Researchon Curriculum.Chart.15.NewYork:Macmillan Publishing Company.

接介绍材料，明确问题；认知类可以以课前调查的方式呈现。

（二）自主探究的过程

教师要根据活动目标为幼儿提供多次探究的材料，引导幼儿有目的地进行操作和探究。探究的材料要明确、有针对性和代表性，教师在幼儿操作探究材料时要进行巡回指导。活动过程要层层深入，每个环节都直指教学目标，体现幼儿在前和幼儿的自主学习。如大班科学认知类活动“各种各样的桥”，提前让幼儿进行问卷调查，储备一定的知识经验。在了解跨海大桥的特点及功能时，先请幼儿观察跨海大桥的模型，感知桥上、桥下不同部位的特点，描述设计的原因，从而更好地理解跨海大桥的功能。

（三）回归生活的延伸

活动最终要回归幼儿的生活。在活动延伸环节，要将活动内容与幼儿的生活进行链接，使其在幼儿生活中可用。

二、创设班级“海洋科学实验角”

（一）活动支持互动和探究

实验工具、主题确定、布局等由幼儿决定，教师予以补充，环境与幼儿之间产生一定的互动，简单的墙面记录板、问题收集表等都是行之有效的形式。

（二）环境注入海洋元素

海洋科学实验角的创设，从墙面的整体结构、幼儿的探究兴趣、实验的操作流程出发，根据幼儿不同发展阶段特点和探究水平，进行调整、规划，增强墙面与幼儿的互动性，提高幼儿对操作实验的最终经验总结和建构。在墙面规划中，增添一定的海洋元素，结合我园“三个一”的创设基调，营造海洋氛围。

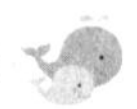

（三）材料投放有层次可操作

海洋科学实验材料的投放具有目的性、层次性和操作性。如大班可以投放天平、滴管、量杯等专业的实验材料，小班阶段可投放纸、手电筒等简单、易操作的材料。材料的选择尽可能是幼儿生活中常见的、经常接触到的，以便幼儿在操作材料过程中更好地建构经验。与此同时，材料需要进行动态更新，随着课程主题的变化，科学实验角的材料也随之进行更新。

三、打造“海洋科学体验馆”

（一）内容安排重视自主探究

海洋科学体验馆有不同主题的探索区域，分成四大区域（亲身体验区、陈列观察区、材料自选区以及探索操作区）、两大主题（自由探索与重点研究），每个区域的布置都紧紧围绕各自的活动主题，既独立又相互关联，满足幼儿探索需求。

（二）空间设计重视灵活多变

为了满足幼儿活动的需求，幼儿园在空间设计上进行了多方面的考究。柜子和桌子都是灵活可变动的，既可以随便组合又可以拆分到不同区域，各个区域之间动静交织，功能划分展现出灵活性、多变性。

（三）材料提供重视层次衔接

海洋科学体验馆提供高结构和低结构的材料，涉及的科学知识有物质科学、地球科学、海洋科学、科学与技术四大领域，涉及磁、声、电、光、力、空气等内容。科学材料的投放分类如下。

1. 小班

（1）自然科学

基本材料：成品盆花，易生长的栽培类（牵牛花、鸡冠花、太阳花），瓶泡类（萝卜、白菜头、蒜、土豆等），种子发芽实验，饲养（乌龟、鱼、蜗牛、蝌蚪、蚕），动植物标本（蚕的生长过程，蝴蝶、花、叶子、种子等标本）。

辅助材料：幼儿出游收集的石头、贝壳、丰收的果实、粮食作物、蔬菜等。

（2）操作材料

传声玩具、回声玩具、声控玩具、凹凸透镜、万花筒、平面镜、哈哈镜、摩擦生热玩具、热传递玩具、静电玩具、电动玩具、磁性玩具、重力玩具、惯性玩具、浮力玩具等。

2. 中班

（1）自然科学

基本材料：海洋标本类（海星、贝壳、珊瑚等标本）；种植观赏成品（植物标本、种子画、种子发芽各种花卉等）；观察根茎类（姜、土豆、葱头等）；果实类（核桃、花生、苹果、南瓜、玉米、绿豆等）；劳动工具（喷壶、水杯）；动物饲养类（乌龟、蜗牛、蚕、蝌蚪等）；昆虫标本类（瓢虫、蚂蚁、蝴蝶等标本）。

辅助材料：观察盒、放大镜、小木棒、动物模型、记录表、动植物或星空画册、土壤、沙子、石头等。

（2）操作材料

（小班的基础之上添加）水的三态变化玩具、液体计时器、玩具滑道、震动玩具、气球、降落伞、纸风车、风速仪、望远镜、月亮的变化和四季星座图片、溶解实验材料等。

3. 大班

（1）自然科学

基本材料：海洋标本类、种植观赏成品、根茎类、果实类、动物饲养类、昆虫标本类、各类种子、种植劳动工具、种植观察记录表。

辅助材料：自制测量工具、地球仪、观察盒、放大镜、小木棒、动物模型、记录表、动植物模型或星空画册、土壤、沙子、石头等。

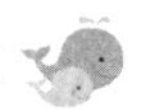

（2）操作材料

（中班的基础之上添加）潜望镜、遥控玩具、磁接玩具、磁铁、齿轮传动玩具、去锈实验、溶解实验、火山爆发实验等。

四、整合家园社协作式教育资源

幼儿园的海洋科学课程资源如影随形，以空间为划分依据，海洋科学课程资源可以分为家庭资源、幼儿园资源、社区资源。为了让活动开展得更加丰富多彩，我园有效地整合了幼儿园、家庭、社区等多方资源，共同创造良好的条件，促进幼儿在活动中成长。

（一）幼儿园提供主要资源

海洋科学课程实施的主体，幼儿园内的资源包括幼儿教师、教材、玩教具及大环境等，它们都是不可或缺的重要资源。

教师相当于一个丰富多元的课程活资源，所拥有的儿童观、教育观、自身素养以及教育思想等都能在课程实施过程中发挥效用。

（二）家庭丰富资源利用

家庭资源涵盖了家庭中的植物、动物，家长的职业经历、阅历，家庭科技藏书，等等。

1. 家庭现有资源的利用。引导家长有效利用家庭中已有的生活、物质、设施等资源，支持幼儿在日常生活中的自主探究。家庭中有各种各样的海洋图书资源，如《蓝鲸》《撅嘴巴的大头鱼》《揭秘海洋》等。教师开展科学教育活动的过程中，鼓励并支持幼儿广泛地浏览图书，查找资料，收集信息并归纳汇总。家庭图书资源的有效利用，让幼儿获取更多认知。

2. 家庭人力资源的利用。主要有两种途径，一是请时间充裕的家长前往幼儿园做科学活动的志愿者；二是鼓励并支持家长运用业余时间和幼儿共同参与到亲子科学活动中，例如游览参观、社会实践、家长进课堂等。

（三）社区提供拓展性资源

王志明在《幼儿园科学教育》一书中，对社会资源下了定义，认为其是幼儿所处地区及其周遭地区中能被用于科学教育的自然环境、所有物力、人力以及社会组织。像贝壳博物馆、海底世界、海藻馆等，这类社会资源可以给幼儿陈列、采集、展示多元化的与海洋现象、海洋生物相关的科学内容，比方说各类海洋植物、动物的标本、实物，以供幼儿观察、参观。像前湾港、科技馆等，这类社会资源可以给幼儿提供、展示现代化的与机械、科技相关的科学技术，供幼儿观察和操作。

第四节　海洋生态文化下的 STEM 游戏

STEM 教育的整合性、探究性、操作性等与海洋生态文化的核心理念和园本课程非常契合，相辅相成。基于“海洋生态文化”的 STEM 游戏研究，寻求从海洋素养提升、海洋科学探究为依托的 STEM 游戏模式，把幼儿园海洋生态文化理念与 STEM 教育理念相融合，积极探索 STEM 游戏在幼儿园这一特定领域里的实施和运用，形成我园“海洋生态”文化背景下的大中小班 STEM 游戏优秀活动案例，幼儿园海洋生态文化目标得到落实。

一、海洋生态文化下的 STEM 游戏理念

在幼儿园海洋生态文化文化建设探索下，我园生成的游戏既有海洋生态文化的要素和内容，又有 STEM 教育跨领域、要素齐全的特质。游戏全过程落实《指南》关注幼儿学习与发展的整体性，注重领域之间、目标之间的相互渗透与整合的要求，指向培养具有海洋科学素养的幼儿。

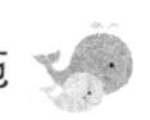

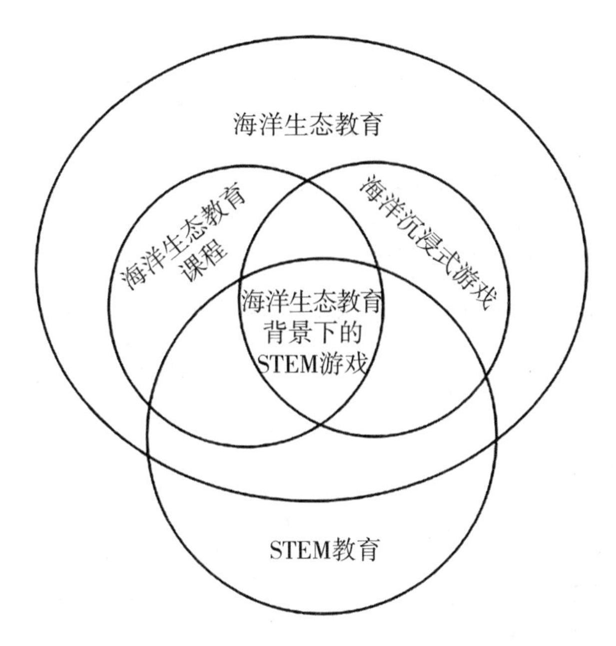

图 6-3 基于海洋生态文化的 STEM 游戏理念来源

“领域深度融合，海洋特色鲜明”的 STEM 游戏理念，有三个层面的意涵。

（一）STEM 游戏理念表层解读

表层：强调“海洋生态文化”“STEM 教育”“沉浸式游戏”三者的融合，即游戏来源于海洋生态文化的实践、绘本阅读、一日生活等，游戏的过程运用了 STEM 教育的特点（领域整合、团队协作、多向思维、实践推进），并体现了沉浸式的游戏状态和教师游戏意识的指引。

（二）STEM 游戏理念中层解读

中层：强调科学、技术、工程和数学的融合，强调游戏精神和科学精神的融合。

（三）STEM 游戏理念核心层解读

核心层：以 STEM 游戏为手段启蒙幼儿海洋科学素养，为“海洋强国”战略创新人才培养奠基。

二、海洋生态文化下的 STEM 游戏的内容

（一）STEM 游戏的资源体系

海洋文化引领下的“STEM 游戏”关注幼儿一日生活，关注幼儿正在经历的一日生活，敏感捕捉生活中、课程实施中、实践中萌发的问题，有效挖掘利用了各类海洋资源，建立了“四库两平台”的游戏资源体系。

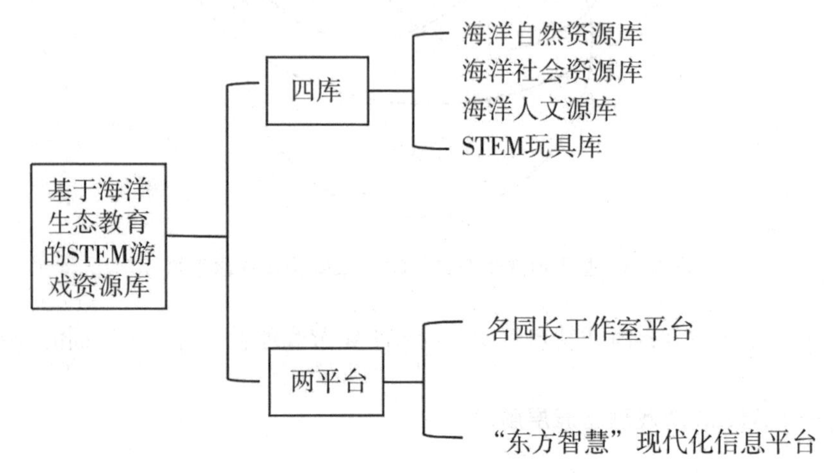

图 6-4　基于海洋生态文化的 STEM 游戏资源库

“四库”指的是海洋自然资源库、海洋社会资源库、海洋人文资源库（图 6-5）和 STEM 玩具库（表 6-11）。“两平台”，一是名园长工作室，以市、区名园长工作室为载体，通过交流分析、案例研讨、资源共享、结对共研等方式，对内挖潜，对外借力，不断深化游戏研究；二是“东方智慧”现代化信息平台，设计问卷，让每个家长参与资源的收集、整理，参与游戏评价，进一步理解海洋生态文化理念下的 STEM 游戏内涵。

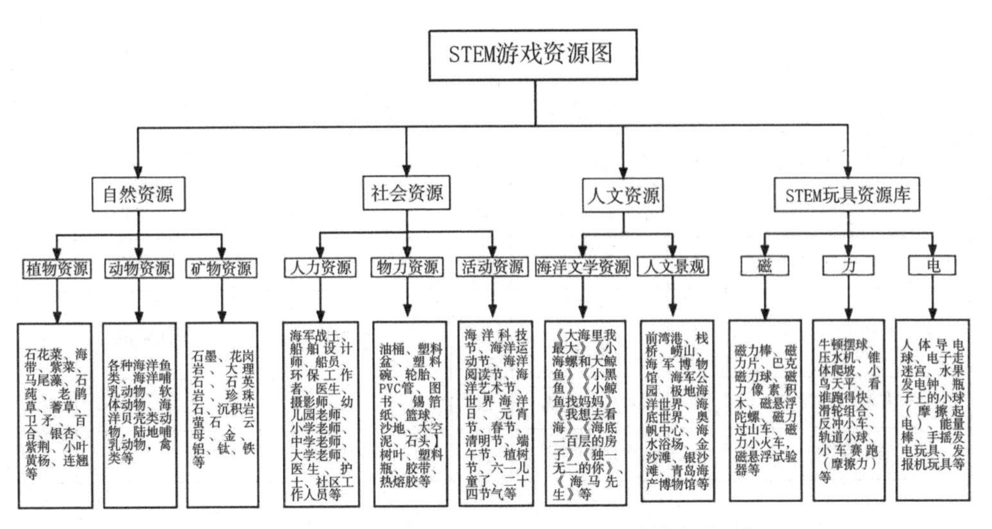

图 6–5　基于海洋生态文化的 STEM 游戏资源图

表 6–11　STEM 玩教具资源库

管道类		坡道类		锁扣类		其他	
名称	数量	名称	数量	名称	数量	名称	数量
创想磁墙磁板组合	2	2*2 数形板	20	2 孔积木（原木）	500	固定风机	2
PVC 带磁半圆管 600	8	2*3 数形板	20	2 孔积木（炭烤）	500	移动风机	2
PVC 带磁半圆管 400	20	2*5 数形板	12	4 孔积木（原木）	50	风环	4
PVC 带磁半圆管 200	40	3*5 数形板	12	4 孔积木（炭烤）	50	收纳容器	60
带磁小圆环	40	三角形支架	20	6 孔积木（原木）	50	丝巾	4 套
带磁大圆环	20	正方形支架	20	6 孔积木（炭烤）	50	羽毛（软）	4 套
带磁圆转角	20	圆形支架	20	安全帽	12	羽毛（硬）	4 套
PVC 带磁圆管道	12	PVC 长管道	10	动物玩偶类	40	气球 + 打气筒	120
亚克力带磁圆管道	12	PVC 短管道	10	植物模型	40	锥形杯	10
长直筒连接	16	转角连接管	8	车辆	40	乒乓球	10
转角连接管	20	木质斜坡 300	20	人物模型	40	海洋球	8 套
内连接管	20	木质斜坡 600	20	STEAN 游戏材料指导手册	2	扇子	10
外连接管	20	木质斜坡 900	20	操作技能图卡	2	跳伞兵	8

续表

管道类		坡道类		锁扣类		其他	
PVC 不带磁圆管	8	木质斜坡 1200	20			风帆本	8
亚克力不带磁粗圆管	8	小木球	40			二边支脚	4
亚克力不带磁细圆管（短）	4	大木球	40			粗孔筛网	4
亚克力不带磁细圆管（长）	4	中空积木（炭烤）	20			中孔筛网	4
不带磁塑料软管	8	积木砖（炭烤）	20			细孔筛网	4
带磁挡板	40	积木块（炭烤）	20				

（二）STEM 游戏的游戏案例

浸润海洋生态文化：幼儿园创设了“童趣、灵动、自然”的海洋生态文化理念环境，生成了海洋主题课程，设计组织了海洋节庆、节日课程。多维度探究海洋的过程中，生成了符合大中小班不同年龄发展特点的、难易有梯度的系列游戏（图 6–6）。

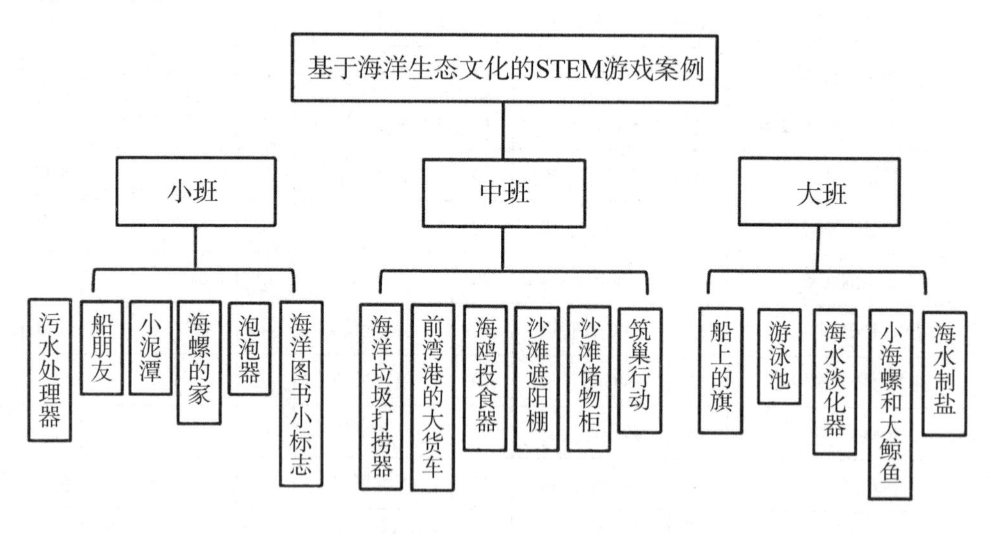

图 6–6　基于海洋生态文化的 STEM 游戏典型案例

目前海洋素养有七条核心原则，我园注重向幼儿传递“我园与海洋息息相关”“海洋支持者极具多样性的生命和生态系统”价值取向。幼儿知道海洋能为

人类提供很多的食物、食盐，海水能发电，还知道人乱扔垃圾危害海洋生物，人的捕杀使得很多海洋生物濒临灭绝，每个人都应该保护海洋。在STEM游戏中，幼儿也把如何获取海洋资源、如何保护海洋作为重要的生成点。

比如获取海洋资源的案例《海水淡化器》：海水为什么这么咸？是因为里面有盐吗？如果能把海水变成淡水，是不是就能节约水资源啦？围绕这些问题，幼儿开始了一场制作海水淡化器的STEM游戏之旅。

三、海洋生态文化下的STEM游戏的组织策略

问题意识的培养是“一二三五”STEM游戏组织策略的核心。游戏中，幼儿向生活发问，向绘本发问，向实践发问。问题既是游戏生发点，又是游戏过程的推动点，因此STEM游戏是提出问题、实际操作、反复调整的过程，幼儿提出问题、讨论问题、解决问题的思维力、动手力、协作力等都得以提高，海洋科学素养得以培养。

“一二三五”STEM游戏组织策略：一个导向，两条根本线，三个活动层面，五个游戏步骤。

（一）一个问题导向生成游戏

一个导向就是问题导向：游戏过程以幼儿的问题为生成点，并在解决问题的过程中不断发现新问题，解决新问题，直到游戏目标达成，以此培养幼儿问题意识和不断追问的思维习惯。

（二）两条问题解决路线明暗相交

以幼儿提出和解决问题为明线，指向幼儿在游戏中的表现和发展；以教师的引导和支持为暗线，指向海洋科学素养的培养。

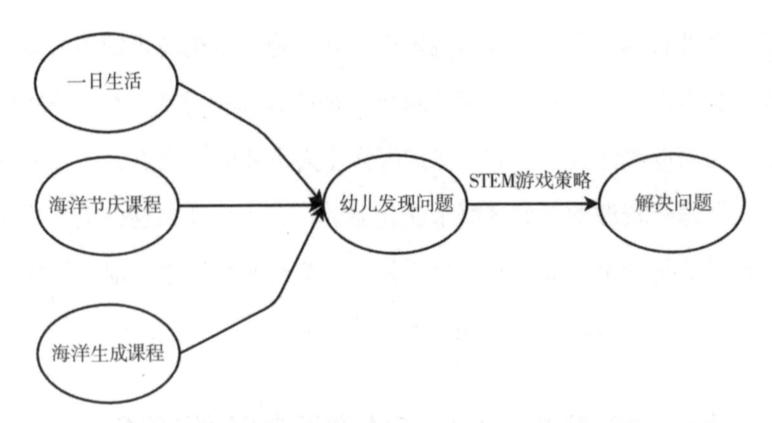

图 6–7　基于海洋生态文化的 STEM 游戏开展明线

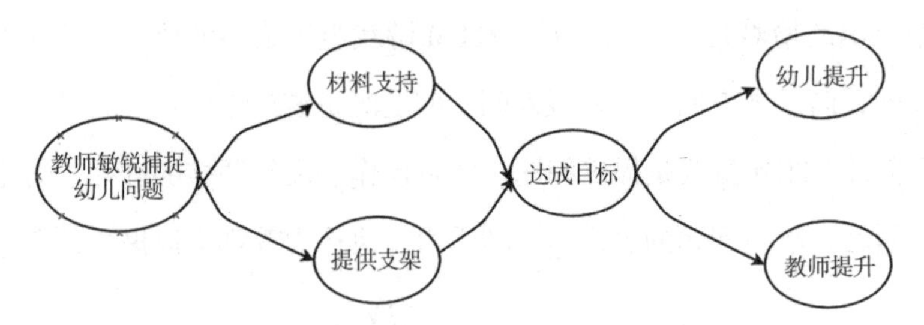

图 6–8　基于海洋生态文化的 STEM 游戏开展暗线

（三）三类活动充实游戏内容

表 6–12　三个活动层面的案例

案例来源	绘本类	生活类	实践类
数量	10	12	10
游戏案例名称	1. 海鸥投食器 2. 拯救斯巴达克——海上垃圾打捞器 3. 海螺的家 4. 我们的船朋友 5. 乌龟孵蛋器 6. 小海螺与大鲸鱼 7. 海草房 8. 游泳池 9. 跨海大桥 10. 鲸鱼的歌	1. 自制海水淡化器 2. 筑巢行动 3. 小泥潭，大乐趣 4. 我给蜗牛建个家 5. 海洋图书小标志 6. 污水处理器 7. 沙滩储物柜 8. 水上跳台 9. 防晒连体衣 10. 自动喂鱼器 11. 前湾港吊桥 12. 可升降沙滩遮阳伞	1. 海水制盐 2. 海上的旗 3. 前湾港的大货车 4. 蛤蜊养殖器 5. 海边野餐帐篷 6. 海边烧烤架 7. 潜水艇 8. 海上冲浪板 9. 泡泡器 10. 沙滩野餐凳

来源于幼儿生活的问题，解决生活中的实际问题；来源于海洋实践活动的问题，产出制作物；来源于绘本的问题，培养幼儿的海洋素养。

（四）五个步骤全纳游戏过程

1. 问题引发，生成游戏。以一日生活、海洋生态文化实践、绘本阅读中幼儿的问题为出发点，生成游戏。

2. 自主探究，解决问题。引导幼儿自主探究，尝试多种手段解决问题。

3. 协作交流，产出成果。通过同伴合作、师幼交流、家园协作等手段解决问题，产出制作物。

4. 应用生活，螺旋上升。将制作物应用于生活，在生活中发现新问题，解决新问题，如此循环螺旋上升。

5. 达成目标，反思提升。最终达成目标，教师在反思中，提升组织 STEM 游戏的能力。

如在“前湾港的大货车”游戏中，幼儿在参观前湾港的过程中，发现了很多的大货车，能装很多的东西，有幼儿就联想到从幼儿园往家拿被子的场景，老师都会费很大的力气将被子放到户外，如果能有这样一辆像集装箱一样能装东西的大车就好了。幼儿按照自己的想法做出大货车之后，开始在实际生活中检验大货车能不能运货。幼儿用大货车来运被子，通过解决“运被子”中产生的各种各样的问题，不断升级大货车的设计和结构，直到成功运输被子。

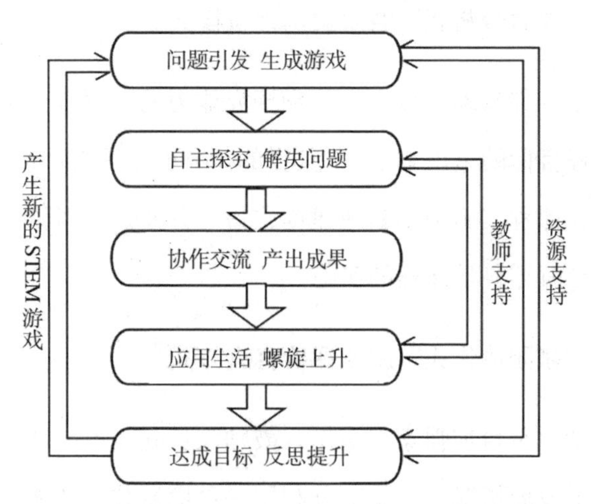

图 6–9　基于海洋生态文化的 STEM 游戏开展的五步基本流程

四、海洋生态文化下的STEM游戏的评价模式

《幼儿园保育教育质量评估指南》中指出，要“支持幼儿探究、试错、重复等行为，与幼儿一起分享游戏经验”，“支持和拓展每一个幼儿的学习”。基于此，我园海洋科学课程的评价注重“三个发展”，即幼儿全面发展、可持续发展、终身发展，有效利用“一讲二析三协作”，即互动分享——讲问题与发现、要素分析——优化评价指标、家园协作——开展海洋科学教育活动研究的立体化评价模式，贯穿活动实施的全过程。

（一）形成聚焦过程的“互动分享式”评价策略

海洋科学课程实施过程是相互作用且相互联系的，幼儿更是会与同伴、教师、环境、突发事件等发生多重互动，而互动分享的过程就是推动活动深入实施的进程。在每一次活动前（中、后），幼幼、师幼都会进行互动分享。一是幼幼互动分享。幼儿在游戏前聚焦问题、大胆协商、明确任务；在游戏中共同实践、寻找答案；在游戏后整合收获、反思与建议。二是师幼互动分享。教师全程参与幼儿的活动，观察幼儿在活动中行为，根据幼儿活动需要及时协助复盘关键问题，在分享交流时，与幼儿高效互动，引导幼儿抓住关键经验，并提升经验。

（二）形成“要素分析式”游戏案例评价模式

包括海洋科学探究兴趣、探究体验和探究能力的“要素分析式”评价方式是指向海洋科学课程目标的呈现和落实。其目的一方面是提升师幼的海洋基本素养，让海洋科学认知在课程实施中不断地建构，另一方面是紧抓科学领域课程的核心要点，更好地指导海洋科学课程的实施。

（三）促成“家园协作式”游戏评价育人方式

充分用好智慧化平台加强家园协作，鼓励家长共同参与评价过程并能真实直观地了解评价水平发展情况。一是充分利用平台信息共享功能，上传幼儿活动观

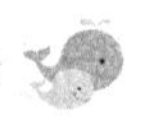

察记录等典型案例，请家长共同补充填写，根据平台里的等级界定，判断发展水平，提出下一步的家园支持策略；二是充分利用平台信息收集功能，活动开展前幼儿已有丰富经验，活动中各类材料的收集与提供，游戏后进行研究数据的梳理与评析等都需要家长的参与。

图 6–10　智慧化平台幼儿游戏观察记录与评价

附录

附录一：大班科学认知活动

大班科学认知活动：各种各样的桥

活动目标

1. 认识各种各样的桥，知道桥的建造材料等特点。

2. 知道桥的作用，初步了解桥的发展史和几个中国著名的桥梁。

3. 对桥梁感兴趣，知道桥是人类智慧的结晶，感受科学发展的进步。

活动准备

1.经验准备：请幼儿与家长一起事先调查各种各样的桥，丰富桥的相关经验。

2. 物质准备：《各种各样的桥》课件；4 种桥的立体模型（立交桥、石拱桥、吊桥、跨海大桥）；4 套操作板，桥和场景的图片。

活动过程

（一）活动导入——观看“青岛桥梁”的宣传片，引导幼儿初步感知各种各样的桥，了解桥的建造材料等特点。

1. 播放青岛桥梁的视频并提问：你认识这些桥吗？它是用什么材料做成的？

小结：桥是一种架在水上或空中方便通行的建筑，贝壳桥和跨海大桥都是用钢筋混凝土做成的。

2. 出示 4 种桥的图片，引导幼儿观察交流桥的建造材料等特点。

提问：你还认识哪些桥？你知道这些桥是用什么材料建造而成的吗？

小结：不同的桥用到的建造材料也不相同：石拱桥是用石头做成的，吊桥是用木头做成的，而立交桥和跨海大桥则是用钢筋混凝土建成的。

（二）自主探究——出示立体模型及操作板，引导幼儿进一步感知各种各样的桥，了解桥的不同结构及其作用。

1. 出示 4 种桥梁的立体模型，引导幼儿探索发现桥梁的其他外部特征，了解桥的作用。

提问：除了材料不同之外，你还观察到了桥梁的哪些特征？有什么不同？是用来做什么的？

小结：不同桥梁的作用是不同的，有用来跨越江河的，走人、车，拉货；还有架在路口的立交桥，可以缓解交通压力；还有的桥已成为现代城市的漂亮建筑。

2. 出示 4 种不同的场景，引导幼儿操作并讨论，进一步认识桥的作用。

提问：4 个地方现在都需要建造一座桥梁，什么样的桥梁更适合，为什么？

小结：不同的地点对桥梁的要求不同，所以选择的桥梁也不尽相同。横渡大海需要长度最长的跨海大桥；跨过小河需要石拱桥，方便桥下船只的通行；

在高高的峡谷则需要建造吊桥；在拥挤的城市，避免堵车，方便通行，则需要建造立交桥。

（三）拓展延伸，回归生活——呈现桥梁发展史视频，了解几个中国著名桥梁，激发幼儿的自豪感。

1. 幼儿观看“中国桥”视频，了解桥的发展史。

提问：看完视频之后，你的心里有什么感受？

小结：随着科学技术的发展，桥的材料越来越坚固，形态越来越高大、多样，让人们的生活更加方便快捷。现在，我们的祖国日渐强大，中国桥梁建设在全世界都很有名，创造了很多了不起的桥梁，这些都是我们中国人智慧的结晶。

2. 出示图片，介绍中国的“桥之最”。

提问：你们知道中国有哪些著名的桥梁吗？

小结：中国有世界最长、世界最高、世界最古老的桥，非常了不起。

3. 欣赏世界著名桥梁图片，引导幼儿进一步丰富对桥的认识，激发幼儿设计桥梁的兴趣和愿望。

提问：除了中国的桥梁，你还知道世界上有哪些著名的桥梁吗？

小结：世界著名桥梁有美国的金山大桥、英国的伦敦桥、日本的明石海峡大桥等，各有特色。

请幼儿围绕“如果你是桥梁建筑师，你想为祖国设计一座什么样的桥梁？”的话题展开畅想。

附录二：STEM 游戏案例

STEM 游戏案例：《自制海水淡化器》

一、活动背景

蓝蓝的大海，金黄的沙滩……家住海边的二幼娃最喜欢和爸爸妈妈一起去海边赶海、踏浪了。大海给幼儿带来诸多乐趣，也有很多秘密吸引着幼儿去探究和发现。

周一早上，笑妍赶海带回来的一只小螃蟹引起了幼儿的围观，她对值日生成成说：“给小螃蟹换水时一定要加我带的那个瓶子里的海水！”成成很不解：“为什么？我帮小金鱼换水的时候都是用水龙头里的水啊。”两人的对话引发了大家的讨论：“小螃蟹是生活在大海里的，它喝海水，不能放在淡水里！”“那海水和我们平时用的水有什么不一样啊？”“当然不一样！上次爸爸妈妈带我去海边游泳的时候，不小心呛了一口，海水好咸啊！”“不光咸，还又苦又涩，所以海水不能喝也不能用。”“太可惜了，海水那么多，怎么才能让海水变成淡水给我们用呢？”“是啊，想个办法，要是能把海水变成淡水就好了！”

怎样做才能让海水变得不咸？大家想到要制作一个淡化海水的装置，节约淡水资源。围绕问题展开系列活动，一场 STEM 游戏之旅开始啦！

二、活动内容与过程实录

（一）海水如何能变淡水——信息收集

活动开展前我们进行谈话，经过交流，发现孩子虽然对淡化海水的游戏兴趣浓厚，但对海水淡化的过程和原因却了解很少。为了更好地开展游戏，我园开展了“海水淡化大调查”，从“你能想到什么办法淡化海水？”和“用什么工具淡化海水？”从两个问题入手，通过网上查找资料、亲子调查，邀请懂污水处理的爸爸进课堂等方式来丰富幼儿的经验。很快幼儿将自己的收获带回分享，一起探索海水淡化的秘密。

道儒调查分享了蒸馏机的工作原理：“高温加热后出来的水非常纯净，我们要做的海水淡化器也可以采用一样的方法。”欣冉提到：“我们得用火加热把水煮干净！”佳轩说：“我们也可以用非常高级的过滤器过滤，把海水里的盐过滤出来。”

通过分享讨论，幼儿获得了一致的结果和经验：海水咸是因为里面有很多盐，想要淡化海水，需要把盐拿走，把淡水收集起来。海水经过高温后蒸发出

来的小水滴是比较纯净的水，可以供我们浇花或者拖地等。

策略支持：

幼儿的经验是推动游戏发展的重要支持。幼儿对海水淡化的兴趣非常浓厚，自主生成游戏活动。但在生活中，幼儿少有机会接触到海水淡化器，对海水淡化的原理也不甚了解，教师通过发放调查问卷、家长进课堂等方式，鼓励幼儿多种方式、多种渠道收集海水淡化相关信息，自主寻找问题答案，为接下来的游戏发展提供重要的经验。

（二）设计海水淡化器——绘制、确定计划图

了解了海水淡化的基本原理之后，幼儿又查阅了很多大型海水淡化机器。将丰富的经验迁移到游戏中，幼儿开始绘制设计图，大家都认为自己的设计是最棒的，最终决定采用投票的方法选择最好的设计。

子睿说："我设计的机器可以让淡水流向一根管子里，晒出来的盐流向另一个管子里，大家可以试试我的办法。"道儒说道："在温室屋顶加上太阳能板，收集太阳光照到锅上，让锅变热，海水就变成水蒸气了。"元元说："我的机器很简单，不需要管子，只要用火把盆子里的水烧开，冒出的热气成了小水滴，流出来以后就是可以浇花的水啦！"考虑到现有材料和制作难度等因素，幼儿们决定使用元元的设计。甄琪提出问题："可是我们幼儿园没有火，水不热怎么办呢？"用锅煮的方法不能实现，幼儿再次优化讨论修改设计，采用太阳晒的方式代替火，最终版的设计终于定稿了。

策略支持：

从游戏讨论过程可以看出，幼儿主动思考，根据游戏需要随时调整计划，思辨能力较强，与同伴积极协商探讨，找到问题点，并能联系实际情况建立问题与方法的合理连接。如：对于投票选中的设计图，有人提出自己的想法"幼儿园没有火怎么办？"从而引发小组讨论修改设计图，充分体现了本次游戏当中幼儿的自主性与积极思考。

（三）海水淡化器 1.0——动手制作海水淡化器模型

根据设计图，幼儿寻找合适的材料如塑料瓶、塑料杯、塑料碗、蛋糕托等能装水的容器，并找来石头、胶带等辅助材料进行制作。

1. 制作底座

文鹤选择了塑料碗和塑料杯，他将两个容器重叠放在一起比较，说："这个杯子太高了，需要切割，和这个小碗一样高。"欣冉反驳："这样水就流不进去了，应该切得低一点儿！"但在切割的过程中俊成发现了新的问题：成品塑料杯太脆了，切割反复失败。幼儿更换了比较硬的塑料瓶。

2. 组装材料

组装过程中，幼儿发现塑料瓶会漂浮在装满海水的塑料碗中，这该怎么办？梓梦从美工区找了两块鹅卵石，夹在瓶子中间固定，但还是不牢固。欣冉想到用胶带固定的办法，但放在海水里的胶带显然是松动脱落的，幼儿向老师求助，请商老师用做手工常用的胶枪固定了石头。

3. 保鲜膜"盖"

淡化器的底座完成了，用什么当盖呢？元元说："我们班的小仓库里有锅盖，可是它太大了，水会漏出来。"道儒小朋友看到老师盖水果的保鲜膜，便和大伙提议："这个东西不错，就用保鲜膜吧！"他的建议得到伙伴的一致认可。

4. 改造下压集水装置

幼儿将保鲜膜小心翼翼地封在塑料碗旁边，按照设计图将小石头轻轻地放在保鲜膜上，又重又锋利的小石头慢慢地划破塑料膜掉入碗里。大家很惊慌："哎呀！石头这个尖把保鲜膜划破了，要不然改用卫生纸团吧！"笑妍团好卫生纸放在盖上，但卫生纸的重量太轻，保鲜膜不往下压，没法集水。幼儿在材料仓库尝试用纽扣、松塔、毛绒小球、方块积木等材料，但都失败了。这时欣然想到："我们在做小风铃的时候会把小石头包在太空泥里，小石头被包住了就不会划破保鲜膜了！"用这个方法再次尝试，保鲜膜没有破损，微微下沉，海水淡化器模型制作成功！幼儿开心地倒上海水放到阳光底下，等待蒸发出来

的淡水。

策略支持：

淡化器装置的组建过程体现了幼儿以探究为核心的工程创造能力，也体现了幼儿敏锐的观察力与强大的合作能力。从底座的制作到覆膜组装，再到包裹锋利小石头的下压集水，孩子的游戏过程不顺利，但他们没有放弃，在宽松、自由、愉快的氛围中进行多次尝试，找出解决方案。在最后的制作过程中，幼儿已经能在同伴讨论下提出自己的观点、推测，讨论可能的解决办法，并与他人合作。最终幼儿不断思考，1.0 版本海水淡化器最终完成，在这其中 STEM 诸领域的发展自然交汇。

（四）海水淡化器 2.0——穿上银衣服的大盆

幼儿将淡化器放在太阳底下晒了一天，但收集的海水很少。幼儿疑惑地拿着小塑料盆回到教室。大家坐下来分析原因：一是盆子太小，二是温度不够高。梓梦提出自己的意见：“小塑料碗太小了，装的海水很少，所以收集的水就更少，我们用孙老师洗毛巾用的大盆装海水吧，那个装得多！”文鹤提出：“那大盆里面盛水的小碗也应该更大，才能装下更多的淡水。”

为了解决温度不够的问题，佳轩想出了一个新的办法：“我妈妈每次做鸡翅的时候会在外面包上银色锡箔纸，这样会很热很热！”第二天他从家里拿来锡箔纸，包在大盆的外面，期待收集到更多的淡水。幼儿们兴奋地拿到太阳底下再次尝试，但这次收集的水竟然比前一次更少。

策略支持：

自主游戏是孩子积极主动的活动过程，也是幼儿兴趣需要得到满足、充分创造的过程，幼儿积极联系生活经验，有效迁移，显示出较高的游戏水平。虽然一开始老师就预见了这次的失败，但没有制止，也没有将答案告诉他们，而是引导他们带着问题在熟悉的环境中发现和探究，继续鼓励幼儿操作、试误，引导幼儿在自主游戏中找到最佳方案。

（五）海水淡化器 3.0——改进成功的装置与宣传推广

塑料盆和锡箔纸组合的失败让幼儿非常失望，一时间大家不知道该怎么办了。这时老师提问："到底什么盆子合适呢？是越大的盆子就越好吗？"关键问题的提出让幼儿对装海水的容器材料重新思考。大家重新讨论起来，浚涵："除了塑料盆，还有什么盆子？铁盆，碗？"俊成："铁盆子好，平时奶奶做好饭，我帮他们端菜，奶奶从来不让我碰铁盆子，怕烫着我，肯定是很热！"笑妍补充："是呢，夏天的时候铁栏杆被晒得很烫，我根本都不敢摸，应该换成铁盆子！"梓梦说："夏天穿黑色衣服觉得很热，那我们把塑料盆子涂成黑色，肯定也会很热，收集到更多的水！"幼儿拿着更新的材料再次尝试，果然改良后的装置收集到了一小半碗的淡水，他们成功了！

装置成功让大家很高兴，虽然量少，但幼儿会用一滴滴汇集而成的淡水给多肉植物浇水。在幼儿园 STEM 成果发布会上，梓梦、笑妍、欣冉、文鹤作为代表，面向全园的幼儿推荐了这款简单实用的海水淡化装置，倡导伙伴们一起节约用水，得到大家的多枚"圆点好评"，大三班的海水淡化器被评为全场最具创意奖！

策略支持：

《指南》指出，幼儿的科学学习是在探究具体事物和解决实际问题中，尝试发现事物间的异同和联系的过程。本次游戏探究中，教师充分利用自然和实际生活机会引导幼儿通过观察、比较、操作、试验等方法学习发现问题、分析问题、解决问题。

幼儿经过多次尝试，已经达到了大班年龄段"跳高"的水平，也感受到了探索过程的乐趣。面对一次次的失败，幼儿虽然失望但不放弃，找出原因继续探索，直至成功。最后制作出海水淡化器后进行宣传并将其推广到整个幼儿园，将这种环保的理念运用到实际，解决了海水难利用的难题。整个游戏过程，不仅带给了幼儿愉悦的情感体验，科学品质的发展，更是学习品质、社会交往、不怕困难、创新思维各方面的成长，为终身学习奠基。

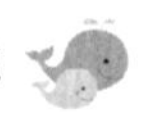

附录三：幼儿眼中的海洋科学课程

说说我的海洋科学小问号

泽湜：为什么章鱼有八条腿？

玎玎：为什么小鱼生出来的宝宝不是小鱼形状的呢？

朵朵：叔叔们是怎么建海底隧道的？

如意：海洋里为什么没有树？

彤彤：为什么鱼没有腿？

硕硕：为什么海洋里也会有石油？

大宝：家里的乌龟天天不吃饭仍长得很好，为什么我要天天吃饭？

附录四：家长眼中的海洋科学课程

小问号让我们“动起手来”

“问号”是开启任何一门科学的钥匙，就像我们的孩子，整天追在屁股后面，问这问那，其实这就是孩子好奇心的表现或者说是一种探究的本能。作为家长，我有很多不称职的地方，当孩子产生疑问时，有时候没能及时解答，有时候会一带而过，有时候又不知道如何跟孩子解释，最后造成的结果是孩子错误地理解问题，更严重的是渐渐地失去了探究的欲望，归根结底还是我们没有同孩子产生真正且有效的互动。二幼的海洋科学课程中丰富的活动内容给了我反思和改进的机会。

在海洋科技节活动中，我们和孩子打算共同完成一个科学小实验。我们做了两个预选，一个是鸡蛋浮起来，另外一个就是全息投影。首先说一下全息投影，当时做这个实验的初衷是，让孩子认识量角器、三角板，了解什么叫作对称，还有就是光的折射。但是我们发现实验相对较复杂，孩子操作起来比较困难，有的时候试着试着孩子就放弃了。我们跟班级老师沟通，老师建议我们要考虑孩子的兴趣和能力水平。在询问过孩子的意见之后，我们决定放弃这个实验。

怎么让鸡蛋浮起来？玎玎听到这个问题显得有些兴奋，实验就在他的迫不及待下开始了。我们准备两个量杯，分别是水和盐，玎玎问妈妈："这些都是什么呀？"我说："你自己尝尝。"玎玎就真的去尝了一口，尝了之后的小表情太逗了，这时候孩子对这个实验产生了浓厚兴趣，全然不似之前的颓态。然后他把鸡蛋放到盛好水的杯里发现鸡蛋沉底了，然后我们一点点地把盐加到水中，用筷子搅拌均匀，鸡蛋就真的慢慢浮出了水面。他迫不及待地问："为什么？为什么？"这时候我们就给他解释鸡蛋浮起来的原理。孩子亲身操作、感知现象的变化，在听原理的时候也不觉得无聊，反而和我们一来一往地聊了起来。在后续的活动中，我发现玎玎每次都充满了好奇，而且兴趣高涨，侃侃而谈。

通过这次互动，孩子提高了动手能力、语言表达能力，就连我们也得到再次学习的机会。《指南》中指出，幼儿科学的核心是激发探究欲望、培养探究能力。我们家长要善于发现和保护幼儿的好奇心，充分利用自然和实际生活中的机会，引导幼儿通过观察、比较、操作、实验等方法，学会发现问题、分析问题和解决问题，并运用到新的学习活动中，形成受益终身的学习方法和能力。

——楷昕家长

第七章 海洋运动课程体系及实施

浪花 [87]

浪花家在哪？
家在大海中。
浪花几时开？
请你去问风。
浪花什么色？
朵朵白如云。
浪花开多少？
千千万万朵。

幼儿园运动课程的积极开展，有利于幼儿的体能发展，帮助幼儿形成坚强勇敢、活泼自信的性格。幼儿园海洋运动课程有助于培养勇于挑战、不怕困难、团结合作的良好品质。

87 http://lgpxx.wjedu.net/static/6774/20101222/366997.jhtml.

第一节　海洋运动课程的内涵及目标

《指南》中指出："健康是人在身体、心理和社会适应方面的良好状态。幼儿阶段是儿童身体发育和机能发展极为迅速的时期，发育良好的身体、愉快的情绪、强健的体质、协调的动作、良好的生活习惯和基本的生活能力是幼儿身心健康的重要标志，也是其他领域学习与发展的基础。"幼儿园运动课程的积极开展，能促进幼儿全面健康成长。

一、幼儿海洋运动课程的内涵

（一）幼儿运动课程的内涵

幼儿园阶段是幼儿各项能力发展的初始时期，运动课程是以培养幼儿运动意识、运动思维、运动能力为主要倾向的课程，以不同运动的灵活展开、不同侧重的能力训练为媒介助力幼儿身体素质的不断提升，为幼儿日后的健康成长夯实身体素质基础。[88]

（二）幼儿海洋运动课程的内涵

幼儿园海洋运动课程是在幼儿园海洋生态文化背景下，充分利用本土的海洋资源，在幼儿园创设幼儿熟知的海洋环境，如海滨公园、轮渡码头、前湾港、金沙滩啤酒城、银沙滩彩虹桥等场所，运用幼儿熟悉的海洋生物的形象及特点，设计融趣味性、情境性、游戏化于一体的综合性海洋运动游戏。海洋运动课程具有快乐、挑战、兼容多样等特点，满足小、中、大班三个年龄段幼儿年龄特点和动作发展水平，巧妙地将走、跑、跳、抛接、投掷、平衡等动作技能融入其中，旨

88　陈华英．以幼儿园运动课程建设促进幼儿身体素质发展［J］．亚太教，2023（11）．

在通过丰富多彩的体育游戏活动，充分调动幼儿参与体育活动的积极性，培养幼儿不怕困难、团结合作、勇往直前的优秀品质，增进亲子关系，增强家园合力。

二、海洋运动课程的目标

《纲要》指出：运动兴趣的培养是幼儿园体育活动的总目标和工作方向。幼儿的运动兴趣是指："积极认识探究或参与体育运动的一种心理倾向，这种心理倾向包括运动的倾向性、稳定性、广泛性、有效性等。"[89]我园从场地的划分、教师的组织、材料的运用等方面培养幼儿的运动兴趣。

另外，运动并不是无目的地跑、跳、爬、追，而是以一种教育活动的形式呈现出来，并有目标地开展。运动课程对于幼儿动作发展而言，是最直接、最有效的方法。海洋运动课程在开展中以培养幼儿运动兴趣为总目标，在培养幼儿各项动作发展的同时，培养幼儿乐观、坚强、合作的学习品质，使其体验成功的快乐，挑战自我的满足感。

（一）海洋运动课程目标设计原则

1. 全面性与整体性的原则

《幼儿园工作规程》（2016）（以下简称《规程》）指出幼儿园的教育是"德、智、体、美等方面发展的教育，促进幼儿身心和谐发展"。我园设计运动课程目标时遵循全面性与整体性原则。例如，在设计海洋运动目标时，一方面是对幼儿各项技能与能力等多方面提出的教育目标，另一方面还要考虑运动对心理健康的影响等。

2. 连续性与一致性的原则

连续性体现在各个年龄阶段的目标相互衔接，以及幼儿运动能力发展的渐进性与连续性；一致性体现在每个年龄阶段目标与最近发展区之间相互协调一致。

89　陈艳．幼儿运动兴趣的培养对策［J］．福建教育，2021.

3. 可行性与可接受性原则

《规程》中指出：教育活动内容应当根据教育目标、幼儿实际水平和兴趣确定，以循序渐进为原则，有计划地选择和组织。在设计目标时，首先考虑的是幼儿的年龄特点和我园幼儿的发展特点，还有幼儿对活动的接受能力。只有从幼儿的实际水平出发，设计目标才具有可行性。

（二）海洋运动课程目标

1. 了解海洋动物的运动方式，能模仿其动作，萌发运动兴趣。

2. 积极主动参与各项运动活动，增强肢体协调性，提高身体素质，养成日常运动的习惯。

3. 克服运动中的各种困难，形成坚强、勇敢、不怕困难、坚韧不拔、独立自信的意志品质。

4. 在运动中愿意互助合作、主动、乐观，养成活泼开朗的良好个性，拥有安全感和归属感。

5. 遵守运动规则，公平竞争，具有规则意识，萌发公平意识。

6. 在运动中注意卫生、安全，有良好的运动卫生和安全意识，学会认知活动中的危险，懂得避免危险的方法，提高自我保护意识和能力。

7. 家长愿意参与运动活动，加强亲子之间的情感交流，增强师幼、家园之间的沟通交流。

第二节　海洋运动课程内容

《规程》指出："积极开展适合幼儿的体育活动，每日户外体育活动不得少于两小时。加强冬季锻炼，要充分利用日光、空气、水等自然因素以及本地自然环境，有计划地锻炼幼儿机体，增强其身体的适应能力和抵抗能力。"因此，幼儿园在海洋生态课程理念的指引下，基于运动核心经验，在每日两小时的体育活

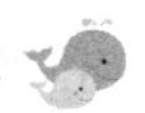

动时间，开展各项户外运动，不断探索与调整运动课程中促进幼儿发展的着眼点、生长点，深化与优化运动课程，让幼儿获得身体、心理、情绪、社会性等方面的全面发展。

图 7-1　海洋运动课程内容体系

一、幼儿园八大运动课程体系

我园结合海洋生态文化，根据走、跑、跳、投掷、钻、爬、攀登、平衡八项运动技能与海洋动物的特点，开展了形式多样的海洋运动课程。本着遵循幼儿身心发展规律的原则，让幼儿沉浸在运动的快乐中。

（一）走的运动课程

幼儿时期是学习走的重要阶段，走的姿势和能力对幼儿今后的运动能力、生活技能以及社会交往等方面具有重大的意义。幼儿园走的运动课程主要是增强幼儿肌肉力量，改善其足弓结构，能长时间地徒步行走；培养幼儿的空间定位能力，使其动作准确、协调且具有表现力。幼儿园利用集体活动、入离园、饭后散步的时间，开展不同形式的走的活动，小班以向指定方向走为主，关注走路姿势；中班能听信号有节奏走、变速走或换方向走，上下肢协调性不断提升；大班能够协调地蹲着走、侧步行走、倒走，走路的动作自然放松、平衡协调。

表 7–1　走的运动课程

项目	年龄特点	发展目标	课程名称
小班	小班幼儿能初步控制走路方向，但步幅小、不稳定；摆臂幅度小，上下肢不够协调；东张西望、注意力易分散，节奏性差，保持队形差。	1. 能沿地面直线或在较窄的低矮物体上走一段距离。 2. 能一个跟着一个走，走成一个大圆圈。 3. 学习向指定方向走，在一定的范围内四散走。 4. 能双脚灵活交替上下楼梯。 5. 能行走 1000 米左右（可适当停歇）。	跳跳鱼运水果（走梅花桩等小路） 章鱼爬坡（斜坡走） 海狮运球（托物走） 找小鱼（按照规定方向走） 小企鹅排队走（练习一个跟着一个走）
中班	中班幼儿身体协调性不断发展，上下肢协调性不断提升；喜欢听信号作出反应或设置障碍物等有挑战性地走。	1. 能上下肢协调走，步调放开、均匀，摆臂自然协调，姿态端正。 2. 能听信号有节奏走、变速走或换方向走、一对一对整齐走。 3. 能跨过障碍物走。 4. 能连续行走 1500 米以上。	海马挑水（挑担走） 小飞鱼向前冲（变换手臂动作走） 企鹅赶路（下蹲走） 小丑鱼历险记（听口令进行急走急停的动作） 听声音找朋友（根据信号辨别方位走） 推小车（双臂支撑行走）
大班	自然放松、平衡协调，能听信号左右分队走；一对一对整齐地走。	1. 协调地蹲着走、侧步行走等,锻炼腿部和腰部力量。 2. 与同伴协商合作游戏，发展其团队合作能力。	快乐的小螃蟹（侧步行走） 皮皮虾竞走（下蹲走） 两人三足（与同伴协商喊口号，节奏、脚步统一）

（二）跑的运动课程

跑步可以提高幼儿心肺功能，锻炼幼儿的耐力，使其保持心情愉悦；此外，跑步对幼儿睡眠以及饮食质量也具有很大的帮助。幼儿园跑的课程以发展幼儿身体素质和基本能力为目的，同时关注幼儿跑步运动中的常见问题，如：手肘弯曲了吗？手臂摆动和腿部的运动是否协调？在快速跑时能否及时地进行躲闪？在幼

儿跑步时，我园会根据孩子的运动量控制跑步的时间，用多样化、趣味性的方式来进行跑的游戏活动，过程中关注跑步的姿势、速度，提醒幼儿掌握正确的呼吸方法。

表 7-2　跑的运动课程

项目	年龄特点	发展目标	课程名称
小班	小班幼儿跑步稳定性较好，但碰到地面凹凸不平时容易摔倒；直线跑不容易跑直，跑动中改变方向的调节能力比较弱。	1. 自然跑：上体正直、双脚交替自然地跑。 2.变化跑：向指定方向跑。 3. 走、跑交替：走、跑交替 100 米。 4. 追逐跑：在指定范围四散跑、追逐跑。	大步走、小步走（走跑交替） 小乌龟找妈妈（指定方向跑） 小虾快跑（快速跑） 抓鱼（四散跑、追逐跑）
中班	中班幼儿的行动比小班时更加灵活，身体各个部位都能较好地协调活动；走路的方式也和大人近似，快走和停步都可自如控制；会单脚向前跳，会翻跟头；会跑步、跳远和立定跳远；运动机能进一步发展，不仅可以做全身运动，而且可以做较细腻的动作。	1. 自然跑：按节奏上下肢协调地跑。 2. 听信号变速跑。 3. 走、跑交替：走、跑交替 200 米。 4. 追逐跑：在一定范围内四散跑、追逐跑。 5. 快速跑：快跑 20 米。 6. 持物快跑：单手持物，另一只手臂前后自然摆动的动作。	送信（迅速往返跑） 造房子（持物快跑） 和泡泡做游戏（四散跑） 好玩的报纸（快速追逐、躲闪跑）
大班	大班幼儿身体动作更为灵敏，身体各部分关节的调节能力较强，体能充沛；身体协调，步频加快，动作流畅，跑的动作技能发展已经具备成人跑步动作的初步形态，跑动时控制身体的能力有很大发展。	1. 快跑：快速奔跑 25 米。 2. 跨障碍跑：跨过障碍物跑，绕“S”形障碍跑。 3. 往返跑：10 米往返跑。 4. 躲闪跑：听口令灵活躲闪。 5. 追逐跑：在指定范围四散跑、追逐跑。 6. 接力跑：递接棒，迎面接力跑。 7. 走跑交替：走跑交替 300 米。	和小海龟赛跑（快跑） 小海鸥找食（往返跑） 小鱼与珊瑚（走跑交替） 小海狮跑跑跑（接力跑） 夺旗比赛（跨、绕障碍跑） 聪明的小海豚（追逐跑、四散跑） 小丑鱼躲猫猫（躲闪跑）

（三）跳的运动课程

幼儿通过弹跳可以增强身体的灵敏性，发展弹跳力。我园在跳的运动课程中紧抓幼儿的敏感期，围绕各年龄阶段的发展目标，开展了一系列关于跳的运动课程。通过游戏的方式促进幼儿跳跃动作的发展，增强弹跳能力，促进视觉运动能力的发展。我园利用户外活动和晨间活动的时间，开展不同形式的跳的活动，如：小班的双脚跳，能够身体平衡地连续向前跳；中班的单脚跳，能连续跳 5 米左右；大班的跨跳、不同方向地跳，以练习跳皮筋、跳绳为主。

表 7–3　跳的运动课程

项目	年龄特点	发展目标	课程名称
小班	小班幼儿已经能够双脚跳起，但蹬地力量小，动作的协调性较差，弹跳力小，跳得低；手臂的摆动和脚的蹬伸配合不好；脚落地时沉重，不会屈膝缓冲；在做跳跃动作时，不会将重心前移。	1. 身体平衡地双脚连续向前跳。 2. 能单脚连续向前跳 2 米左右。 3. 轻松自然地双脚同时向上跳。 4. 能从 25 厘米高处自然跳下。	龟兔赛跑（双脚行进跳） 海虾向前冲（双脚向上纵跳） 海豚跳水（从 15~25 厘米高处往下跳） 越过小水洼（双脚跳、单脚连续向前跳）
中班	跳跃能力有所发展，双脚同时起跳的能力进一步增强。在跳的过程中有蹬地的意识。	1. 能够原地纵跳触物。 2. 能够单脚跳 5 米左右。 3. 能够双脚交替跳。 4. 能够立定跳远。	跳过浅水湾（跨跳间距不少于 40 厘米） 海狮顶球（原地向上跳 20~30 厘米）
大班	跳跃能力发展，起跳时用力蹬地意识明显增强，手臂摆动与腿部蹬伸配合逐渐协调，但落地时较重。	1. 能够直线两侧行进跳。 2. 能够向前、后、左、右变换跳。 3. 能够转身跳。 4. 助跑跨跳或跳过一定高度。 5. 能够跳绳、跳皮筋。 6. 能够向前连续跳 8 米左右。	快乐的小海虾（变换方向跳、转圈跳、跳箱） 海狮跳绳（跳绳、跳皮筋、跳大绳） 皮皮虾向前冲（助跑跨跳）

（四）投掷的运动课程

投掷是用手和手臂一起完成的动作，可以锻炼幼儿的双臂和肩部的肌肉，同时又促进幼儿手眼协调能力的发展。我园在开展这类活动时，根据幼儿的发展目标，设计了一系列递进性的活动，并结合海洋生物的特点，创设海洋情境，增强幼儿参与活动的兴趣，促进幼儿投掷水平的发展。利用餐后散步、体育活动等方式发展幼儿投掷的能力。小班借助沙包、纸球进行双手向前投掷；中班单手挥臂进行投掷；大班投准活动目标，可以进行套圈活动。

表 7–4 投掷的运动课程

项目	年龄特点	发展目标	课程名称
小班	在投掷时动作僵硬，身体协调能力差，大小臂之间的角度略小于90度，将投掷物放在优势手的胸前。	1. 初步掌握双手向前、双手头上、单手肩上和单侧投掷动作发展。 2. 上肢力量和手眼协调能力初步形成。 3. 根据投掷物体的形态以及投掷目标的高低远近调节动作力度。	赶走大鲨鱼（投掷前方物体）
中班	下肢动作特征表现明显，有脚部动作，身体核心部位仍是整体参与投掷，投掷没有出现分层次转动的现象，重心不够稳定。	1. 能够正面肩上投远。 2. 能够滚球击物。 3. 能够打中前方投掷架上的物体。	海底小纵队（肩上投掷 4 米）
			玩雪球（单手挥臂投掷）
大班	上下肢力量有所发展，但完成投掷动作时的协调性和柔韧性较差。投掷发力前，双脚自然分开，手臂带动，上身略微向重心脚倾斜。	1. 能够侧身肩上投远。 2. 能够将物体投进固体目标。 3. 能够投准活动目标。 4. 能够进行投圈套物。	双鱼戏球（双人相距 2~4 米相互抛掷球）
			小海狮投球（肩上挥臂投掷5米左右）

（五）钻的运动课程

钻可以锻炼幼儿身体灵活性。在幼儿园阶段，钻主要体现在以下几种表现形式：正身钻、侧身钻、手足爬行钻、手膝爬行钻、后退钻、障碍钻。通过集体游戏及个别化练习，提高钻的能力，改进幼儿已掌握的钻的动作，动作灵活且速度变得更快，能够在较低的障碍物中钻来钻去。教师指导过程中要注意观察幼儿动作的发展特点，做到因材施教。

表 7–5　钻的运动课程

项目	年龄特点	发展目标	课程名称
小班	喜欢钻，能够协调而熟练地做钻的动作，但过程中还不能较好地做弯腰、紧缩身体的动作。	1. 灵活协调地钻过障碍物。 2. 钻时不碰障碍物，手不触地。	快乐的水母（正面钻过长约6米的障碍物）
			章鱼向前冲（正面钻过不同高度的障碍物）
			小螃蟹钻洞（侧面钻过60~70厘米高的障碍物）
			钻洞洞（正面钻过大小不同的圆形障碍物）
中班	能身体协调地钻进、钻出，较灵活。	1. 能以匍匐、膝盖悬空等多种方式钻爬。 2. 能身体协调地钻进、钻出，发展动作的灵敏性，提高迅速反应的能力。	能干的小海豚（幼儿手拉手扮演洞洞，小海豚灵活地钻进钻出）
			网小鱼（小鱼灵活地钻过幼儿组成的大圆圈）
			海狮钻圈（以匍匐、膝盖悬空的方式钻爬）
大班	能协调灵活地钻进、钻出，遇到较矮的障碍物，有缩身的意识。	1.灵活协调地侧身，缩身钻过50厘米高的障碍物（如拱形门等）。 2. 根据障碍物的高度选择最合适的钻爬方式。	章鱼过山洞（一组拉好手变为山洞，一组手拉手钻山洞）
			快乐皮筋（幼儿可以鱼贯式钻入钻出60厘米高的皮筋障碍）
			小猴摘桃（幼儿单手拿物品进行侧身钻、匍匐等组合运动）

（六）爬的运动课程

幼儿园的爬行课程以婴儿式爬行、悬空式爬行、直腿式爬行、匍匐前进式爬行为主，爬行的方式灵活多样，可选择直线向前爬、曲线爬、左右爬、转圈爬、倒着向后爬等，以提高锻炼的趣味性。注意爬行前做好准备活动；爬行中指导幼儿掌握正确的运动要领，选择恰当的爬行难度，循序渐进；爬行后要慢慢站起，

以免突然站起造成大脑瞬间缺氧晕倒。

表 7–6 爬的运动课程

项目	年龄特点	发展目标	课程名称
小班	会低头过障碍物，手眼协调地向前爬。	1. 能够手眼协调地向前爬。 2. 初步掌握肘膝着地爬。 3. 能够爬越障碍物。	小海龟爬爬爬（练习钻爬）
中班	能以匍匐、膝盖悬空等多种方式钻爬。	1. 初步掌握手脚着地曲膝向前、向侧爬行的动作要领。 2. 能身体灵活、协调地屈膝爬行。 3. 体验玩爬行类游戏和帮助别人的快乐。	小乌龟历险记（手脚着地屈膝爬）
大班	身体的协调性和灵活性增强，爬行的动作基本定型，爬行速度变快，并有新的爬行动作。	用双肘、膝盖向前匍匐爬行，提高身体动作的协调性，体验游戏乐趣。	穿越封锁线（匍匐爬行）

（七）攀登的运动课程

攀登是指抓住东西手脚交替上下爬行的一种身体运动，可锻炼幼儿的四肢力量。攀爬运动的开展离不开户外游戏器械的支持，我园在海洋生态文化背景下打造了充足的户外攀爬空间及场地，有大型固定攀登器械爬笼、海洋攀爬墙、轮胎墙等，还有小型可组合移动的游戏材料，如攀登架、梯子、安吉箱、网架等。在攀登活动中重点关注幼儿的安全，攀爬到一定的高度可以借助绳梯来稳固住身体，保持平衡。

表 7–7 攀登的运动课程

项目	年龄特点	发展目标	课程名称
小班	在攀登的过程中身体动作不够灵活，协调性一般，并手和并脚攀登。	1. 能够动作协调地双手双脚攀登。 2. 上下楼梯时动作灵活，尝试交替进行。	捉小鱼（攀爬渔网） 小乌龟向前冲（攀爬）
中班	身体动作相比小班时协调很多，能手脚交替熟练地在攀爬架上爬上爬下。	1. 尝试双手攀登。 2. 能够自由选择攀登设备。	穿越火线（双手攀爬）

续表

项目	年龄特点	发展目标	课程名称
大班	能手脚交替、灵活地攀登各种玩具设施，在活动中遵守规则，不影响他人活动。	1. 能够协调地爬越障碍物。 2. 能够在攀登设备上做钻、爬、移动或攀上爬下等动作。 3. 能够攀登滑梯的斜坡等。	水手训练营（在梯子上攀爬，掌握手脚交替向上爬的动作技能）
			争当红旗手（利用梯子开展游戏，掌握攀爬方法，保持身体平衡）

（八）平衡的运动课程

平衡能力是指幼儿能够平稳地运动，是走、跑、跳等运动的基础，对于幼儿后期运动能力的发展至关重要。我园的平衡运动课程主要是在丰富的海洋环境中，创设情景发展幼儿操作性动作的平衡，并锻炼幼儿手眼协调与上下肢动作的协调性。小班通常进行走直线、走波浪线、过独木桥等活动；中班主要通过走梅花桩、独木桥顶物走等活动发展平衡能力；大班以木梯游戏为主进行平衡能力的发展。对于平衡能力发展较缓慢的幼儿，加强家园沟通的频率，以促进幼儿更快、更好地发展。

表 7–8　平衡的运动课程

项目	年龄特点	发展目标	课程名称
小班	幼儿能较平稳地在平衡木上行走，大胆尝试在不同高度的平衡木上运水、顶物行走。	1. 能较平稳地在平衡木上行走。 2. 尝试在不同高度的平衡木上运水、顶物行走。 3. 提高幼儿的平衡能力和动作的灵活性。	走跨独木桥（走到一处障碍杆要跨过后继续保持身体平衡行走）
			小蓝鲸运球（头顶沙包或怀抱小球走平衡木）
			小螃蟹快跑（走完平衡木跳进呼啦圈里，变成一只小螃蟹走到终点）
			海狮推球（幼儿在高 15 厘米的平衡木上弯腰将球向前推动）

续表

项目	年龄特点	发展目标	课程名称
中班	幼儿能在高低不一的平衡木上行走，身体有时不稳定；幼儿手持物品变化动作走有难度。	1. 在平衡木上行走，保持平衡。 2. 在有间隔的物体和平衡木上行走，发展平衡能力和协调性。 3. 能越过大小、高矮不同的障碍物，动作协调，手持物品变化动作走。	快乐的小勇士（在不同障碍物上平稳地走） 小海豚顶物（头顶物体快步走，绕过障碍物，保持平衡） 跳跳虾练本领（能从20~30厘米高处往下跳，保持平衡） 平衡小能手（在宽30厘米、高低不一的平衡木上行走）
大班	能够在平衡木上保持身体正直，变换动作走，步子均匀，上下肢协调，动作自然；能够单脚站立5~10秒，闭眼转。	1. 能在宽15厘米、高40厘米的平衡木上交换手臂动作或者持物走。 2. 能两臂侧平举，闭目起踵自转至少5圈，不跌倒。 3. 能两臂侧平举，单足站立不少于5秒钟。	双木桥（两人面对面手拉手，横向走过“双木桥”） 学体操（上下肢协调） 种树忙（保持平衡走过细长、弯曲的“独木桥”） 小小飞行员（双手侧平举，进行下蹲、脚尖走）

运动释放孩子的天性，每一位幼儿有着不同的运动兴趣，这就需要给予幼儿选择的权利。因此，我园在户外建构动态变化的分散型自选活动，在安全、开放的场域下，采用运动区域轮流制的方式来安排使用幼儿园16个户外运动场地，最大限度满足幼儿与活动环境的互动。幼儿既可以尝试场地的联合，也可以突破班级界限和伙伴的界限，进而实现自己决定运动内容、合作伙伴、活动的频率、挑战的规则等，激发了幼儿运动的积极性、主动性和创造性。

游戏活动案例——中班健康《快乐的小企鹅》

一、活动目标

1. 练习半蹲走，增强幼儿腿部肌肉力量和耐力，锻炼幼儿上下肢身体协调性。

2. 萌发幼儿对体育活动的兴趣。

二、活动准备

口哨、秒表、小型玩具若干。

三、活动过程

（一）游戏激发幼儿活动兴趣

热身活动:幼儿站成四路纵队，在教师的带领下，模仿小企鹅，进行相关部位的活动准备，顺序如下：头—肩—膝—踝—全身。每个部分做两个八拍。

（二）模仿企鹅半蹲行走

1. 引导幼儿掌握动作要点：两脚分开比肩略宽，深蹲摆臂前行，动作自然夸张。

2.和老师在场地内自由地游戏，一起学习“企鹅步”，注意动作由易到难：小企鹅自然走—半蹲行走—深蹲行走。

（三）游戏环节

1. 向幼儿介绍小企鹅速递员游戏的规则与玩法：每名幼儿把自己当成小企鹅，听教师口令做出行动（第一、二路的小企鹅把玩具送到海星家，第三、四路送到螃蟹家），练习深蹲企鹅步法行走，距离 5~10 米。

2. 向幼儿介绍小企鹅赛跑游戏的规则与玩法：幼儿站成四路纵队，以小企鹅赛跑游戏为指引进行分组，分密度练习深蹲前行。幼儿听教师口令迅速到指定的小动物家，要求深蹲，上体前倾，上下肢动作协调。

3. 提醒幼儿在行进间要相互灵活躲闪，及时观察周围幼儿身体活动情况，有效地保护自己，以免发生碰撞。

（四）放松环节

伴随音乐放松肢体，整队离场，提醒幼儿心理、身体处于完全放松状态。

中班健康《小海豚捕鱼》

一、活动目标

1. 练习变换速度、变换步幅、变换方向走。

2. 提高动作的协调能力及快速反应能力。

二、活动准备

小海豚头饰、小鱼头饰若干、拉线小鱼。

三、活动过程

（一）游戏激发幼儿活动兴趣

热身活动：幼儿站成四路纵队，在教师的带领下，由上到下活动身体关节。动作顺序：点头—绕肩—转膝—转脚腕—蹲起跳。

（二）引导幼儿模仿海豚听口令变换行走速度

1. 向幼儿介绍游戏规则：幼儿扮演小海豚，教师扮演海豚妈妈，小海豚跟在海豚妈妈后面，练习捕鱼的本领。教师边走边创设出变速走的情境。例如：教师说“小鱼游出来了”，幼儿就轻轻地小步快走；教师说“小鱼想逃跑”，幼儿就快走追小鱼；教师说“小鱼就在眼前，快捉”，幼儿就大步走并做捕捉动作；等等。

2. 教师用肢体动作或声音创设出小海豚捕鱼的情境来，幼儿要边走边倾听教师的指令，改变自己走的速度。教师提醒幼儿变换动作时要注意周围的同伴，避免碰撞推挤。

（三）游戏环节

1. 设置跟踪小鱼的游戏情境。教师提拉线小鱼在前面走，幼儿跟在后面边走边踩小鱼。小鱼走得慢小海豚追得慢，小鱼走得快小海豚追得快；小鱼向什么方向走，小海豚就朝什么方向追。

2. 提醒幼儿踩小鱼时注意互相避让，不推别人，不要踩掉同伴的鞋子。

（四）放松环节

幼儿自由分散站立做放松动作：轻轻地拍肩、拍腿，放松身体。

二、海洋运动会

每年11月份，幼儿园以冬季海洋运动会为契机，通过丰富多彩的体育游戏，带动幼儿和家长一起动起来，拒绝做温室里的花朵，充分调动幼儿参与体育锻炼的积极性。

（一）海洋运动会的筹备

在海洋运动会举办之前，教师结合幼儿园八大运动课程体系、幼儿健康领域发展目标以及幼儿现阶段动作发展水平，组织幼儿设计游戏。教师试玩在前，排除各类不安全的因素，通过园级、级部教研确定幼儿园运动会方案。幼儿根据运动会目标、活动内容做准备工作，如制作号码牌、班牌，设计运动会吉祥物等。

（二）海洋运动会比赛项目

海洋运动会比赛项目分为展示类、竞赛类、游戏类及亲子活动。

1. 海洋动物模仿操

啦啦操具有较强的表演性及感染性，其节奏欢快、动作简单、表现力强，适合在运动会开幕式上进行展示，以展现幼儿的活力四射和积极向上的班级风貌。我园的啦啦操展示融合了海洋元素，选择海洋风格的音乐，模仿某一种或几种海洋动物的特点，搭配一定的道具器械，如旗、棒、球、手环、椅子等，形成独具特色的海洋动物模仿操。

在练习海洋动物模仿操时，要结合各年龄段幼儿的基本动作要求，以幼儿的兴趣体验为主，突出自主性。啦啦操的动作有趣、难度适中，在不断练习的过程中，幼儿不仅锻炼了身体的灵活性、协调性，而且增强了身体素质。

2. 旗鱼马拉松

（1）旗鱼马拉松的由来

青岛有马拉松的赛事，幼儿在日常生活中会接触到，对马拉松很感兴趣。教师和幼儿一起收集、查阅马拉松运动会的相关资料，了解马拉松运动会的起源与文化，同时观看青岛西海岸新区半马的现场视频、照片，让幼儿更加直观地感受

马拉松比赛。我园的马拉松比赛可以如何进行呢？怎样突出幼儿园幼儿的特点？在对马拉松了解的基础上，幼儿开始设计专属于自己的马拉松比赛。幼儿选择小鱼作为自己的参赛形象，自由设计服装头饰，将马拉松比赛选定在幼儿园自然灵动的户外海洋生态文化环境下举行，为比赛增添了一份自然与文化的美妙融合。

（2）旗鱼马拉松的准备

物质准备：幼儿参赛的小鱼服装或头饰、挑战卡、园标粘贴、奖状、奖牌、号码牌、秒表、记录单、医药箱等。

安全事项准备：制订马拉松安全预案；提前让幼儿循序渐进地进行短距离跑步练习，模拟马拉松赛道，实地进行跑步路线的踩点，教师、家长志愿者进行站点分工；召开赛前家长会，告知活动的相关事宜，从专业的角度给予一些指导，把对幼儿放手、相信幼儿可以完成挑战的理念传达给家长。

跑步技能准备：通过老师对幼儿平时跑步技能、体力情况的观察和了解，发现幼儿有关中长跑的跑步技能、经验还比较欠缺，并且对马拉松距离的概念比较模糊。针对这个问题，班级教师认为让幼儿去体验一次初级的中长跑是很有必要的。在此活动中，我园邀请中小学体育专业的家长给幼儿讲解、示范有关跑步的相关知识和方法，如跑步的正确呼吸方法，跑步前后怎样热身和放松。教师也获得了新的经验，如怎样专业地指导幼儿热身和放松。

运动品质准备：教师运用语言、绘画、音乐等活动，引导幼儿领悟运动品质，明白输赢不是唯一的标准，坚持、友爱同样重要。日常跑步活动后，引导幼儿从关注跑得快与慢转向关注是否坚持。每天户外活动前，每人沿着幼儿园跑 2 圈，看谁先完成，并用区域里的计时器记录下用时，通过每天的跑步和记录，鼓励自己提升跑步技能。

（3）体验马拉松比赛

期待已久的旗鱼马拉松比赛开始了，活动当天幼儿克服天气因素，坚持参赛。在简短的开幕仪式和充分的热身活动后，幼儿兴致勃勃地来到起点。哨声一响，比赛开始，跑完一圈后幼儿会获得1枚园标粘贴，获得2枚后代表完成挑战，最终会根据幼儿的比赛用时颁发奖牌和奖状。不论成绩如何，教师都会对幼儿坚持挑战、不放弃的精神大加表扬，让每一位幼儿都能获得成就感。

3. 运动会中的活动设计

在运动会幼儿个人游戏项目中，我园通过改变环境与任务因素，实现运动难度的层次性。如改变重心高度、提高动作频率和速度、设置障碍、调整空间距离，让幼儿在运动中循序渐进地进行挑战，发展身体协调性、灵敏性和力量；在小组活动中，从两人合作到小组合作，再到自由组合，有效地提高幼儿在运动中的合作能力；团队比赛中，采用接力的方式让幼儿感受到参与是一种快乐，合作是一种幸福；亲子活动环节，为幼儿和家长营造良好的运动氛围，创设形式多样的亲子游戏，使家长、幼儿、教师共同参与到活动中，增进亲子互动、家园互动和班级凝聚力，促进家园共育。

表7–9　2022年冬季海洋运动会项目

项目	小班	中班	大班
个人活动	赶走鲨鱼	小螃蟹爬爬爬	海马向前冲
小组活动	海洋小能手	喂小鱼	章鱼足球赛
集体活动	海豚工程队	快乐的小海豚	海豚运球
亲子活动	海狮投球	保护鱼宝宝	小虾跳跳跳
家长活动	爱的魔力转圈圈	动感大摇绳	鲨鱼拔河

（三）海洋运动会的价值

运动会是一个集体的活动，需要幼儿、家长和教师共同完成，幼儿可以获得多方面的发展。

1. 有助于幼儿养成良好的学习品质

我园在运动会结束后会组织幼儿进行复盘，针对运动会中遇到的问题，进一步与幼儿商量解决的办法，同时对幼儿在运动中表现出来的优秀品质给予肯定。勇气、自信心、耐心、持久力等以幼儿的实际行动进行展现，更容易被幼儿接受

和内化。

2. 有助于幼儿发展合作能力

运动会的项目都是团体合作项目，需要大家合作和相互鼓励完成。在这个过程中，幼儿不管是失误还是因害怕不敢挑战，教师都会引导其他幼儿呐喊助威，而不是抱怨和指责，真正实现团结友爱。

第三节　海洋运动课程的实施

课程的实施是将课程内容付诸行动的实施运用阶段，是为了优化课程实施的路径方法，更好地服务于教师的活动组织，为幼儿的发展提供支持。[90] 海洋运动教育课程包含日常的八大运动体系和运动会两个部分，围绕“趣玩运动，乐享成长”的目标，有层次、有递进地进行体育活动。

一、海洋运动课程的实施原则

（一）自主愉悦参与原则

3~6 岁儿童喜欢具体、形象的事物，根据幼儿的年龄特点，组织活动、设置游戏时，需创设具有情境性、趣味性的体育活动，让幼儿能够自主、愉悦地参与其中，体验运动带来的快乐，感受运动的趣味性。

（二）循序渐进推进原则

循序渐进原则是指科学地、逐步地增加体育锻炼的时间和运动强度，要根据幼儿对体育活动的适应程度，逐渐增加运动负荷，使身体机能和运动能力不断提高，以达到体育锻炼的理想效果。

90　鲍欣欣，陶金玲，原晋霞 . 幼儿园课程编制的基本原理［J］. 学前教育研究，2003（1）.

（三）身心全面发展原则

《纲要》中指出："幼儿园必须把保护幼儿的生命和促进幼儿的健康放在工作首位，树立正确的健康观念，在重视身体健康的同时，高度重视心理健康。"在组织体育活动中，要遵循全面性原则，使幼儿身体各部位都参与到体育锻炼中，全面提升身体素质，注重幼儿身心健康的全面发展，提高幼儿各动作的协调发展，培养幼儿不惧困难、勇敢面对挑战的学习品质。

（四）安全健康第一原则

安全是幼儿户外活动的首要条件，在运动过程中潜伏着各种危险，这就要求教师要有安全防范意识。首先，教师要提前检查运动的场地和器械是否存在安全隐患；其次，教师要不断巡视，建立"一看二转三预判"巡查机制，关注每个幼儿的表现及精神状态；最后，引导幼儿学会一定的应急处理方法和急救的常识。"千般爱护，莫过自护"，增强幼儿自我保护意识、引导幼儿掌握自我保护的方法是十分必要的，在活动结束后教师可以和幼儿一起复盘运动过程，通过讲述、表征等多种形式让幼儿学会自我保护，安全、愉悦地进行活动。

二、海洋运动课程的实施方法

（一）创设安全有挑战的运动环境

1. 结合园所特点，巧用自然环境

幼儿园教育要提供有准备的环境，让幼儿的天性在适宜的环境中得到释放与发展。户外环境是幼儿园重要的课程资源，是幼儿成长的重要场所，是实现幼儿自由本真发展的重要条件。在幼儿园海洋文化的基础上，户外环境的打造也本着开放包容的原则，打造大型海洋攀爬墙、轮胎墙、爬龙、沙水池、空中索道等器械场地，力求在有限的空间里带给孩子无限的挑战和快乐。

2. 构建游戏情境，增强幼儿的运动体验

在幼儿园活动中，既可以结合场地特点开展"情境式"户外运动，又可以借

助丰富的生活教育资源构建不同的游戏情境，如“小小邮递员”“螃蟹运沙球”“穿越封锁线”“勇过鲨鱼湖”“蜗牛搬家”等，让幼儿在有情境的游戏中感受美好，让游戏富有生命力。

3. 幼儿参与创设运动环境，满足活动兴趣及需求

幼儿是运动的主体，当幼儿产生运动的动力或强烈的运动欲望时才能积极地参与到运动游戏之中，因此要立足幼儿视角，提高幼儿运动的主动性。在户外运动中邀请幼儿参与到运动场地的布置与创设中，共同创建运动环境。鼓励幼儿根据锻炼的身体部位及动作需求灵活地选择与运用器械。

（二）支持幼儿自主的体育游戏

1. 自主选择游戏材料

在幼儿园户外配备大型玩具架，每个玩具架上张贴材料的图表目录，分类收纳体育器械，在玩的过程中幼儿可以按需取用。在不同的运动场域中，幼儿可根据游戏需求选择一种或多种器械，可组合可移动，和同伴一起布置运动场地、摆放器材，满足自己的运动兴趣和需求。

2. 自主把握运动过程

运动过程、运动难度的决定权在幼儿自己手中，幼儿自主决定在哪里玩、和谁玩、玩什么、怎么玩、玩多久。在沉浸的运动体验中对材料进行探索、对空间进行感知、对身体进行控制，幼儿不断组合改变、反复尝试，在挑战中发展、在体验中感受快乐。

3. 自主调控运动情况

幼儿是有能力的学习者，能根据运动中出现的问题及时反思，调整运动过程，提升运动能力，发展运动智慧。如户外攀爬游戏中，幼儿会根据自己的能力水平选择不同高度的梯子通过，恐高的幼儿会蹲下身放慢脚步慢慢来，胆子小的幼儿会在梯子上直立行走且快速通过；幼儿看到同伴玩荡秋千的游戏，会把爬梯架高后倒挂在梯子上将自己变成“秋千”。

（三）设计有结构的运动课程

教师依据各年龄段幼儿的学习方式与发展水平，在观察识别幼儿动作发展基础上，可通过语言讲解、动作示范、设置问题情境、增加挑战难度等方法引导幼儿多次尝试。在幼儿挑战的过程中，用鼓励性语言和支持性行为让幼儿感受老师的关注、信任、陪伴，体验运动带来的愉悦感。

1. 活动目标有挑战

在体育活动中，教师可根据幼儿目标达成情况及时地调整活动的难度，满足不同幼儿的运动需求，鼓励幼儿勇于挑战，促进其内在自发式成长与发展。在活动中可以通过改变 5 个变量：运动材料、运动方向、运动强度与密度、运动距离、运动场地，给予幼儿正向的刺激与挑战，提高幼儿参与运动的兴趣和积极性。

2. 活动内容有指导

体育教学活动中，教师要实时适时带着目标观察和指导幼儿，可通过集体示范及个别指导两种方法，帮助幼儿掌握动作要领。在示范的过程中可以是教师示范，也可以是幼儿示范，示范可以让幼儿直观了解动作的要领及注意问题，提高学习效率；个别指导则很好地建立了幼儿与教师间的联系，教师的语言、表情、动作都可以给予幼儿鼓励，引导幼儿在自我探究中获得成长。

3. 活动过程有评价

体育活动的评价指向动作、玩法、规则、合作等多方面。评价不仅仅是在活动结束后进行的，它伴随幼儿整个运动过程，教师要灵活把握教育契机进行过程性或总结性评价，帮助幼儿建构关于运动的知识经验、做法，提升运动能力。

（四）引导家长积极参与运动

家庭运动不仅是促进全民健康的重要基石与依托，也是幼儿园运动课程的延伸，亲子体育活动是家长和孩子共同参与、共同配合完成的体育运动。运动是促进孩子大脑发育的关键，也是缓解幼儿情绪最好的方式，父母陪伴孩子一起运动，是一种“言行教育”。

1. 过程中注重教育

家长和孩子一起运动，不是简单地和孩子一起打球、跑步等，而要在运动过程中观察孩子的身心表现，适时对孩子进行教育和引导。这既包括锻炼孩子的身体素质，也包括培养孩子的坚持不懈、吃苦耐劳、拼搏向上等精神，还包括及时疏导孩子的不良情绪，等等。

2. 互动里传递温情

在锻炼中，家长的参与有助于提升孩子的兴致和热情。如同我们爱孩子一样，孩子也爱自己的父母。有了家长的陪伴，孩子更能感受到运动的乐趣。运动中，家长的坚持不懈将成为孩子的榜样，家长的鼓励和赞美能让孩子信心倍增。日复一日，家长不仅和孩子共同进步了，还能收获亲密的亲子关系。

3. 计划上合理有序

家长应结合幼儿的运动需求、兴趣爱好等选择运动项目和方式；根据幼儿的作息时间、运动习惯、饮食状况等选择运动的时间、场所；制订好计划，家人陪伴孩子进行科学锻炼，持之以恒，才能真正促进孩子的健康发展。

第四节　海洋运动课程的评价

幼儿的成长是个性不断发展的过程，海洋运动课程的评价，紧紧围绕《指南》《幼儿园保教质量评估指南》《山东省幼儿园保育教育质量自评指导手册》的要求，关注评价的过程，以提高幼儿的身体素质、动作发展为导向，主要从评价内容、评价方式、评价策略三个层面推进评价。

一、海洋运动课程的评价内容

（一）以促进反思为目的的评价

以促进反思为目的的评价是指幼儿自评与互评相结合，培养幼儿反思能力。

幼儿自评可结合幼儿的运动计划、游戏故事表征等方式，在发现问题到解决问题的自我成长过程中，对自己的运动过程进行评价。幼儿互评可通过观看运动视频、照片，倾听同伴讲述等方式进行，及时发现他人在运动中的创新玩法，下次运动时有意识地进行体验。

（二）围绕运动能力和品质的评价

围绕幼儿的运动能力进行评价，主要包括动作发展的协调性、灵活性，幼儿在游戏中的反应能力、自我保护能力，以及运动中的创新能力；围绕幼儿在运动中展现出的良好品质进行评价，主要包括自信、勇敢、面对挫折挑战、坚持不放弃等品质。

二、海洋运动课程的评价方式

《纲要》指出："评价应自然地伴随着整个教育过程进行。""幼儿的行为表现和发展变化具有重要的评价意义，教师应视之为重要的评价信息和改进工作的依据。"我园运动课程评价聚焦于一日活动和特定情境下的观察分析。

（一）一日生活中的观察分析

我园为促进幼儿运动能力的发展，将户外和室内区域进行了功能划分，提供了丰富的器材，确保幼儿即使在恶劣天气也能保证每天不少于 1 小时的体育活动时间。支持教师通过日常观察，以文字、图片、视频等形式记录幼儿的运动情况，并对照《指南》相应目标要求，发现幼儿运动方面的优势和短板，进而有针对性地对其进行指导。

（二）特定情境中的观察分析

以级部为单位，教研组长牵头，创设情境，设计相应年龄段运动项目，组织同级部幼儿进行运动活动。教师参考《指南》和主题课程目标，对幼儿运动能力水平、兴趣等进行纵向、横向分析，发现同年龄段幼儿在运动上的异同，进而反

思教师教学及课程设置的合理性，如运动会就是一个很有参考价值的运动发展评价情境。

三、海洋运动课程的效果

评价在课程中也是重要的一部分，我园从幼儿、教师、家长的角度出发，坚持多元主体的评价方式，从而实现课程评价的统一性、有效性。

（一）促进幼儿身心和谐发展

1. 提升幼儿身体素质，促进动作发展

户外活动能够增强幼儿体质，促进身体健康发展。幼儿正处在生长发育时期，充分的户外活动发展了幼儿的基本动作，提高了幼儿动作的协调性、灵活性。

八大运动课程的实施与冬季海洋运动会的开展，有效地提升了幼儿运动的积极性，尤其是在海洋运动会开幕前，幼儿有计划地加强身体锻炼。在冬天里也坚持跑步、运动，改善了怕冷而不出屋的情况，提高了幼儿对外界环境的适应能力，身体素质增强，冬季感冒的孩子也就变少了。同时，户外活动长期坚持下去，幼儿园“小胖墩”的比例也下降了，幼儿的身体越来越灵活。

2. 培养幼儿的抗挫能力

在体育运动中会产生许多让幼儿面对挫折的机会。在这一过程当中，幼儿感受到了挑战的乐趣，培养了面对困难及挫折的勇气，同时体验了自主解决问题、战胜挫折的快乐，促使幼儿勇敢面对、迎难而上。

3. 培养幼儿社会交往

体育运动也是一项具有凝聚力的活动。幼儿能够在团队中共同成长、共同进步，将生活游戏经验转化为日常交流，从而提高与同伴交往的能力，使他们更好地融入集体，增强归属感，找到人与人之间友好相处的方法。

4. 提高幼儿专注力

好动是幼儿的天性，他们必须要在不停地运动中去探索这个世界，去了解和他们相关联却未知的领域。运动可以锻炼幼儿思维，思维敏捷是提高学习能力的一个重要因素，而思维敏捷的幼儿一定是专注力很强的。如：当问题出现时，在给出答案之前，一定要认真聆听且快速思考。其次，不论是哪一项运动都有特定的规则，遵守规则、专心参与活动、听信号行动就是专注力强的表现。

（二）提升教师自我价值感

1. 提升教师职业幸福感

生命在于运动，幸福源于健康。教师在组织幼儿体育活动的同时，自身也在示范及参与中，身体得到了放松与舒展，在自由愉悦的氛围中感受孩子的快乐，保持心情愉悦。每年幼儿园都会组织教职工趣味运动会、户外团建、健步行、登山等活动，进一步激发广大教职工参与体育健身的积极性。在活动中，老师们释放了压力，愉悦了身心，放松了心情，锻炼了身体，享受了运动的快乐。同时，加强了教师之间的交流，展现了幼儿园团队拼搏进取、团结友爱、积极向上的精神风貌，营造了健康快乐的氛围，提升了老师们的职业幸福感。

2. 教师从注重技能向注重幼儿体验转变

随着海洋运动课程实施，教师对体育运动的认识越来越全面，不再单纯地停留在提升技能或者玩器械玩具上，而是鼓励幼儿按照自己的兴趣自主运动。通过鼓励探索、一对一指导、集体讨论等环节，让幼儿得到比较丰富的运动体验，在轻松愉快的游戏中完成运动领域发展目标。同时，教师关注幼儿在活动中自我保护能力、自我服务能力、生活卫生习惯的养成，培养好奇探究、快乐自信的幼儿。

（三）提高家长健康教育能力

1. 增加了亲子运动的时间

运动是创建良好亲子关系的一剂良药。在幼儿最需要陪伴的时间，父母要带孩子一起参与运动。比如在空气清新的早晨带孩子跑步，根据孩子的兴趣爱好进行球类运动，晚餐后全家一起散步聊聊天等；或者在不同季节进行合适的运动，

如春天郊游踏青、夏天游泳逐浪、秋天骑车远行、冬天滑雪滑冰等。不仅能够锻炼身体、陶冶情操，还拉近了家人之间的距离，建立了融洽的亲子关系。

2. 改变亲子互动方式

通过日常交流及家访活动，我园了解到大部分初入园还没参与海洋运动课程的幼儿家长，对于运动的认知及参与只是周末休息时带孩子出去转转或者将孩子“扔进”游乐场自己玩，尤其是爸爸，宁愿在家看手机也不带孩子运动。入园后，通过活动带动，这种现象大大减少，运动成为亲子互动的重要内容。

3. 改变家长健康理念

每年进入秋天后天气微微转凉，小班幼儿立马穿上了秋衣秋裤、厚外套，更有甚者穿上了羽绒服，冬天天气一冷就不入园了，这些孩子还容易生病，一生病就更不在户外活动了。老师们结合幼儿园海洋课程开展的意义及孩子自身发生的改变讲给家长听，录制孩子活动的视频给家长看，帮助家长更新健康观念，引导家长，为孩子合理穿衣，多带孩子进行户外运动， 提高身体素质。

附录

附录一：幼儿眼中的海洋运动会

在运动会中，我最喜欢的是马拉松比赛，因为有很多人一起比赛跑步，特别热闹。在跑步的时候虽然很累，但我能坚持到最后，还获得了奖牌。我感觉特别骄傲，上了小学我也要继续参加马拉松比赛！

——晓楠

海洋运动会上，我们像小动物在做各种各样的运动。每当海洋运动会要举行的时候，我会很开心，因为我的爸爸妈妈也会和我一起参加。参加这些活动能让我们的身体得到锻炼，会让我们全身都充满力气。

——奕然、奕宁

看爸爸拔河的时候我可激动了，我和小朋友一起给他们加油，嗓子都要喊哑了。爸爸胜利后还把我举了起来，爸爸太厉害了，他是个大力士！

——墨墨

附录二：家长眼中的海洋运动会

三年美好的幼儿园生活转瞬而过，每当回顾起幼儿园生活的点滴，每年秋季海洋运动节的回忆都闪闪发光。我有幸作为志愿者也见证了海洋运动节的欢乐。

二幼以海洋文化为特色，每年的运动节都与海洋相关。每个运动项目都有一个好听又符合内容的名字。海豚跳圈、跳跳虾接力、飞鱼向前冲……每个项目都让孩子心生向往，积极参加。根据不同的年龄和运动发展水平，每个年龄段都有好玩有趣的项目。

小班时，孩子们举着红旗戴着兔耳朵，喊着响亮的口号走方队，那么的可爱又朝气蓬勃。大家一起合作皮皮虾向前冲，老师们大声给孩子们指挥、加油。赛后的奖状更是让孩子们有了荣誉感。小班的大顺说："妈妈，我是小运动员，我喜欢海洋运动节。"

中班时，随着孩子年龄的增长，海洋运动节上孩子们展示了更多的运动技巧，走、跑、跳、钻、爬、滚等，比赛难度有所提升，还设立了师幼游戏、幼儿游戏和家长比赛，让家长代表也体验了海洋运动节的魅力。每个孩子自由选择自己心仪的比赛项目，孩子们开始懂得赛前先训练，赛时全力以赴，比小班运动节时有了更多的竞争意识。中班的大顺说："妈妈，我希望我们班是第一名。"

大班的孩子运动能力更加强大，跳绳是大班户外活动的一项重要内容，老师准备了多种教学方法，让孩子们都学会了跳绳，为老师们点赞！大班的海洋运动节，二幼给小朋友们准备了马拉松比赛和跳绳复合比赛，赛事比小、中班时更加激烈。看着孩子们为了班级为了荣誉，努力向前冲，真是让人心潮澎湃！印象最深的是八百米的赛程，王园长一直陪在孩子们身边，给孩子们加油鼓劲，陪伴孩子们跑完全程。在老师们的陪伴激励下，参赛的小朋友全部跑完了全程。看着一张张红彤彤的笑脸，我觉得孩子体会到了不放弃、不低头的体育精神。大班的大顺说："妈妈，我跑完了全程，好累，但是我好厉害！"

现在的大顺已经一年级了，回想起二幼的海洋运动节，总带着怀念与恋恋不舍："妈妈，海洋运动节太有趣了，我还想回幼儿园继续参加！"

二幼的海洋运动节活动的设计符合幼儿的喜好，促进了班级之间的交流，萌发了孩子努力拼搏的精神。提起海洋运动节，感受到的不只是海洋运动节，还有王园长对孩子们能力综合发展的高瞻远瞩、二幼教师对孩子们的拳拳之心。运动会也展现了园内孩子们每日户外运动的成果。希望二幼的海洋运动节一直办下去，越办越好！

——大顺家长

附录三：青岛西海岸新区第二幼儿园中班冬季海洋运动会方案

一、活动背景

为了培养幼儿对体育运动的兴趣，体验体育运动的快乐，在天高气爽的秋季，青岛西海岸新区第二幼儿园将举行“海洋亲子运动会”，让幼儿在轻松、愉快、自由的环境中爱上运动，增强体质。同时也帮助家长和幼儿感受到锻炼身体的重要性，调动参与运动的积极性，增强抵抗疾病的能力，锻炼意志力，培养竞争意识、团结合作意识，并在活动的过程中，体验同伴合作与亲子交往的快乐；创造机会让家长和家长、孩子和孩子以及家长和孩子之间有更多的交流，同时也有利于更好地实现家园共育！

二、活动目标

1. 锻炼手腿脚动作的准确性、协调性及肌肉的力量与关节的柔韧性。

2. 能根据规则参与游戏，在活动过程中保护自己和同伴不受伤；能辅助教师进行裁决、拍照等活动。

3. 愿意和同伴合作挑战运动项目，体验集体荣誉感。

三、活动主题：亲子齐运动，甜蜜过“暖”冬

四、活动准备

1. 班级入场牌、班级口号；入场、运动、结束颁奖音乐；各班入场活跃气氛的道具；各项目器械。

2. 安全保障：医药箱、1 名保健医生。

五、活动流程

1. 开幕式

活动时间	具体活动内容
8:50—9:10 入场式	方队入场：班级口号及30秒精彩亮相 入场顺序：大班—中班—小班
9:10—9:15	教师彩带舞蹈展示
9:20—10:00	大班幼儿
	园长致辞；家长代表宣誓；幼儿代表宣誓

2. 开幕式人员安排及场地划分

场地布置及环节衔接	各班教师
主持人	赵老师
摄像、拍照	各班教师
音响设备	曹老师
比赛器械准备收放	各项目负责人
准备奖状	教研组提前申请，并写好内容
定制奖牌	级部各一个项目（至多20枚，前十名标注名次），需要申报购买

六、活动项目

活动准备：

项目	规则	材料	奖励名次
幼儿障碍赛	场地分为3组，每组5关障碍环节，每班幼儿连续过障碍	第一关：海龟大闯关——匍匐爬 材料：地垫 第二关：海马跳跳跳——助跑跨跳 材料：三棱障碍物 第三关：海豹向前冲——攀爬 材料：攀爬架 第四关：螃蟹钻山洞——侧面钻拱形门 材料：拱形门 第五关：海豚投圈——投掷沙包 材料：篮球架、沙包	

续表

项目	规则	材料	奖励名次
旗鱼向前冲	每班出10人为一组，拿木棍从起点跑到终点，并跑回来接力下一个幼儿	棍	
章鱼运输队	每班出10人为一组，滚轮胎，滚到终点再滚回给下一个小朋友，先滚完的一组获胜	轮胎5个	
夹球跳	幼儿双腿夹球往前跳，先到终点的获胜	皮球若干	
海螺运球	圆圈内放入若干海洋球，家长围圈躺在地垫上，起来时从圆圈内取球，躺下时把球递给幼儿，幼儿把球放到筐子里。一次只能取一个球，筐子里的球先够5个的获胜	海洋球若干、地垫、筐子	
海象运球	每个班幼儿站成一队，间隔半臂距离，由第一个幼儿双手举沙包从头顶往后传，直到传给最后一名幼儿，先传完的一组获胜	沙包5个	
海狮向前冲	每个班幼儿蹲下排成一队往前走，先到终点的一队获胜		
（家长游戏）	第一次抽签选出4个班家长，两两对决。胜出的两个班和另一个班再次抽签，选出参赛的两个班级比赛	拔河绳子2条	
爱的魔力转圈圈（家长游戏）	每组5个家长，手扶棍前进，越过障碍物后返回，先到起点的获胜	棍、障碍物2个	

第八章　海洋生态教育园本课程评价

海上的风[91]

海上的风是花神，
他一来，
就绽开万朵浪花……
海上的风是琴师，
他一来，
就奏出万种乐曲……
海上的风是大力士，
他一来，
就送走万片渔帆……
海上的风是狮子
他一吼，
就掀起滔天波浪……

海洋生态文化倡导的是遵循规律、关注过程、尊重个性、关注可持续发展。伴随海洋生态文化课程的实践，我园逐渐清晰了“海洋生态教育”的评价是以关注过程、强调质性评价以及教学与评价有机整合为特点的评价机制。评价应基于幼儿的全面发展，关注课程的价值，关注教师的“实践性知识”建构。我园在多年的实践过程中形成了一些具体可操作的经验。

91　《语文》小学三年级上册（S 版），语文出版社，1970:3.

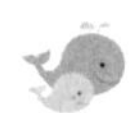

第一节　海洋生态教育园本课程评价的理念

我园在学前领域评价体系的基础上融入海洋生态教育特色，立足“好奇探究、快乐自信”的幼儿培养目标，营造了科学适宜的评价环境，构建了立体式的评价体系，努力通过在家园社密切合作的基础上开展形式多样的评价活动，全方位提高评价水平，从而促进幼儿的全面发展。

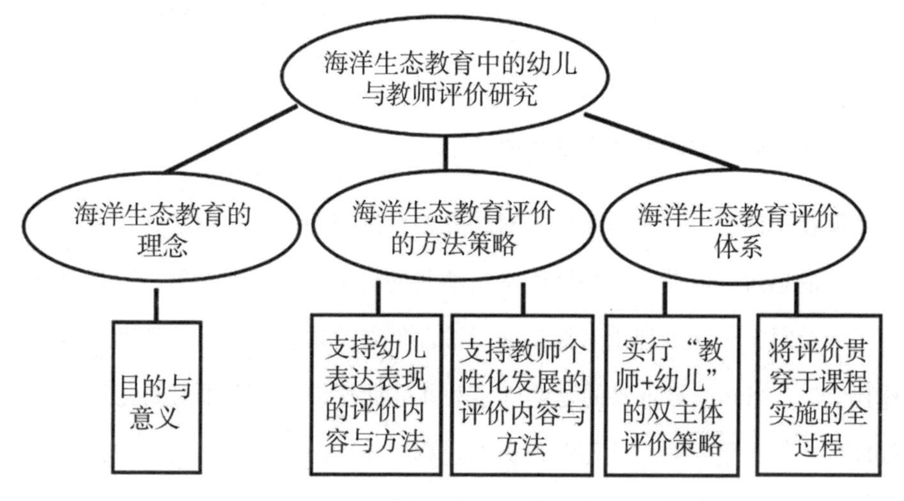

图 8–1　海洋生态教育观察评价系统

一、海洋生态教育评价的目的与意义

我园评价体系经历了从初期到成熟的阶段。在初期阶段，因为思考研究较为局限，出现的主要问题：一是以老师单方面对幼儿的评价为主，老师处于权威和评价主体地位，对幼儿的评价基本上以老师为主；二是教育过程中幼儿、家长、老师并没有真正地共同参与幼儿的发展评价，对幼儿发展的评价不全面。

在评价发展、成熟阶段，我园对评价进行了有效的思考：一是在全园营造发展性、研究性氛围，浓厚海洋课程建构与实施的环境；二是更好地落实海洋生态教育园本课程目标、幼儿培养目标；三是了解幼儿的能力与发展过程中的不足，为教师改善教学、促进幼儿不断发展提供有用信息，而非筛选评定幼儿；四是有效改善海洋生态教育课程实施过程，让其更具有可操作性、科学性。

潘月娟在《儿童发展评价的新趋势——真实评价》一文中讲述了真实评价的内涵，提出“注重幼儿的参与，强调幼儿的自我评价是真实评价的重要组成部分”。“强调评价主体的多元化，重视儿童发展参与者参与儿童发展评价。”[92]由此可见，真实评价鼓励参与者积极参与评价过程，强调采用多种方式在广泛的真实情境中收集发展信息，然后由评价主体相互沟通协商，形成有关个体发展一致认同的解释，并在评价与发展相融合的过程中，评价主体与被评对象二者之间互为主体，共同参与发展评价。

（一）解读、诊断幼儿发展水平

我园在不同领域评价体系中，对幼儿教育过程的解读、诊断有较多的尝试和较为深入的思考。何茜在《情感教学与幼儿的自主学习》中提出：“要对幼儿的学习进行及时、公正的评价。评价能对被评价者的认识和情感产生助推器式的强化作用。”[93]当然，最重要的是明确了幼儿发展评价不仅限于对幼儿发展的结果作横向的比较，更要对幼儿不断发展的过程，作动态的、纵向的比较，着眼于教育过程中幼儿在原有水平上的提高。

（二）推动教师向研究型教师发展

教师评价素养是其教育评价理念、评价能力的综合表现，其中关系到教师如何理解幼儿，也内隐教师对活动能在多大程度上支持幼儿发展的期待。教师评价素养也在实践、反思、优化中养成。

我园教师在进行评价时，以观察记录为基础，强调在日常生活中收集幼儿真实的表现。教师每天将他们的所见所闻简单记录下来，再将粗略的笔记转换成正

---

92 潘月娟.儿童发展评价的新趋势——真实评价［J］.学前教育研究，2003（12）.

93 何茜.情感教学与幼儿的自主学习［J］.学前教育研究，2005（10）.

式的记录。随着教师评价经验的增长，老师们逐渐意识到记录更像是在加强与幼儿的互动，而不是额外的工作。教师由此变成了幼儿学习的主动建构者，即通过解读自己的观察记录，获得一种审视幼儿学习的独特眼光，进入到不断从幼儿的学习中发现和捕捉教育问题的研究境界，实现教育评价与课程改进的同步。

我园依托《学前儿童观察评价系统》（高瞻教育研究基金会著，2018），立足我园实际，将评价系统结构进一步聚焦，教师的操作使用步骤及其目的如下：

第一步：观察幼儿在日常生活中或与教师游戏互动时的行为和语言。

第二步：运用故事记录的方法收集幼儿信息，将其行为和语言进行记录，并收集照片、录像、作品等资料。

第三步：通过故事评分或评级来反映幼儿当前的发展水平。

第四步：定期回顾幼儿故事和资料，补充缺失信息，关注故事记录较少的幼儿。

第五步：统计全班幼儿的数据，关注幼儿发展和差距。有针对性地关注某名幼儿和某个领域，并记录下这些观察，基于此改进教学。

第六步：使用数据与幼儿家庭共享故事记录和信息，利用数据改进教学。

“六步法”集中体现了海洋生态教育课程评价对教师教育过程的改进、促进作用。由此可见，海洋生态教育评价从外在看是在评价幼儿的发展过程，从内在看是教师通过观察幼儿的表现、记录幼儿成长过程审视自己的过程，反思自己的教育方法、教育策略、教育智慧是否能够让幼儿获得有益的经验，是否能够让幼儿乐于探究，是否激发幼儿求知的兴趣和愿望……评价的过程是教师专业成长的过程，是验证自己儿童观、教育观、教师观的过程。

（三）提升教育教学质量

我园将海洋生态教育评价体系与《指南》进行联系，制订具有海洋特色的形成性儿童评价量表及教师评价量表。

无论是幼儿评价量表还是教师评价量表，目的都是指向幼儿发展、教育质量提升。因此，评价要在深入地了解幼儿发展的年龄特点和个别差异、教师教学质量的基础上，找到问题的症结，以利反思、改进课程，促进教育质量水平的提高。结构清晰、条目精准的评价量表成为支撑课程架构的重要一环，也成为检核教育质量的有效抓手。即在评价儿童发展水平的同时，整合课程内容框架和评价指标体系，验证课程本身的内容质量，实现评价与课程改进的一体化。

二、海洋生态教育园本课程评价的原则

（一）集体评价与个别化评价相结合的原则

面向幼儿群体的评价可以通过榜样示范作用，来激励其他幼儿改善自身的活动信念和行为，个别化评价则可以及时且有针对性地解决幼儿个体在活动中遇到的困难。集体评价和个别化评价的结合可以通过串通点面的方式，来对幼儿的行为进行更为全面的评价。当然，我园在评价过程中，强调了不仅参照幼儿发展目标进行的横向评价，还考虑到了对幼儿发展过程中的纵向评价，让横向评价与纵向评价不断结合，真正以幼儿的发展为本，为幼儿一生的发展打下基础。

（二）结果评价与过程评价相结合的原则

结果评价是对幼儿发展过程中的终结性评价，是针对幼儿的学习结果而进行的评价。此外，还需评价幼儿发展的过程，并将评价的结果加以对照，来追踪幼儿发展的全过程，看到幼儿发展的真实面貌。

（三）定量评价与定性评价相结合的原则

定量评价是采用统计的方法，收集和处理数据资料，对评价对象做出量化结果的价值判断。在我园10年的实践研究历程中，为支持园本课程的不断完善丰富，已搜集了大量的数据、案例，并建设“二幼课程资源库”，形成97篇论文经验材料，使二幼海洋生态教育评价具有一定的客观化、标准化、精确化、量化、简便化等特征。定性评价是通过观察记录、教育笔记、游戏故事、幼儿作品分析

等方式，参照《指南》对幼儿的发展进行描述性的分析，与定量评价互为印证。同时，定性评价可以保障我园对幼儿的观察与评价是系统和全面的，并能时刻体现园本特色。定量评价与定性评价相结合更能体现我园是以发展的目光看待幼儿的成长，关注并支持幼儿的不断发展。

第二节　海洋生态教育评价的方法策略

依托海洋生态文化研究背景，我园深入贯彻落实《幼儿园保育教育质量评估指南》《山东省幼儿园保育教育质量自评指导手册（试行）》等文件精神，课程实施过程以支持幼儿表达表现、支持教师个性化发展为目标，探寻并实践了多种评价的方法及策略，鼓励幼儿参与评价，强调对教师进行过程评价、全面评价，全方位地审视课程实施水平。

一、支持幼儿表达表现的评价内容与方法

“海洋生态文化”特别关注幼儿的主体性发展，对课程评价的基点就是着眼于幼儿在活动中的具体行为表现，是否主动学习、乐于探究，是否有强烈的好奇心，是否感到快乐、满足。我园强调幼儿在一日活动中获得自主发展，强调幼儿能够运用自己的经验表达富有个性的体验。

（一）选择适当内容

各个阶段开展评价时有着不同的特点，教师要把握幼儿的年龄特点，才能开展适应幼儿需求、促进幼儿发展的评价活动。小班幼儿理解能力表达表现还较弱，如何参与评价呢？我园通过观察幼儿的行为表现来进行评价，密切关注并重视幼儿的行为变化，采取适当的方法满足幼儿的需要。《纲要》的“教育评价”部分指出：“幼儿的行为表现和发展变化具有重要的评价意义，教师应视之为重要的评价信息和改进工作的依据。”例如小班集体教学环节中，当大多数幼儿频繁上

厕所、打哈欠或交头接耳、心不在焉时，幼儿的表现已经对课程做出评价，这时教师应认识到并及时调整教学策略，对教学方法进行反思和调整。

中大班幼儿在理解能力、表征能力上均有所提升，幼儿参与评价过程无疑能激发自我意识和主动学习的能力，教师可引导幼儿参与评价。如通过选择通俗易懂的内容，使用直观形象的图形符号，帮助幼儿理解评价内容，通过连续观察、讨论分析、同伴互评等方法，帮助幼儿加深自我认识以及如何关注兴趣、讨论内容，逐渐促进幼儿自我意识的形成。

表 8–1　青西新区第二幼儿园学前儿童观察评价表

领域	具体条目
学习品质	主动性和计划性
	使用材料解决问题
	反思
社会性与情感发展	对自我和他人的认知
	冲突解决
	与集体、成人（含教师）及其他幼儿建立联系
身体发展和健康	大肌肉运动技能
	小肌肉运动技能
	自我照顾和健康行为
语言、读写与交流	表达
	倾听与理解
	阅读
	图书知识与乐趣
	书写
数学	数字和点数
	几何：形状与空间意识
	测量
	数据分析
创造性艺术	视觉艺术
	音乐
	律动

续表

领域	具体条目
科学和技术	观察与分类
	探究实验、猜想和得出结论
	自然和物质世界
	工具和技术

1. 便于直观记录的内容

评价内容中有许多便于直接记录的表现，例如在《青岛市幼儿素质发展评估手册》（2021）健康领域中，能双手抓杠悬吊多少秒，能单手将沙包向前投掷几米等可以用数据呈现的方式记录。另外，我园尝试让幼儿自己记录和评价，例如，大班幼儿在下图中记录了自己连续拍球的个数以及连续跳绳的个数。

表 8–2　幼儿记录表

这样直观的评价内容，幼儿可以选择自己喜欢的方式进行记录，有的幼儿用数字，有的幼儿用简笔画，有的幼儿用多种多样的剪贴方式……我们欣喜地看到了幼儿的 100 种语言，看到了幼儿的个性表达和表征。

2. 便于幼儿理解的内容

便于幼儿理解的评价内容，至少包含了两层含义。

第一，评价内容本身与幼儿生活紧密相关，是幼儿可以理解的，例如健康领域中“身心状况”内容，能保持正确的站、坐、走姿，社会领域中“能与同伴友好相处”内容，愿意分享玩具，等等。

第二，由评价内容引发的一些外延活动，这些活动与幼儿在园和在家的生活相关，也是幼儿可以理解的。

（二）提供适宜的方法和工具

中大班幼儿已经具有一定的理解能力，对于简单的需要呈现数据的内容，教师可提供简单的材料作为工具，让幼儿尝试记录，如评价内容“单脚连续跳 8 米”，对幼儿来说 8 米是什么样的距离呢？如果单脚跳的时候坚持不下去了，此时跳了几米呢？我园评价的目的不是为了评判幼儿单脚跳的距离，而是希望在评价中激发幼儿的思考。关注幼儿解决问题的能力，关于单脚跳的距离、快跑的距离、抓杠悬垂的时间、跨跳的高度等能用“量”来体现的评价结果，我园建议为幼儿提供一些测量工具，如小椅子、小瓶子、绳子等，鼓励幼儿自主记录。

参与评价能让幼儿建立对自我的认识，教师可以通过一些有趣的方法来吸引幼儿参与到评价中来，例如：可以提供一些互动性强、可操作的小道具给年龄较小的幼儿，如小夹子、小贴纸等。

大班评价案例《海洋运动节小裁判》

海洋运动节中，小裁判为了认真工作，做了充分的准备。如跳绳的小裁判果果，为了更好地计数，拿了纸和小印章，每满 20 个就印一个小印章在运动员的手背上；悬垂游戏的裁判拿了一个小闹钟，调好时间，闹钟自动响起来，更方便记录；还有投掷的裁判冉冉，她准备了不同动物的小贴纸，根据地上标线，不同的米数对应不同动物，以此记录不同的距离。参与评价，让幼儿体验到评价带来的乐趣，从而萌发了责任感和成就感。

（三）分享评价结果

我园始终相信幼儿是有能力的评价者，幼儿参与评价能促进自我意识的发展。评价后教师是如何帮助幼儿进行分析和梳理的呢?

对于小班幼儿，我园采用“星星榜”“为自己亮灯”等互动性功能墙，为幼儿提供评价机会，创设分享展示的平台。

小班评价案例《为自己亮灯》

一次幼儿自理能力测评时，小一班的孩子进餐习惯很好，光盘率也很高。在分享时，班主任老师介绍了一面亮灯的墙。“这是我们班的光盘墙，”她说道，“小班孩子自理能力和习惯养成非常重要，因此我们很早就设计了这面墙，每次孩子吃饱、光盘后，就可以过来拍一下，让自己的小灯亮起来，这代表我今天吃饭非常棒！”在餐后，我们也发现幼儿非常喜欢亮灯，不仅看自己亮的灯，也看别人亮的灯。一盏小小的灯，既是对自我的鼓励，又是对自己的评价，这面墙也变成了展示的平台。

二、支持教师个性化发展的评价内容与方法

幼儿园的评价是为了促进教师的专业成长，促进幼儿的发展，完善课程体系。教师是课程的设计者与实施者，是与幼儿最近距离接触与互动的教育者，因此，幼儿园对教师的评价至关重要，评价观念与评价标准影响教师对幼儿的评价和自我成长。我园对教师的评价强调立体评价和全面评价，做到了“五个结合”。

（一）自评、互评、园评相结合

以往的评价常常采用他评的方式，其关注点主要在“结果”和“分数”上，教师是被检查的对象，在一定层面上和评价者处于“对立”的状态。教师在评价中，往往处于被审查的紧张而戒备的心态，导致迎合、弄虚作假等行为时有出现，使得评价结果失真，从而使评价丧失意义或引导错误方向。

自我评价是在没有外在压力下，从自己发展的需求出发而发起的评价活动，评价过程是自我检测、自我反思、自我改进的过程，教师自身是评价的发起者和主动参与者，没有“自欺”的动机，反映了教师的真实状态。

我园在评价中加强了教师自我评价的研究，首先设计了两种不同的自我评价问卷。

问卷一是描述选择式。主要针对教师的教育理念及行为，从教育目标、教育内容、教育环境、教育组织方式四个方面分化出不同的指标，各个指标再根据本园教师的情况设计多级水平，从低到高，指导教师对标不同指标促进自己的工作。同时，也产生内省和反思的作用。教师在对自身教育行为进行反复评价、反思实践的过程中，逐渐理解、明晰、概括出一些规律性的认识，从而产生认识上的飞跃，建立新的观念。

问卷二是教师全面工作的自评问卷。教师根据实际工作给自己划分等次，并进行分析与反思，在这里值得介绍的是“创新内容”一栏，要求教师将一个月以来自己创新的工作内容填写在此栏，以此激励教师的创新意识和创新行为，并进行有效奖励。

自评具有许多他评所不具备的优越性，但它存在主观性的弱点。为了使每一位教师能更加客观地认识自己，自评、互评和园评相结合会收到更好的评价效果。不仅能使评价更加客观，而且有助于教师之间发现问题，共同研讨解决。如教育活动评价、环境创设评价、半日活动评价等。我园采用自评、互评和园评相结合的方式，将自评作为整个评价活动的预评阶段，促进被评者与评价者的沟通与理解。

表 8—3　青岛西海岸新区第二幼儿园教师评价表

年　月　　　　　　　　　　班级：　　姓名：

项目		内容	分数		
			自评	互评	园评
劳动纪律15分		1. 严格遵守、执行幼儿园各项制度，不迟到、早退等；上班时间不闲聊，不办私事。 2. 尊重领导，团结同事、家长；坚持原则，顾全大局，传播正能量，不造谣，不传谣，集体荣誉感强。 3. 乐于奉献、不计较个人得失。 4. 遵守劳动纪律，严格执行作息时间，保证正常工作出勤到位；外出向园领导请假并做好出入登记。 5. 交接班人员按时到位，交班时说明情况并有记录，保证幼儿安全。			
一日活动55分	入园晨检5分	1. 做好晨检，热情接待家长、幼儿，指导家长认真填写入园记录表。 2.观察幼儿情绪，做到“一看、二摸、三问、四查”；发现异常及时询问、处理、记录；管理好衣物及药品。			
	区域活动10分	1. 时间安排合理、充足，每个幼儿不少于 2 小时。 2. 材料随课程主题更换并富有选择性，废旧自然材料不少于 1/3；活动内容与主题融合，有效落实主题目标；材料提供体现开放性，在区角范例、幼儿作品中有使用的痕迹。 3. 活动前利用各种时机，指导不同能力的幼儿制订适宜的活动计划；活动中了解每个幼儿的计划并引导其不断丰富、拓展活动计划，引导幼儿自主(合作)并能注意力专注地实现自己的活动计划；观察幼儿实现计划过程中出现的困难，及时给予鼓励和帮助；激发幼儿在各种活动中的创造性；培养幼儿克服困难、解决问题的能力；与幼儿共同讨论建立活动规则并提示遵守。 4. 活动结束指导明确整理的具体要求，活动后归回原处并保持区域的整洁；引导幼儿围绕明确的主题进行谈话和作品交流，分享价值高；根据实际观察有重点地帮助幼儿提升经验（幼儿的努力程度、解决问题的方法）；引发下次活动兴趣；等等（介绍各区域幼儿的活动成果和创新）。			

续表

项目		内容	分数		
			自评	互评	园评
一日活动55分	早操10分	1. 做好操前准备，安排幼儿分组入厕，组织幼儿整理衣服鞋子，进行早操前的激励或提出要求，清点幼儿人数；提前摆放好早操器械。 2. 组织幼儿早操，精神饱满，与幼儿共同锻炼；根据各班要求进行队列练习，教师带操富有感染力，口令动作规范；幼儿动作整齐、到位；操前后准备、放松活动，幼儿随音乐创造性地表现并达到锻炼目的；及时进行早操后的讲评分享活动。			
	教学活动10分	1. 知识、能力、情感定位准确，具体可行；教材贴近幼儿生活，具有科学性、教育性、趣味性特点；教材内容分析准确，符合幼儿发展水平，重难点突出。 2. 教学准备充分，内容适宜，教具设计美观，实用性强，具有层次性和暗示性；教学手段综合运用，教学媒体运用合理，有助于教学目标达成。 3. 教学结构层层深入、环环紧扣；教学方法体现游戏化，让幼儿在玩中学、做中学；教学提问有价值，利于重难点的解决；教学中幼儿学习的主动性和探索性水平高，并获得新经验。 4. 教态自然适宜，语言简练生动并富有感染力；教学机制灵活，根据不同幼儿反应灵活调整教学行为；具备相关教育领域（科学、语言、艺术等）的基本素质；师幼关系融洽；活动过程关注幼儿专注性及良好姿势、习惯的养成。			
	户外活动10分	1. 游戏场地器械准备充分，玩具材料充足，保证人手一件；检查幼儿着装，进行安全教育。 2. 根据周安排组织体育游戏，有明确的锻炼目的；科学安排活动密度，活动量适宜，游戏组织严密、生动；游戏中贯穿集体观念和遵守游戏规则的教育。 3. 有计划地开展小型多样的活动；锻炼内容丰富（有选择性）有趣；根据幼儿体能确定重点锻炼内容，要求明确并给予恰当指导；活动具有挑战性和创造性，提供同伴间交流玩法的机会；保育措施得力，关注幼儿安全和自我保护；幼儿动作协调灵活；勇敢克服困难；有序整理器械玩具；幼儿愉快锻炼。 4. 注意观察幼儿，根据天气情况及时为幼儿准备毛巾擦汗，及时提醒幼儿增减衣服、饮水。 5. 活动结束指导幼儿按类别把器械整理好，公用玩具物归原处。			

续表

<table>
<tr><th rowspan="2" colspan="2">项目</th><th rowspan="2">内容</th><th colspan="3">分数</th></tr>
<tr><th>自评</th><th>互评</th><th>园评</th></tr>
<tr><td rowspan="2">一日活动55分</td><td>生活活动5分</td><td>1. 餐前安排幼儿分组入厕、洗手；组织餐前谈话，介绍今日食谱等；播放舒缓的音乐，为幼儿营造安静、愉快的进餐氛围，餐前餐中不处理问题。
2. 指导幼儿正确使用餐具，不挑食；文明就餐；饭后主动擦嘴漱口、整理进餐的场所，保持桌面和衣服的整洁；观察幼儿进餐情况，根据幼儿进餐量及时添加饭菜；提醒幼儿餐后整理桌椅；组织餐后散步或安静活动。
3. 指导幼儿养成主动喝水的习惯并喝够量，养成饭前便后和手脏时正确、主动洗手的习惯，能节约用水并保持地面清洁，养成自理大小便、女孩用纸和便后主动冲厕、洗手的习惯。
4. 看护幼儿午睡，以科学方法引导幼儿尽快入睡和正确的睡姿；培养幼儿有序整理自己床铺、独立穿脱衣裤鞋袜等自理能力；关注幼儿睡姿、盖被情况。</td><td></td><td></td><td></td></tr>
<tr><td>离园活动5分</td><td>1. 按照周计划安排组织幼儿进行离园活动，活动内容丰富，与主题融合；活动形式多样；组织幼儿整理仪表。
2. 整理摆放室内所有物品，做好第二天晨间区域活动准备工作。
3. 指导家长做好离园登记；认真填写“大晚班交接班记录表”，并与值周领导、值周教师当面交接。</td><td></td><td></td><td></td></tr>
<tr><td colspan="2">资料5分</td><td>1. 各类计划、教学资料（周计划、教育活动、教育笔记、区域观察、家园联系等）、听课笔记、学习笔记按要求及时上交；字迹工整，内容有价值。
2. 资料的效果分析与反思有理有据，用数字或事例说明幼儿发展情况，结合教学法、典型经验提出有效的改进措施。</td><td></td><td></td><td></td></tr>
<tr><td colspan="2">环境创设5分</td><td>1. 教师之间互相尊重、团结协作、共同进步；热爱尊重幼儿，坚持面向全体，正面教育，创设平等和谐的班风。
2. 墙面环境体现审美情趣——儿童性思想性教育性与艺术性，并与主题紧密结合；根据主题推进及时更换。
3. 常规墙饰如值日生、天气预报、信息墙等设置齐全，体现使用过程。
4. 区域有明确的区域标志、区域活动规则、人数限定标记图示，板块分隔与装饰美观精致；区角材料分类摆放，有标记、图示。</td><td></td><td></td><td></td></tr>
</table>

续表

项目	内容	分数		
		自评	互评	园评
教研活动5分	1. 按时出勤，不迟到、早退；学习态度认真，注意经验积累；学习有收获。 2. 创造性围绕主题谈见解，提建议；认真、按时完成教研组布置的任务。			
家长工作5分	1. 热情、诚恳、大方、礼貌地接待每位家长，加强沟通，协调关系。 2. 建立本班与家长联系的有效方法；取得家长的理解、支持，无投诉，反馈意见好。 3. 创造性开展家长活动（家长进课堂、家长社团、家长沙龙）。			
学习创新5分	1. 积极参加政治、业务学习，继续学习，提高学历层次。 2. 坚持读书学习，不断提高文化素养，撰写读书笔记，每月上交一次。			
承担活动5分	1. 承担活动情况：园级活动　次；区级活动　次；市级及以上活动　次。 2. 活动信息上报：园网站　篇；局信息网　篇。 3. 园级公众号编辑　篇；发布　篇。			
考勤	1. 事假离岗　次；共计　天　小时。（　　　） 2. 病假离岗　次；共计　天　小时。（　　　） 3. 迟到　次；共计　小时　分钟。（　　　）			
反思	要求：根据岗位考核目标进行有针对性的反思，问题具体，措施得当。	总分	总分	总分

（二）研究性评价与日常考核相结合

我园将评价的过程视为教育教学研究的过程，在教研活动中提出一个口号：“不求完美，没有好坏，只求引发思考。”这样就把参加教研性课题研究的门槛降低了，评价的标准放开了。教师组织活动没有顾虑，都争先恐后地参加研究性活动的组织，请大家观摩评价。这种研究性评价虽然不需要评价者打分、分等次，但对评价者的要求更高，需要看完后能理论结合案例进行分析，能找出优点，提出建议。因此，每一次活动前，不管是评价者还是被评价者，都要针对研究的课

题翻阅资料，学习理论，不断提升自己。

为了引导教师会看、会评、会思，在每次活动前我园都会给教师提 1~3 个问题，让教师们带着问题去观察、去讨论、去评价。如我园开展活动区现场观摩式教研活动。观摩前提了这样几个问题：“你认为今天的活动与以往开展的活动有什么不同？这种活动方式对你有什么启示？你有什么建议？”教师们带着这三个问题去观摩，目标更加明确，观察和评价的能力逐渐提升。

同时，研究性评价需要及时、适时。考虑到此类活动大部分是现场观摩式的，有一些观点和想法在看活动的过程中稍纵即逝，我园非常重视活动后的及时性评价。它需要经过“组织者的自评—教师的评价—园长的总评”三个过程。因此，这种评价方式，不仅促进教师的成长，也促进园长自身的成长。我园的研究性内容一旦达成共识，就成为日常考核的内容，消除以往只发现问题的做法，采用发现长处、提出建议的等级式评价方式。

（三）描述性分析和量化分析相结合

我园教师参与组织的每一项活动都是复杂的、多种因素相互作用的结果。因此，只用以往定量的评价方法，评价较为片面，容易将教师的活动简单化，缺乏创造性，因此，我园认为定向与定量的结合才是最合适的评价方式，将以前定量的评价表格进行了改进，加入了定性描述的内容。

（四）全面解释与慎重处理的结合

我园非常重视对评价结果的全面解释，主张把每一位教师的特色加以充分考虑，不以偏概全，不凭个别数据下结论。重视全面解释与慎重处理评价结果。从而既维护了结论的权威性，不因某个人的好恶或其他原因而改变结论，又保证了对结论解释的适当性，使评价结果起到积极的作用。学期末的考核成绩与园长谈话相结合，主要是鼓励，找优点，提出努力方向，评价的目的不是为了过去，而是指向未来。

第三节 海洋生态教育评价体系

教育评价是幼儿园教育工作的重要组成部分。它是我园了解教育的适宜性、有效性，调整和改进工作，促进每一个幼儿发展，提高教学质量的必要手段。海洋生态文化探究10年以来，我园依据《纲要》《指南》等文件精神，形成了一套主体多元、操作科学的幼儿发展性评价体系。

在海洋生态文化背景下，营造了科学适宜的课程评价环境，充分利用刘占兰《幼儿园教育质量评估手册》（2009）、《观察儿童 解读儿童——3~6岁儿童关键性发展指标解析》等资源，实践探索评价的有效途径和方法，构建了立体式的评价体系，全方位提高评价水平，从而促进幼儿的全面发展。

一、实行“教师+幼儿”的双主体评价策略

《纲要》明确提出：“管理人员、教师、幼儿及家长均是幼儿园教育评价工作的参与者，评价过程是各方共同参与、相互支持与合作的过程。”

（一）注重教师评价的有效性

教师作为教育评价的重要主体，针对“重整体评价，轻个体评价”“重显性评价，轻隐性评价”“重群体经验总结，轻典型案例分析”“评价手段的多样化”等问题做了一系列研训活动。在评价过程中不断锤炼与锻造自己的专业素养，在节庆活动、游戏后，收集数据，学会敏锐捕捉、分析、统整来自各方的评价信息，充分研读幼儿，学会根据实际情况采取适宜有效的教育方式和策略实施教育。

1.“日”评价自然地渗透于幼儿一日生活的各个环节、各类活动

在区域活动中，教师有意识地根据幼儿选择活动的频率和时间的长短——判断兴趣，观察幼儿表现出坚持性、自信心、专注等——分析学习品质；在教育活动中，根据幼儿表现和活动成果、幼儿作品等——识别其“关键能力”；在游戏活动中，及时围绕活动目标达成情况来进行阶段评价总结，给予幼儿进一步的启发引导，增强幼儿本次活动的成功体验感并激发下一次活动的愿望。

中班教师“日”评价案例《小餐厅里的越越》

中三班陈老师统计梳理了过去13周幼儿区域游戏计划中，每个孩子进入社会性区域的次数，发现本来就“独来独往”“情绪波动比较大”的越越进行社会性区域活动的次数为5次。某一天，陈老师发现越越刚好进入“小餐厅”，就选择了“轶事记录表”为观察工具，对越越这一天在社会性角色游戏中的行为表现进行观察记录和介入。

日期	2021.12.13		
观察对象	越越	观察情景	在游戏中出现强烈情绪波动时
观察目的	幼儿能否经常保持愉快的情绪，不高兴时能较快缓解；能否在有比较强烈的情绪反应时，在成人提醒下逐渐平静下来。		
观察记录	越越刚进入区域时已经有两个同伴在开展角色游戏，越越只是站在旁边观察，不参与游戏，大约3分钟后，他开始自己去翻弄区域里的材料，与同伴没互动，同伴告诉他不要动，他也不理会。偶然间，我听到越越哈哈大笑起来，嘴里说着“不是这样弄的”，原来是其中一个孩子把餐具弄到地上了。在老师的提醒下，越越声音变小，脸上的表情依然在笑，过了一会儿，又听到他在大叫。		
分析与评价	第一次在角色游戏区域活动中，越越遇到让自己开心的事情时会哈哈大笑，以自我为中心，不在意周围同伴，很少有互动。越越在多个区域之间走动，游戏活动专注力时间短，老师进行引导，增强角色意识，鼓励他与同伴分角色游戏，但是越越不理会，收区域后也不愿和同伴坐在一起，甚至需要老师引导参与集体活动，教育活动中会和旁边的同伴分开坐。 第二次游戏时，新的游戏伙伴让他又有点望而却步，但是会在区域中与同伴互动，根据角色特点开展活动。与同伴发生冲突时，会通过大叫的方式表达，老师提醒后音量降低。和同伴一起收区域，集体活动时与同伴分开坐。 在前几次游戏基础上，越越与同伴之间的互动增多，并主动参与游戏，制订游戏计划，游戏过程中也会遇到问题和冲突，但是会通过协商交流解决，提高音量大叫的情况明显减少，教育活动中能够主动坐在同伴旁边。		
原因与措施	根据以上原因，打算采取以下措施： 1. 与家长合作——满足幼儿的情感需求。 2. 师幼互动——建立安全型依恋。 3. 设计与组织——提供问题解决与情绪控制的经验。 4. 环境与资源——拓展游戏延续性。 5. 群体影响——建立同伴亲密关系。		

续表

实施两周后幼儿表现	能够与同伴进行合作性的角色游戏，互动增多，主动参与集体活动，和同伴坐在一起，一日活动中情绪平稳，大叫的情况明显减少，第二周只有两次。

基于“观察—反思—评价—介入—再观察”，一段时间后，老师发现越越通过社会性区域游戏获得了更多同伴交往互动的机会，情绪也能稍有控制，情感表达的方式方法更加准确。由此想到，班里像越越这样的幼儿还有不少，就和幼儿一起制订了“社会性区域游戏可以多次重复进入”的班级规则。

2.“月”评价中关注主题课程、节庆活动实施质量

大中小班每学期 6 个主题、每年 4 个节庆活动都会进行实施效果评价，并通过现场观摩活动、填写评价表等方式，引导老师、家长实时了解幼儿园的课程实施过程，对于每个主题、每个领域、每节活动目标幼儿的达成情况也会有更加清晰的认知。例如：海洋运动节结束后，大班级部的教师针对新项目“旗鱼马拉松”，进行评价分析，梳理长跑用时与获奖数量，最终指向短板班级。老师在评价与复盘中，更加科学地制订班级运动计划，不断改进自己的工作方法和教育策略。

（二）注重发挥幼儿的自我评价

鼓励幼儿积极参与自评和互评，并根据幼儿的年龄特点采取操作简单、形式有趣的评价方式，激起幼儿参与评价的兴趣，享受参与评价的乐趣，使幼儿在被评价的过程中同时也成为评价者。如：在区域活动后可以观赏、评价自己或同伴的作品；可以通过全班投票选出“我心目中的本周好宝宝”；可以通过记录“我的心情日记”重视自我想法的表达；等等。评价有助于幼儿学习客观地认识自我，并吸取他人之长，达到提升自我的根本目的。

二、将评价贯穿于课程实施的全过程

《纲要》中提到，“评价是了解教育的适宜性、有效性、调整和改进工作，促进每一个幼儿发展，提高教育质量的必要手段”。我园每个学期将观察、谈话、作品分析等多种方法渗透在幼儿一日、学期活动中，采用“诊断性、形成性、总

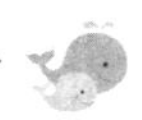

结性”的目标评价方法，来关注课程实施、幼儿发展现状及水平。例如，借助《青岛市幼儿素质发展评估手册》、东方智慧 App 评价模块、成长档案等评价工具，通过对 2020 级小班幼儿和 2021 级小班幼儿的评价进行对比分析，在三个等级（等级由高到低依次是三星、二星、一星）的评价中，不论是教师评价还是家长评价都有了提高。

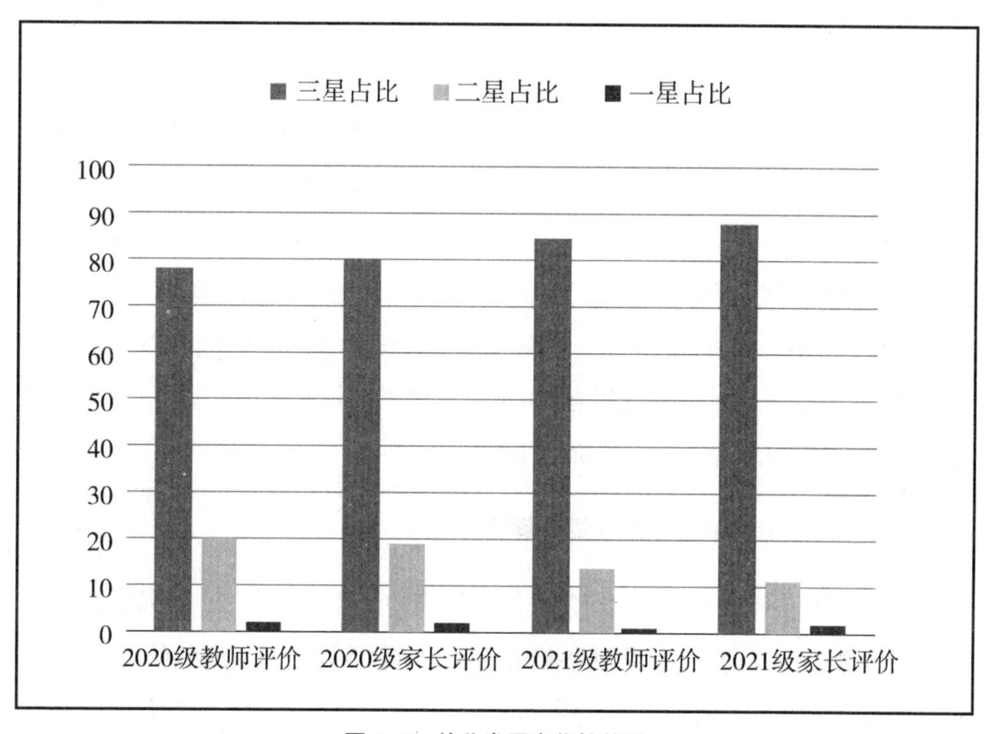

图 8-2　幼儿发展变化柱状图

通过数据发现幼儿三星评价的人数明显增多，意味着能力的普遍提升。教师三星评价增加了 6.7%，家长三星评价增加了 5.8%。

（一）聚焦主题课程实施中的幼儿发展

发展性评价——在“主题课程实施评价”中把控日常课程实施过程。主题评价旨在帮助教师不断积累观察与解读的经验，尝试全面观察、重点观察、个别观察、记录观察、评价观察。通过现场观摩幼儿游戏活动、填写评价表等方式，教师观察了解幼儿的一举一动、表情变化、自主选择材料、同伴交往、创造性玩法等情况，并做必要记录和详细的观察分析，更准确掌握幼儿心理变化情况，在观察当中分析幼儿行为。教师周期性了解幼儿园不同年龄段、同一年龄段课程实施过程和幼儿表达表现，对于每个主题、每个领域、每节活动的目标，不同层次幼儿的达成情况也会有更加清晰的认知。最终，教师不断以发展的眼光研读幼儿，既了解了现有水平，又关注了其发展速度、特点和倾向等。

（二）全方位动态记录幼儿成长

形成性评价——在“成长档案”“评估手册”中关注儿童视角下立体积累式的呈现。“一档一册”是对每一名幼儿学期各阶段发展特点的动态记录，图文并茂，富有纪念价值。幼儿视角下的“作品故事讲述”“童言稚语”，让记录更加生动鲜活；教师视角下的“幼儿五大领域表现观察记录”“教师评语”等版块内容，对幼儿发展表现表达有更为全面的了解；家长视角下的“亲亲一家人”“家中趣事”，让家长更加细致清楚地了解幼儿个体的成长变化，注重对自己教育行为的反思，重视在日常生活中评价幼儿的发展。

（三）特定情境下的行为观察与解读

总结性评价——运用期末幼儿发展测评中的“评价结果”，反观课程实施质量。师幼互动中的幼儿行为观察与解读是一种科学、合理、有效的评价方法。期末，我园会结合学期各领域目标，以在情境中谈话、在游戏中操作等灵活的形式，在自然、真实的生活和学习情境中，观察师幼、幼幼互动并实施评价。教师可能会提问：“你能唱一首这学期学过的最喜欢的一首歌吗？”“有 3 辆不同的小汽车开进了停车场，请你来帮它们按照一定的规律来停，你会怎么停，为什么？”在系列开放性提问、追问中观察幼儿行为及表现，观察目的清晰明确。如在教育活动时观察幼儿参与的主动性、语言表达、内容理解等；在午餐时观察幼儿自主取餐的能力、进餐的习惯；在活动区中，注意营造宽松、民主的氛围，对幼儿在自由、自主、愉悦的情绪情感体验中展现出的多元智能进行观察、分析、记录和评价。

第九章　海洋生态文化下的家园社协同育人

大海睡了[94]

风儿不闹了，

浪儿不笑了。

深夜里，

大海睡觉了。

她抱着明月，

她背着星星。

那轻轻的潮声啊，

是她睡熟的鼾声。

根据《中华人民共和国家庭教育促进法》、教育部《关于指导推进家庭教育的五年计划（2021—2025年）》、教育部等十三部门联合印发的《关于健全学校家庭社会协同育人机制的意见》、山东省《中小学幼儿园推进全环境立德树人工作方案》《青岛市家校社协同育人质量提升行动计划（2022—2024年）》等要求，我园在原来积累的经验基础上，进一步梳理家校社协同育人的内容、机制、实施途径，逐步完善并创建了以“幼儿为本、师德为先、家园共育、社区共建，探究生命成长之美”为核心理念的“海润童心爱满家园”的家园社协同育人品牌，逐步搭建起立体式、多层次、全覆盖的海洋生态文化家园社协同育人机制。

94　《语文》小学三年级上册（S版），语文出版社，1970:4.

第一节 幼儿园引领家园社协同育人

在家园社协同育人工作中，我园发挥主体作用，通过家长培训、组织设置、机制推动等方式，构筑起理念统一、组织有力、机制健全的家园社协同育人共同体。

一、加强培训，明确协同育人理念

幼儿园依法开展家庭教育指导，既要“普法”，还要“普知”“普技”，引导家长守底线、长知识、增技能，不断提高家庭教育的实效与水平。[95] 我园尝试从理念引领入手，加强家长的培训，更新家教观念，全面提升家长自身修养和育子水平。

（一）按需培训，精准定制培训菜单

通过发放问卷、座谈、家访等多种形式，了解幼儿家长的学历层次、育儿观念与教育方法，了解家庭的教育环境，结合幼儿在园与在家表现，汇总家长家庭教育的需求以及家庭教育存在的难点、堵点问题。

（二）专业培训，有效提升育人理念

1. 确定培训内容

不同年龄段幼儿的家长关注的问题呈现大同小异、难点集中的特点，小班家长多关注入园适应、行为习惯养成；中班家长关注社会交往和亲子沟通；大班家长关注幼小衔接。据此，一方面，我园会有针对性地对家长需求进行主题培训；另一方面，我园还注重加强海洋生态文化理念及园本课程的培训，让家长了解幼儿园的办园理念和教育方式，畅通家园共育。

---

95 于小芳. 系统化家教指导服务助力“三有”家教［J］. 早期教育，2023（6）.

2. 丰富培训资源

一是专家资源，邀请市区心理指导师、家庭教育专家组成家庭教育指导“智囊团”。二是依据青岛市教育局推荐教材《牵手两代幸福路上》，结合配套App使用，为家长提供更为便捷的培训资源。三是提供家长阅读书目，以家长自行阅读为主，辅以幼儿园组织的读书沙龙、家教故事等形式分享读书体会及育儿心得。

3. 多元培训形式

培训形式多元，采用网上家长课堂、现场专家授课、家长沙龙、社区宣讲、家庭小组访谈以及“私人订制”约谈等方式进行培训指导。而且，针对同一个主题，会邀请不同人员从不同角度切入，全方位分析，力求满足不同家长的需求。

如每年学期初对新生家长集中开展“五讲”活动，即专家讲《如何让孩子尽快适应幼儿园生活》、园长讲《幼儿园办学理念》、优秀班主任讲《家园合力培养好习惯》、最美家长讲《怎样实现与幼儿园的无缝对接》、心理老师讲《亲子共读的力量》，从不同侧面、不同角度对家长进行系统培训，深受家长欢迎。

4. 培训原则

家长培训遵循“三个结合”：一是自主学习与幼儿园培训相结合。如家长除了参加幼儿园统一组织的培训外，还参加社会上有关教育方面的培训，同样视为培训内容。二是集中培训与分散培训相结合。在幼儿园组织的集中培训基础上，班级、级部结合家庭教育中突出的问题，开展小组、个别指导。三是按照三个年龄段相结合，做好衔接。针对年龄段的不同，遵循由低到高的规律，培训各有特色，互有传承，互通有无。

5. 重视培训后的反馈

通过培训的出勤情况、读书笔记、学习感悟、座谈、家长反馈等多种形式，了解家长培训的成效，反思教学。

二、建立组织，建设协同育人联盟

（一）组建两级家委会，促进家园深度互动

家委会是增强家园沟通、促进家园协作的组织。我园一直以来十分重视家委会在家园共育中的重要作用。为了发挥家委会的重要作用，我园家委会职位设置考虑到保教结合，设置专门的课委会，参与幼儿园课程建设和实施，除此之外，还有特定的伙委会、安委会等职位，鼓励不同特长的家长，深度参与幼儿园各项管理工作。

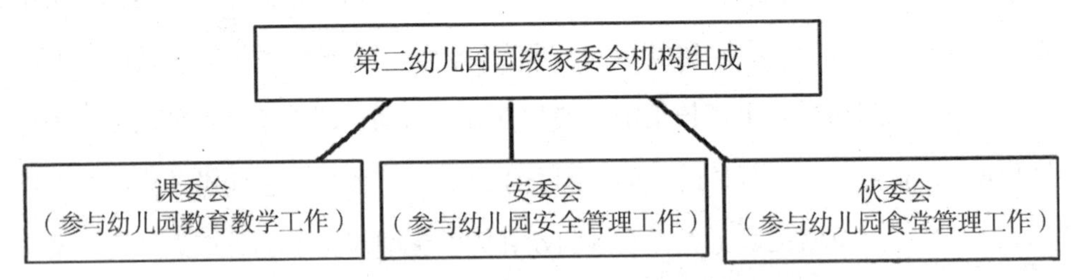

图 9–1　青西新区第二幼儿园园级家委会组织架构图

（二）社区联动共建，实现资源共享

社区是幼儿成长的重要环境，蕴含着丰富的教育资源，把社区作为幼儿园教育的补充，通过亲子互动、公益讲座等活动，潜移默化地引导家长形成正确的家庭教育观念。

表 9–1　青西新区第二幼儿园社区联动计划表

序号	时间	地点	活动主题
1	9 月份	社区活动室	专家讲座《孩子要上幼儿园了》
2	9 月份	第二幼儿园	亲子活动“甜甜的月饼”
3	10 月份	社区活动室	亲子实践活动“参观社区科普馆”
4	10 月份	第二幼儿园	公益讲座《如何集中注意力》
5	11 月份	第二幼儿园	公益讲座《做情绪稳定的父母》
6	11 月份	第二幼儿园	传统文化体验《茶艺》

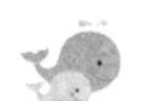

续表

序号	时间	地点	活动主题
7	12 月份	社区活动室	亲子活动“手工 DIY”
8	12 月份	第二幼儿园	专家讲座《家长如何听》

同时，我园经常组织教师、家长调查社区的环境、文化资源，引导幼儿观察，将幼儿感兴趣的内容纳入园本课程内容，社区也会将更新的内容和信息与我园共享，以确保双方资源实时共享。

三、创建机制，保障协同育人有效运转

（一）定期和不定期的家访

家访是家园近距离沟通交流的良好途径，便于双方互相了解幼儿发展情况，从而实现有效共育。我园立足大中小不同年龄段家长情况，期初和期末开展小班入户家访、中班一对一约谈、大班小组式沙龙，家园面对面深入交流幼儿发展问题，期中以线上 + 线下相结合的方式，通过微信家庭群[96]、离园时约谈、电话、视频电话等方式，反馈幼儿在园表现，了解幼儿居家学习、生活情况以及家长对班级工作的意见建议，共同制订科学育儿方案。家委会和幼儿园后勤管理人员也会跟班级老师有重点地进行家访，助力幼儿健康快乐成长，全面提升家长满意度。

（二）家长视角的家长会

家长会由原来老师讲、家长听等讲授的方式，逐渐向对话式、沙龙式、体验式、论坛式家长会转变，家长在家长会中有了更多的话语权，有机会以幼儿的角色体验幼儿园课程。家长会的内容也在逐渐变化，由原来的介绍幼儿园办园成果、

96　微信家庭群是我园班主任为了便于孩子的所有家长，包括爸爸、妈妈、爷爷、奶奶、姥姥、姥爷，能清楚了解孩子在园情况，而组建的 ××× 家庭群，每个孩子一个家庭群。这样做不仅有利于所有家长了解孩子在园情况，避免爸爸知道、妈妈不知道等情况的发生，还有助于家庭成员与老师就孩子表现进行多方互动，进而达成家园合作共识。

班级工作重点、幼儿发展水平逐渐向家长关注的重点转移，亲师对话的内容增多。

（三）沉浸其中的家长半日开放

每学期我园都会邀请家长来园观摩幼儿半日活动，从入园到午睡之间的所有环节，家长全程跟踪，幼儿园会提供观察评价表以及观摩指导，引导家长去了解幼儿表现、幼儿园课程实施方法和教师教育策略，反思家庭教育中存在的问题。

（四）聚焦问题的家长学校

围绕情绪问题、说脏话、交朋友、挑食、疾病预防、学习习惯等家长关注的内容，我园组织骨干教师，邀请社区相关人员一起，集体备课，撰写讲稿，制作PPT，以说理简单易懂、方法易操作为原则，力求家长能够听得懂、用得上。

（五）解决共同需求的家长沙龙

我园以班级为单位，了解家长在家庭教育方面存在的难点和困惑，园级将共性问题进行汇总梳理，将面临相同问题的家长组织到一起，邀请经验丰富的父母或社区教育、心理老师分享经验，共谈孩子、共话教育。家长沙龙有同级部的，也有跨级部的，家长自愿参与，活动形式比较灵活、轻松，可以家长发起组织，也可以是社区或教师发起，每位家长在其中畅所欲言，描述现象、分析原因、探讨解决的策略。我园要求教师参与到沙龙中，一方面是把握方向，避免主题不明确、思想激进；另一方面是适时给予指导，形成可行性策略。

“怎样与孩子沟通更有效”家长沙龙小记

陈鹤琴先生说：“幼儿教育是一件很复杂的事情，不是家庭一方面可以单独胜任的，也不是幼儿园一方面可以单独胜任的，必定两方面共同合作，方能得到充分的功效。”如何让家长树立正确科学的教育观念，掌握适宜的教育方法？家教沙龙为这个问题的解决提供了有效途径。

家教沙龙，为家长提供宽松的、舒适的环境，家长自愿参与活动，围绕大家共同关心的教育问题，人人参与，畅所欲言，在观点碰撞中学习经验、分析问题、反思行为、达成教育共识。其组织形式灵活，氛围活跃，活动效果突出。

中三班家委会组织家长开展了一次“怎样与孩子沟通更有效”的家教沙龙活动，得到家长热烈响应。主持人由家委会主任宋琨担任。活动开始，她首先介绍了中班孩子的发展现状，随后抛出讨论主题：“孩子发展过程中存在哪些沟通上的问题？”家长们结合自己孩子的表现，说出教育困惑，例如小孩儿不断犯错，说他也不听，每次都道歉，然后下次接着犯错；孩子没有规则意识，不受约束；孩子做事磨蹭拖拉，缺乏主动性等。

一个个问题的抛出，引发了大家你一言我一语的讨论。家长们从孩子的思维特点和家长解决问题方法的有效性、规则意识建立等方面各抒己见，贡献了许多金点子。

圆圆爸爸说：“应该从孩子的视角看问题，用孩子能理解的方式提出要求。不能用成人的标准去衡量孩子。”

笑笑妈妈说：“给孩子一个可以感知的标准，引导他按照这个标准来做事。”

漫漫妈妈给大家提建议：“父母要尽量抽时间自己带孩子，孩子需要父母的关注。”

在听取大家的意见后，主持人也发表了自己的观点：孩子道歉的时候都是真诚的，只是自控力差；在孩子心里，妈妈是最亲的人；用讲故事的方法帮助孩子理解道理，要比说教更有用。

主持人的发言将沙龙活动推向了高潮。大家得出结论：有时候孩子并不知道自己做错了什么，他们只是有自己的想法；当沟通出现问题时，家长应该想一想，是不是孩子对家长说的话并不理解；当孩子发生问题时一定要了解原因，不要一味地责怪孩子。

最后，主持人为家长们分享了“三个一”“打好你手中的每一张牌”两个故事，并用“伤害孩子的七把刀”提醒家长应该避免的沟通误区。

活动结束时，王园长进行了活动总结，认为本次活动接地气、有实效，参与活动的每位家长积极、有智慧，活动达到了“每一个想法都可以表达，每一个心声都可以被听到”的预期效果，实现了举办家长沙龙的目的。希望家长能够在新颖、平等、开放、包容的互动空间，互相看到、听到，并且有所启发，结伴成为孩子成长路上的同行者。最后提出家长作为家庭教育的主体，应充分参与到家庭教育中。

此次家教沙龙，用创新的形式，在轻松愉悦的互动氛围中，充分调动了家长们参与的热情，引发了家长的思考，让家长获得了成长。一是由被动变为主动。在沙龙进行的过程中，家长们就自己关心的问题提出困惑、献计献策、各抒己见，分享各自解决问题的想法与建议，同时提出有益的育儿经验。由过去的被动接受来自专家、教师的方法，变为主动想办法、主动反思，实现了教育行为的转变。二是学会了沟通与交流。在沙龙进行中，有的家长认为孩子总是任性爱发脾气，可能是缺乏自信和安全感的表现，也可能是家长说的话孩子不明白，孩子表达的意思家长不理解。说明家长在关注孩子身体健康发育的同时，更应该关心孩子的心理需求，改变与孩子沟通交流的方法，具有重要意义。三是实现了智慧共享。大家对每个家庭提出的问题都展开了热烈的讨论，并提出了很多建设性的意见，比如：减少看电视的时间，培养良好的阅读习惯；孩子专心做事的时候不要去打扰他；父母以身作则营造学习环境；等等。当每个家庭都说出自己的办法时，家教沙龙就实现了智慧共享的意义。

这次家教沙龙活动也带给我们一些思考。

首先，活动的参与度还需要进一步提高。虽然本次活动实现了班级家长的全员参与，但是在活动进行的过程中，有些家长只是在听别人发言，并没有表达自己的想法。在今后的活动中，我们要鼓励所有参加活动的家长都积极发言，

提高参与度。

其次，教师的引导很重要。在家长发表意见后，教师适时适度地对有些偏颇的观点进行引导，能保证家长通过沙龙获得的方法是正向有效的。

最后，言传身教大于耳提面命，所有的教育里最重要的是家庭教育。

最好的学区在家里，最难的教育在家里，最宝贵的成长也在家里，用心做一位好家长，愿家教沙龙能帮助我们的“小苗苗”在家园合作的共同灌溉下茁壮成长！

（六）多层面参与的家庭教育指导团队

我园由经验丰富的骨干教师和后勤管理人员组成家庭教育指导团队，由园长领衔。团队工作主要有三个层面：一是指导园内教师的家园工作。帮助教师掌握家访、家长会、家长半日开放活动的技巧和关注要点，和老师一起解决班级出现的家园问题，一起策划家庭培训内容和形式。二是以线下个别指导和线上全面普及相结合的方式，直接对家庭开展家庭教育指导。线下的个别指导是面对面、一对一地解决个性化的问题；线上普及以微信公众号的宣传为主，及时呈现幼儿园重要活动，让家长了解幼儿园课程和教学。三是面向社区，开展家庭教育讲座或进行现场家庭教育咨询，服务社区家庭教育，提升社区家庭教育水平。

（七）激励为主的家长积分管理

制定《青岛西海岸新区第二幼儿园家长积分制管理办法》，记录家长参与幼儿园各项活动的情况，并赋予一定的分值，根据分值来评选年度优秀家长，激发家长参与家园共育活动的积极性。坚持每学年评选优秀家长、智慧家长，激励家长积极参与幼儿园活动，同时通过家教故事分享、家长沙龙等形式学习优秀家长的典型做法，充分发挥其榜样作用，引领更多家长积极参与到幼儿园的各项活动中。

第二节　全环境育人的园本课程构建和实施

海洋生态文化强调让每名家长、社区中的每种角色成为海洋生态文化的重要他人。海洋生态文化课程实施应该反映儿童学习经验的连续性和动态性，强调幼儿的学习应该走向自然、走向社会，这就必然需要我园去创造机会和条件。实践经验告诉我园，海洋生态文化仅仅靠教师单枪匹马来建构和实施课程，难以实现我园所追求的目标。

一、家长全面参与，丰富园本课程资源

（一）全程参与主题课程实施

海洋生态文化的主题实施没有既定的模式，在每个主题实施前，教师们都会围绕每个主题的不同价值取向和目标向家长传递信息或征求实施意见，每位家长对班级将要开展的主题有所了解，并能配合、协助做相关的工作。如小班开展的“海边真有趣”主题，是由请家长带孩子一起去赶海开始的；中班开展的“我的家乡”主题，是由请幼儿将自己认识的青岛特产与同伴分享开始的，其中，需要请家长引导幼儿从超市、网站、绘本、特产店等开展观察、记录；大班开展的“青岛海洋节”主题，是由请家长和幼儿一起了解青岛海洋节的历史和活动开始的。通过类似的活动形式，家长们在经常性的参与中由被动逐步向积极主动发展，家园双方达成了默契。

（二）深度参与园所文化建设

2016 年，利用迁建新园的契机，我园组织教师、家长和幼儿一同参与到新园的文化建设和园本课程建构中。在老师和家长的共同努力下，幼儿真正成为幼儿园的主人，每位幼儿都参与到设计园标、剪彩等活动中，参与度和体验度不断

上升，同时为园本课程的丰富提供更多线索。也是从这一年开始，每年新入园的小班幼儿都要和家长一起画石头鱼，并将小鱼放置到门厅的“港湾”中，这是家长第一次被“卷入”海洋生态园本课程。

二、家委会协助，提升园本课程实施效度

我园地处老城区，幼儿多由祖辈父母看护，近些年，外来或进城务工家庭比例显著增加。由于受观念、知识、素质、能力等因素的影响，家长对参与海洋生态文化课程实施的认同度各有差异，怎样解决这些问题，如何提高家长参与课程实施的质量，且成为长效机制，又是我园深度思考和必须突破的问题。

（一）家委会传递课程信息

在对家长全员培训的基础上，家委会成员担当“信息义务传递员”，站在家长角度将主题活动中家长可参与的内容在群中发布，让家长从家长角度得知信息成为班级开展活动的常态。这种快捷方式既便于课程信息的传递，又使家长们参与活动的积极性得到提高，教师、家长中一些好的观念和策略会及时得到共享。

（二）“假日活动小组”组织课程实践活动

教师根据主题活动开展的需要，设计一些社会实践类活动。为了避免出现家长参与率不高、活动深度不够的情况，教师首先和家委会一起梳理活动目的、活动开展时间和地点，细化流程和安全事项，并到活动地点提前踩点。之后在活动实施中，教师放手让家委会组织，家委会在实践中创造出“假日活动小组”的活动方式，即利用双休日、节假日由家长们自由结合成立“假日活动小组”，每组推荐一名组长专门负责组织活动的开展。活动内容或依据班级开展的主题活动的阶段性需要，或组织幼儿外出参观名胜景点、海滨风光，或组织海鲜市场大调查，或开展阅读分享活动，或举行家长沙龙，等等。

三、家长进课堂，深化园本课程内容

（一）形成家长教育资源库

根据家长的不同职业特点和特长，结合园本课程实施，开展“家长进课堂”活动。活动前，教师根据主题活动内容，结合家长特长和资源优势，与家长一起设计活动方案，家长走进活动室亲自为幼儿组织活动。

（二）家长走进幼儿园组织活动

小班级部实施的“赶海”主题，邀请经验丰富的祖辈家长来园分享赶海小窍门和收获等活动，不仅拓展了幼儿对海洋潮汐和物产的了解，而且引发了幼儿模仿、传承本土赶海经验的热情；大班幼儿实施的“小贝壳大奥秘”主题，教师将贝壳博物馆的工作人员请来幼儿园，引导幼儿边参观、边讲解、边答疑……

表 9–2　青西新区第二幼儿园家长进课堂计划表

班级	入园日期	家长	活动主题
中三班	9.17	林茗凯妈妈	绘本共读《大海里我最大》
大一班	9.14	杨舒然妈妈	安全教育《防走失》
中五班	9.14	王雨桐妈妈	美术活动《神秘的海底世界》
中六班	9.18	李婉家妈妈	健康活动《我会保护牙齿》
中四班	9.17	赵广睿妈妈	绘本共读《小丑鱼》
大二班	10.14	王熙斐妈妈	传统文化《茶艺》
小三班	10.18	常峻妈妈	绘本共读《小海螺和大鲸鱼》
中一班	10.19	韩洪喆妈妈	绘本共读《秋天》
中二班	10.28	李优爸爸	科学活动《海水的秘密》
大三班	10.29	车子睿爸爸	科技小知识《船》
大四班	10.26	高涵琪妈妈	科学故事《海水制盐》
小一班	11.5	王骞悦爸爸	科学绘本《轨道交通—海底隧道篇》

续表

班级	入园日期	家长	活动主题
小四班	11.5	王惜晨妈妈	科学小实验
小三班	11.11	李政欣妈妈	科学小实验
小四班	11.11	高玉铭妈妈	科学小实验

家长进课堂活动方案《轨道交通之地铁》

活动背景：

随着“小汽车嘀嘀嘀”主题活动的开展，幼儿对小汽车以外的交通工具也产生了浓厚的兴趣。此时，新区开通了地铁，幼儿对地铁充满了好奇。为了满足幼儿的探究欲望，我们邀请了从事地铁相关工作的骞悦爸爸，请他从专业人士的角度来解答孩子们的各种小问题。

活动时间：2021 年 10 月 29 日 15:00—15:30

活动地点：小一班

活动准备：课件

活动目标：

1. 初步了解地铁的外形、用途，激发幼儿对地铁的探究兴趣。

2. 知道乘坐地铁的安全常识。

3. 能安静倾听，清晰表达自己的问题和想法。

活动过程：

一、出示地铁图片，激发幼儿兴趣。

提问：这是什么？你乘坐过地铁吗？地铁上有什么？

介绍地铁主要特征，讲述发明地铁的故事。

二、播放地铁运行视频，引导幼儿初步了解地铁的原理。

用提问的方式引导幼儿观看，并思考地铁的运行方式。

提问：你知道地铁是怎样运行的吗？

三、播放安全乘坐地铁PPT,讲述有关乘坐地铁的安全事项。

提问：乘坐地铁的时候应该注意什么呢?

总结乘车规则和安全注意事项。

四、玩安全乘坐地铁的游戏。

四、家校社协同，开展节日节庆课程

（一）共融共享的海洋节庆课程

围绕“海洋阅读节”，家长为幼儿讲解绘本故事；每年的海洋艺术节活动中，家长全面参与每项幼儿园的活动，观看画展和幼儿绘本剧表演，参加互动游戏；海洋科技节，家长进课堂和孩子一起解密科学现象；海洋运动节中通过家长走方队、展示啦啦操、全面参与亲子体育活动等方式，引导家长在亲子合力比赛中，体验体育游戏的快乐、亲子共同挑战的乐趣。

（二）家园社一体的节日课程

多年来，幼儿园、家庭、社区在实践中逐渐形成共识，传统节日、生态节日大家互通方案、互为补充，共同庆祝。植树节，幼儿园组织幼儿到社区进行爱绿、护绿宣传，家长和孩子一起到社区植树，社区工作人员到幼儿园进行垃圾分类教育、组织教师进行环境卫生治理；世界水日、地球日对幼儿进行环保宣传、社区工作人员进幼儿园进行节水和地球保护的科普教育……

第三节　家长参与幼儿发展评价

幼儿发展评价是了解教育的适宜性和有效性、调整和改进工作、促进每一个幼儿发展、提高教育质量的必要手段。《纲要》中明确提出：“管理人员、教师、

幼儿及其家长均是幼儿园教育评价工作的参与者，评价过程是各方共同参与、相互支持与合作的过程。”因此，只是集中在教师和幼儿两个视角的评价过程是不完整的，也需要家长的支持、合作和主动参与。

一、全面了解家长幼儿评价水平

（一）问卷全覆盖调查了解整体情况

为了真实直观地了解家长的评价水平，我园先后设置并发放了《幼儿园教育教学质量家长调查问卷》《家庭教育现状调查问卷》《海洋阅读节背景下亲子阅读家长成果调查问卷》等多个调查问卷，了解家长的所思所想，总结家长在幼儿评价方面的优势和不足。如家长开放日后，发放《家长半日开放活动观察评价表》，了解家长在活动中的关注点和评价的依据，进而分析家长是否会评价、评价是否全面。

（二）有目的深度访谈了解典型现象

为了更深入地了解家长对幼儿评价的出发点和关注点，班级教师有目的地约谈有代表性的家长，通过面对面的交流，发现家长评价中存在的难点和堵点，结合《指南》，将有关内容进行细化、深化，让指标更容易被家长理解，更容易操作，积极推进幼儿发展评价体系建设。

多年的实践探索，发现新生家长在评价幼儿发展时多存在以下问题：评价观念有偏差，重知识和技能，轻情感、社会性；评价能力不足，不知评什么、怎么评，对幼儿年龄特点和发展水平的了解不足；评价方法缺失，常凭借零散、表面的信息来评价幼儿，不能借助科学的方法和工具对幼儿进行全面系统的评价；获得评价结果后，缺少利用评价结果解决教育问题的策略。

二、科学化家长评价理念和行为

科学适宜的评价需要全面、发展、联系的评价理念。依托《指南》《纲要》

《青岛市幼儿素质评估手册》，引导家长从幼儿年龄特点、发展目标等方面掌握评价目标和评价的内容。多元智力理论认为幼儿智能表现形态是多姿多彩的，家长应重视评价的过程，树立全面、发展、联系的评价理念，以幼儿的发展现状为基准，深刻理解幼儿的发展是一个不断从量变到质变的过程，以赏识的态度，让幼儿获得最充分的发展。我园通过邀请专家名师、观摩实践现场、家长会等形式，积极组织家长有效参与多种评价理论的学习。

（一）搭建家长互动平台，优化评价认知

开展体验式、讨论式、座谈式等主题创新式家长会。首先，家长根据幼儿的行为表现，各抒己见发表对幼儿发展评价的看法和做法。随后，家长通过热烈的争论、辨析，碰撞出值得学习的好经验、好方法，体会到正确的评价观对培养幼儿和谐发展的重要性。

（二）开展专题讲座，改进评价理念

专家讲座更加有权威性，家长认可度高、获得信息量大，最重要的是更能够满足不同层次家长的需求。园内所开展的《好家长是如何炼成的》《如何做一名合格的家长》《如何陪伴幼儿健康快乐成长》《入园适应策略》一系列讲座中具体的案例能使家长对照自己的教育行为，反思教育习惯，借鉴具体的改进方法，加深了对教育评价理论的理解。

（三）开放观摩活动，学习评价方法

通过家长半日开放、节庆课程等形式，每学期家长入园不少于 5 次，保证全覆盖。我园充分发挥自身的示范榜样作用，将科学的育儿观念和家教策略直接或间接地传递给家长，引导家长通过观摩与实践，从教师的教育行为中了解和感受幼儿教育的新理念及教师正确的评价观，让家长在潜移默化中更新观念，改善行为。

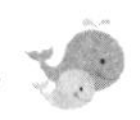

三、提供评价工具助力家长评价

《纲要》明确提出："评价应自然地伴随着整个教育过程进行。综合采用观察、谈话、作品分析等多种方法。"我园遵循指导与自我教育相结合的原则，通过教师和家长间的互动，选择易于理解和操作的评价工具来帮助家长掌握并巩固幼儿发展评价的技能和方法。

（一）使用主题调查表和评价表评价主题活动中的幼儿

主题活动开始前，教师会引导家长和孩子一起完成主题调查表，一方面丰富幼儿主题经验，另一方面了解家长对主题所涉及的知识能力的储备情况，以便更好地开展家园共育工作。每个主题结束后会提供给家长一张课程主题评价表，引导家长了解幼儿园的课程内容以及幼儿的达成情况。家长通过对主题内容和幼儿发展水平的了解，在家庭教育中调整育儿方法。

（二）运用成长档案动态评价一日生活中的幼儿

成长档案通过图文并茂的立体积累式的呈现方式，对每一名幼儿的大中小不同年龄阶段发展特点进行动态记录，生动鲜活，富有纪念价值。家长通过翻阅幼儿五大领域表现观察记录、幼儿作品等版块内容，对幼儿发展表现表达有更为全面的了解，家长也在参与成长档案中"亲亲一家人""我是小主人""家中趣事"等模块的制作过程中体验到参与亲子互动的乐趣。

（三）运用《幼儿素质评估手册》评价五大领域中的幼儿

评价幼儿的过程是观察了解幼儿的过程，以发展的眼光看待幼儿，既要了解现有水平，更要关注其发展速度、特点和倾向等。《幼儿素质评估手册》从五大领域入手全面分析幼儿本阶段年龄特点、发展目标，为家长提供指导建议，让家长更加细致清楚地了解幼儿个体的成长变化的同时，注重对自己教育行为的反思，注重在日常生活中评价幼儿的发展。家长和教师经常交流沟通幼儿在园和在家发展情况，交流彼此的教育经验、教育方法，达到彼此的协调一致，实现家园的密切配合，共同促进幼儿的全面发展。

（四）通过幼儿作品分析了解儿童视角的幼儿

儿童画不仅突显了幼儿的绘画能力，更包含着幼儿的情绪情感、想象创造力等重要因素。多数家长喜欢站在技巧的角度评价儿童画，“像不像”“合理不合理”“干不干净”是家长常用的评价语言，“听”不到儿童绘画背后的心声。

为此，我园引导家长从幼儿显而易见的绘画作品着手，尝试运用“作品分析法”帮助家长解读儿童画，学习正确评价的方法，鼓励家长蹲下身来耐心聆听幼儿的心声，发现幼儿的奇思妙想，并通过“作品分析记录表”，由家长记录幼儿对作品的阐述，以及家长对作品的解读和评价。通过一个个鲜活的作品记录，引发家长的思考与反思：绘画中蕴含的情感、态度比技巧更重要，看到幼儿自身的发展比与他人比较更能促进幼儿的成长。

（五）通过居家日常观察了解园外生活中的幼儿

为了全面深刻了解幼儿，家长必须有目的、有计划地观察幼儿，获得关于幼儿身心发展的各种真实材料并加以记录。鼓励家长经常挤出时间，观看幼儿的活动，使重点观察与普遍观察相结合，及时把握幼儿的心理特征，指导家长对幼儿身心各方面的情况进行全面、细致的记录。同时还提倡家长利用手机、照相机、摄像机等设备来记录幼儿的成长历程，以获得立体的、动态的信息，全面真实地反映和展示幼儿的发展水平，帮助家长掌握幼儿发展的全面信息，采取更有针对性的教育。

总之，引导家长正确、科学地评价幼儿的发展，将《纲要》中教育评价理念潜移默化地深入每个家长的心中，才能真正达到幼儿园与家庭的步调一致、目标一致、评价一致，最终构建一个更为完善全面的、符合海洋生态文化的幼儿发展评价体系，促进幼儿更好、更全面地发展。

附录

附录一：青岛西海岸新区第二幼儿园小班家长半日开放活动安排及反馈表

时间：　　　　　　　班级：

家长朋友：

您好！经过近段时间的幼儿园生活，相信大家已经看到了孩子的变化，也对幼儿园的教育保育工作有了比较多的了解。孩子的发展状况和一日表现也慢慢成为大家关注的重点，为了让家长们亲身观察感受孩子在园的学习、游戏、生活情况，进一步明确幼儿园培养目标和教育策略，更好地实现家园共育，幼儿园特别安排了本次家长半日开放活动。

请家长结合《幼儿园半日开放，家长应该怎么看？》指导建议，认真观察，如实记录和反馈本次活动，并留下您宝贵的意见和建议，以便幼儿园和老师更好地改进工作，促进每个孩子健康快乐成长。（离园时请将表格投进门厅的反馈意见箱内）

一日活动流程	家长观察要点	家长随记
早餐 （8:00—8:30）	1. 幼儿会使用勺子独立进餐。 2. 幼儿进餐过程中情绪稳定，安静进餐，不挑食，坐姿规范，有良好的进餐习惯。 3. 早餐结束后，幼儿能否独立送餐具、漱口、洗手洗嘴。	
教育活动 （8:40—8:55）	1. 幼儿坐姿规范，能主动、有序地参与活动。 2. 幼儿在听听、想想、说说中和同伴、老师积极互动。 3. 能正确辨识三角形、正方形、圆形，进一步感知图形的特征，并大胆用语言描述自己在图形组合上的想法和做法。	
早操 （9:05—9:15）	1. 幼儿在活动前能否听懂教师的指令，外出做操保证队伍的整齐。 2. 幼儿在做早操过程中心情愉快，能跟随老师一起做动作，不到处乱跑。	

续表

一日活动流程	家长观察要点	家长随记
加餐 （9：15—9：35）	1. 幼儿能够排队自主取餐。 2. 幼儿在进餐过程中情绪愉悦，能够将自己的食物吃干净。 3. 幼儿独立将餐具放到指定位置，能自己喝水漱口。	
区域活动 （9：35—10：10）	1. 幼儿能持续在一个区域专注地活动；不频繁更换区域。 2. 幼儿有主动完成作品的意识；能够手眼协调、细致耐心地完成作品；可以运用剪、贴、画等多种形式活动。 3. 幼儿不大声喧哗，能独立安静活动；完成作品后能收拾桌面。 4. 幼儿能与同伴以和谐的语言、动作交流。 5. 幼儿愿意大胆交流展示自己的作品，有初步的成就感；愿意欣赏同伴作品，耐心倾听。	
户外活动 （10：15—11：10）	1. 幼儿能听清老师户外活动时的口令，保持队形的有序，听懂和遵守活动规则，积极融入集体活动中。 2. 通过活动，孩子能双脚并拢、屈膝向前行进跳，动作灵活协调。	
午餐 （11：10—11：40）	1. 幼儿能在老师的指导下独立排队有序取餐，会使用勺子一口菜一口饭搭配着吃，不用手抓饭，不挑食，并将饭吃干净。 2. 幼儿进餐结束后主动放好餐具，洗手洗嘴漱口，将自己的小椅子整理好，养成良好的进餐习惯。	

互动话题：通过今天的活动，您觉得老师在哪些方面做得比较好？今后，您打算在哪些方面和老师沟通配合以提升孩子的能力？请您对班级及幼儿园工作提出宝贵意见。

幼儿园半日开放，家长应该看什么？

幼儿园开展家长半日开放活动，请家长来到班级进行观摩，很多家长在收到观摩通知时，心情激动，想着终于可以看到孩子在园的情况了。但是，家长来园，究竟应该看什么？怎样看？在此，给大家几点建议。

一、家长应积极参与幼儿园的开放活动。幼儿园之所以组织家长开放日活动，

目的就是让家长近距离了解孩子在园一日生活及幼儿发展情况，从而提高家庭教育的针对性，以达到家园共育的目的。家长对此活动要有一个深刻的认识，积极参与其中。

二、静静地做个旁观者，尽量不要干扰孩子的活动。

1. 因为有您的到来，多少会给孩子带来影响。在观摩活动时，请您保持平常心态，不要在孩子活动过程中多加议论，更不要批评孩子在活动中的表现。当看到孩子有异常表现时，请您不用惊讶和担心；当发现孩子有进步时，请给予及时的鼓励。

2. 孩子很自立，请您不要在活动中包办或帮助他们做太多事情。

3. 为了不打扰孩子活动时的注意力，请您在观摩活动时不要大声喧哗、小声聊天，将手机调成振动，不要随意走动；为了不影响活动正常进行，请尽量不要与老师进行过多的交流。

三、从孩子在各种活动中的表现，了解其发展现状，在活动中观察孩子的变化情况，寻找家庭教育的侧重点。

1. 在游戏活动中，注意观察孩子的游戏兴趣，看孩子能否主动与同伴交流、合作；在游戏中孩子的表现力和创造力，以及在遇到困难时，孩子能否独立解决问题。

2. 在教育活动中，注意观察孩子参与活动时的情绪、情感、态度、兴趣和能力，看孩子是否积极参与活动，能否主动探索、积极思考问题，能否大胆表现和创造。

3. 在户外体育活动中，注意观察孩子参与活动的兴趣和态度，观察孩子基本动作的协调性和灵活性，观察他是否融入集体中，与其他孩子合作时是否表现得积极而得体。

4. 在生活方面的活动中，看孩子是否养成了良好的生活习惯。

5. 在各项活动中，家长应认真观察孩子的变化，将过去孩子在活动中的表现与当日的表现进行比较，及时发现孩子的发展与进步。

四、从老师组织的各项活动中了解教师的教育目标，从老师的教育行为中了解和感受幼儿教育的新理念及老师的教育观，学习客观正确地评价孩子。

1. 观察教师的教育行为：如何引导孩子主动学习，创设有利于孩子大胆探索、敢于创造、善于思考的宽松的学习和游戏环境。

2. 在孩子活动的时候，家长可以看出自己的孩子和别的孩子有许多不同，每个人都有个体差异。在评价孩子时，要注意多做纵向比较，更重要的是看孩子相对于上学期有哪些方面进步了，哪些方面改变了，充分了解孩子的发展现状，正视自己孩子的弱点和强项，及时帮助幼儿制订相应的家庭教育措施，帮助孩子健康自信地成长。

附录二：青岛西海岸新区第二幼儿园中班家长半日开放活动安排及反馈表

时间：　　　　　　　　　　　　　班级：

家长朋友：

您好！转眼已经升入中班，这正是孩子三年的幼儿园生活承上启下的关键时期，我园对孩子的关注点也潜移默化地发生了变化。孩子升入中班后到底有哪些变化？自理能力、独立性是否得到提高？做事是否具有计划性和目的性？他（她）可以正确处理与其他幼儿之间的关系吗？遇到困难时会如何处理？敢于尝试一定难度的任务和活动吗？会专注地倾听与自信地表达吗？在集体活动中的表现如何？相信这些问题都是爸爸妈妈们密切关注的。为了让家长深入了解宝宝在幼儿园集体生活中的学习、游戏、生活情况，明确幼儿园培养目标和教育策略，形成家园共育的合力，幼儿园特别安排了本次家长半日开放活动。

请家长结合《幼儿园半日开放，家长应该看什么？》指导建议，认真观察，如实记录和反馈本次活动，并提出您宝贵的意见和建议，以便幼儿园和老师更好地改进工作，促进每个孩子健康快乐成长。（离园时请将表格投进门厅的反馈意见箱内）

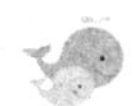

一日活动流程	家长观察要点	家长随记
早餐 （8：00—8：30）	1. 幼儿会使用勺子独立取餐、进餐。 2. 幼儿进餐过程中能安静进餐，不挑食，坐姿规范，有良好的进餐习惯。	
区域活动 （8：30—9：25）	1. 幼儿持续在一个区域专注活动的时间；是否频繁更换区域。 2. 幼儿是否有按照步骤完成作品的意识；手眼协调，能细致耐心地完成作品；剪、贴、画、动手能力发展情况。 3. 幼儿不大声喧哗，能独立安静活动；完成作品后能否收拾桌面，将材料放到指定位置。 4. 幼儿能与同伴以友好和谐的语言、动作交流。 5. 幼儿愿意大胆交流展示自己的作品，有初步的成就感；愿意欣赏同伴作品，耐心倾听。	
早操 （9：25—9：35）	1. 幼儿在活动前能否听懂教师的指令，排好队上下楼梯，一个跟着一个外出做操。 2. 幼儿在做早操过程中心情愉快，能根据音乐节奏和老师一起做踵趾小跑步、碎步走、双人交叉拍手等动作，能在老师的指令下分队走、合队走、左右分队走、切断分队走，根据节拍做基本操节。	
加餐 （9：35—9：50）	1. 幼儿是否能够独立取餐，在进餐过程中情绪愉悦，能够将自己的食物吃干净。 2. 幼儿主动将餐具放到指定位置，能自己喝水漱口。	
教育活动 （9：50—10：10）	1. 幼儿坐姿规范，并能坚持 10~15 分钟。 2. 幼儿乐于倾听和表达，能较为积极、专注地跟随老师参与活动，体会家人对自己浓浓的爱。 3. 幼儿能与老师、同伴有良好的互动，愿意用不同的方式表达自己对家人、同伴、老师深深的爱。	
户外活动 （10：10—11：15）	1. 幼儿是否能听清老师户外活动时的口令，跟紧小朋友一个一个向前走，听懂和遵守活动规则，积极融入集体活动中。 2. 关注孩子身体大小肌肉的协调发展状况，例如顶物走能控制身体平衡，以及坚持完成任务等能力。	

续表

一日活动流程	家长观察要点	家长随记
午餐 （11:15—11:45）	1. 幼儿是否能在老师的指导下有序排队、自主取餐，会使用勺子一口菜一口饭搭配着吃，不挑食，保持桌面和衣物的干净。 2. 幼儿进餐结束后主动放好餐具，洗手洗嘴巴漱口，将自己的小椅子整理好，养成良好的进餐习惯。	

互动话题：今天您对孩子在活动中各方面的表现满意吗？原因是什么？您最想和老师进行哪方面的沟通？请您对班级及幼儿园工作提出宝贵意见。

附录三：青岛西海岸新区第二幼儿园大班家长半日开放活动安排及反馈表

时间：　　　　　　　　　　　　　　班级：

家长朋友：

您好！孩子升到了大班，表现表达、探究发现、交往交流等能力都会有较大提高，同时也进入幼小衔接关键期。为了让家长深入了解幼儿园课程实施与幼儿学习成长的过程、感知幼儿在园集体生活中的学习、游戏、生活情况，了解幼儿园的教育实践，形成家园合力，拟组织家长参加半日开放活动。请家长认真观察，如实记录和反馈本次活动，并提出您宝贵的意见和建议，以便幼儿园、老师和幼儿的表现表达、探究发现、交往交流等能力都会有较大提高，老师更好地改进工作，促进每个孩子健康快乐成长。（离园时请将表格投进门厅的反馈意见箱内）

一日活动流程	家长观察要点	家长随记
早餐 （8:00—8:30）	1. 幼儿能自主有序取餐，动作要轻，根据自己的进食量盛适量饭菜，独立进餐。 2. 幼儿进餐过程中能安静进餐，不挑食，坐姿规范，有良好的进餐习惯。	

续表

一日活动流程	家长观察要点	家长随记
区域活动 （8：30—9：10）	1. 幼儿能持续在一个区域专注地活动。 2. 幼儿在使用活动材料时，能在活动中有自己的想法，愿意探究，大胆地表现自己。 3. 幼儿活动中有自我服务意识，能主动整理活动区域卫生。 4. 幼儿愿意大胆交流展示自己的作品，有初步的成就感；愿意欣赏同伴作品，耐心倾听。	
早操 （9：10—9：25）	1. 幼儿在活动前能听懂教师的指令，快速有序地排队外出做操。 2. 关注幼儿的早操动作是否准确到位、协调有力，能根据音乐有节奏地做操，幼儿在做早操过程中心情愉快。	
加餐，盥洗 （9：25—9：40）	1. 幼儿是否能够独立取餐，正确使用叉子吃水果。 2. 幼儿在进餐过程中情绪愉悦，能够主动将自己的食物吃干净。 3. 幼儿主动将餐具放到指定位置后喝水漱口。	
教育活动 （9：40—10：10）	1. 幼儿坐姿规范，并能坚持 25~30 分钟。 2. 知道“+”“−”“=”3 个符号的含义，学习 2 和 3 的加法运算；能列出 2 和 3 的加法算式，理解加法算式的含义。 3. 幼儿能否积极观察、操作、思考、表达，专注地跟随老师参与活动，与老师、同伴有良好的互动；主动整理学具。	
户外活动 （10：10—11：00）	1. 幼儿是否能听清老师户外活动时的口令，听懂和遵守活动规则，积极融入集体活动中，有团队意识。 2. 关注集体游戏中幼儿能否身体灵活协调地快速通过“S”型障碍物。分散活动中，幼儿能否完成双脚跳、单脚跳、向前连续跳、较灵活躲闪、控制身体平衡等动作。	
午餐 （11：00—11：30）	1. 幼儿是否能在老师的指导下独立排队，有序正确快速地取餐。 2. 幼儿进餐结束后主动放好餐具，洗手洗嘴巴漱口，将自己的小椅子整理好，养成良好的进餐习惯。	

互动话题：今天您对孩子在活动中各方面的表现满意吗？原因是什么？您最想和老师进行哪方面的沟通？请您对班级及幼儿园工作提出宝贵意见。

幼小衔接，衔接什么

幼小衔接即幼儿园与小学教育衔接。幼小衔接，是幼儿园教育的终结阶段，是小学教育的开始阶段，起着承上启下的作用。幼小衔接的主要目的在于：一是让幼儿非常自然、顺利地适应小学的学习生活；二是通过衔接工作对幼儿加深了解，做出更为正确的评价。

我园要实现有效的幼小衔接，关键要培养良好的习惯。

一、前提——培养良好的生活习惯

良好生活习惯是幼儿过渡幼小衔接的前提条件。洛克说：“儿童不是用规则可以教得好的，规则总是会被他们忘掉。但是习惯一旦培养成之后，便用不着借助记忆，很容易地自然地就能发生作用了。”其实教育幼儿中最困难的不是教他们认字、写字、算数，而是帮助其养成良好的生活习惯。

1. 自我管理

《指南》提出：“鼓励幼儿做力所能及的事情；指导幼儿学习和掌握生活自理的基本方法；提供有利于幼儿生活自理的条件。”上小学后，幼儿首先要学会照顾自己和管理好自己的物品，如果没有良好的自我管理习惯，会出现上课找不到书、放学忘带作业、不会整理收拾、吃饭慢等现象。

（1）自觉进餐。为幼儿创造良好的用餐环境，固定的用餐位置和时间，培养独立的进餐习惯。建立饭前常规，如饭前收拾物品、洗手，到餐桌前坐好，在规定时间内用餐完毕。

（2）自觉整理。培养幼儿认真做事、善始善终的良好习惯，家长可适当做个“懒”家长，让幼儿能做的事自己做，养成自觉整理书包、玩具，清洗餐具的习惯。对物品管理，必要时可让幼儿“自食苦果”，例如幼儿常丢失文具，家长不要立即去买，让他反思自己，有利于幼儿改正小毛病。

2. 时间安排

合理安排时间，就等于节约时间，对幼儿的学习效率有很大帮助。养成良好的时间观念，就等于给了幼儿知识、力量、智慧。苏霍姆林斯基说："只有让学生不把全部时间都用在学习上，而留下许多自由支配的时间，他才能顺利地学习。"

（1）认识时间价值。告知幼儿时间的宝贵性，引导幼儿与时间赛跑，不浪费时间，分享善于利用时间的伟人故事。

（2）作息要有规律。良好的作息习惯，有助于幼儿更快适应小学的学习、生活节奏。与幼儿制订一日作息时间表，如起床、洗漱、进餐等时间，家长可根据时间表适当地提醒幼儿。

（3）给予游戏时间。幼儿天生爱玩，所以每天应有游戏时间，不能把时间安排得满满的，要让幼儿学中玩、玩中学。

二、保障——培养良好的学习习惯

《指南》提出："要充分尊重和保护幼儿的好奇心和学习兴趣，帮助幼儿逐步养成积极主动、认真专注、不怕困难、敢于尝试、乐于想象创造等良好学习品质。"培养幼儿专注、阅读等学习习惯是进入小学的学习保障。

1. 专注

研究表明，五、六岁幼儿主动注意时间不超15分钟，但幼儿思维力、记忆力、书写能力等都离不开注意力，应逐渐培养幼儿自我约束力，提高注意水平，延长注意时间。

（1）激发兴趣。对事物感兴趣能提高其专注力，例如绘画、下棋、玩积木等，发掘幼儿兴趣点，借此培养注意力。班级区域中渗透无意识字，益智区中练习数字的书写，锻炼幼儿的前阅读和前书写能力，激发幼儿对汉字和数字的兴趣。

（2）环境安静。幼儿专注做事时，成人不要随意打扰，还应排除干扰，如关掉电视、音乐等。

（3）鼓励表扬。成人应以身作则，发挥专注的表率作用。幼儿有进步时，要给予鼓励和表扬。

（4）培养耐心。通过区域中拼图、手工、观察动植物等方式，引导幼儿逐步学会耐心做事。

2. 阅读

《指南》提出："经常和幼儿一起看图书、讲故事，丰富其语言表达能力，培养阅读兴趣和良好的阅读习惯，进一步拓展学习经验。"阅读能拓展幼儿学习经验、开阔视野、活跃思维。培养阅读习惯应从三步走。

（1）创设阅读环境。创设舒适安静的阅读空间，让幼儿静下心来阅读，体验书籍带来的享受。

（2）坚持每天阅读。鼓励幼儿每天阅读1~2本书籍，也可亲子共读，运用记录册对幼儿的阅读情况进行跟进和鼓励。

（3）阅读转为表演。在班级中鼓励幼儿将喜爱的故事大胆表述出来，可在图书区和表演区利用手偶、童话剧、故事比赛等表演形式，锻炼幼儿语言表达能力、逻辑思维能力，增强自信心。

卢梭曾说："大自然希望儿童在成人之前就要像儿童的样子。如果我园打乱了这个次序，就会造成一些果实早熟，他们长得既不丰满也不甜美，而且很快就会腐烂。"在教育中，授人以鱼，不如授人以渔。要尊重幼儿学习与发展的阶段性，不可拔苗助长、急于求成，要让幼儿按照自己的速度、节奏获得发展，让良好习惯陪伴终身。

附录四：青岛西海岸新区第二幼儿园家长满意度调查问卷

亲爱的家长朋友：

您好！为听取家长心声，了解您对幼儿园管理与发展的意见建议，我园特拟订了这份家长满意度调查问卷，请您对以下工作给予客观评价，并提出宝贵意见和建议。

本问卷采用无记名方式，不需要填写您或孩子的姓名。我园真诚希望您能认真如实地填写自己的看法与感受，并于7月17日20:00前提交完成调查问卷内容。感谢您的支持与配合！

一、关于幼儿园整体情况

1. 您对幼儿园的整体印象：（　　）

A. 满意　　B. 一般　　C. 不满意

2. 您对二幼“海洋生态教育”文化理念，如“每一天，美一天，探究生命成长之美”的核心理念：（　　）

A. 了解并认同　　B. 不太了解，一般　　C. 不了解

3. 您最关心孩子在园的哪些方面（可多选）：（　　）

A. 学习内容　　B. 身体状况　　C. 习惯培养

D. 生活情况　　E. 情绪情感

4. 您觉得教师的师德师风情况：（　　）

A. 好　　B. 一般　　C. 差

5. 您对幼儿园卫生防疫工作的评价：（　　）

A. 很好　　B. 一般　　C. 很差

6. 您对幼儿园安全工作的评价：（　　）

A. 很好　　B. 一般　　C. 很差

7. 您对我园的伙食（平衡膳食，花样搭配）满意程度：（　　）

A. 满意　　B. 一般　　C. 不满意

8. 您对幼儿园门卫安全管理的评价：（　　）

A. 满意　　B. 一般　　C. 不满意

9. 您认为幼儿园的哪些方面让您满意（可多选）：（　　）

A. 师资队伍建设　　B. 办园质量　　C. 伙食

D. 服务态度　　E. 生活护理　　F. 课程设置

G. 孩子习惯、能力培养

二、关于家园互动情况

1. 您是否愿意参与幼儿园组织的活动：（　　）

A. 很愿意　　B. 有时间偶尔参加　　C. 不乐意

2. 疫情期间，幼儿园开展了丰富的“小蓝鲸”空中连线活动，您是否愿意带领孩子在家主动参与？（　　）

A. 很愿意　　B. 有时间偶尔参加　　C. 不乐意

3. 您认为复学后孩子不愿上幼儿园的原因：（　　）

A. 身体不适　　B. 家长的原因

C. 老师的原因　　D. 其他

3. 您是否做到经常关注班级家长群通知，及时配合教师工作：（　　）

A. 经常　　B. 一般　　C. 很少看

4. 你是否经常向老师了解孩子在园表现，并为老师提供孩子在家的表现情况：（　　）

A. 经常　　B. 一般　　C. 从不

三、关于班级教师工作情况

1. 您觉得孩子班上的老师突出的特点是：（　　）

A. 对孩子有爱心，教育能力较强

B. 对孩子有爱心，但教育能力一般

C. 对孩子态度一般，但教育能力较强

D. 对孩子态度一般，教育能力也一般

2. 您孩子喜欢班上的老师吗：（　　）

A. 很喜欢　　B. 比较喜欢　　C. 不喜欢

3. 您对班级晨检、晨间活动、离园活动及一日活动各环节组织情况：（　　）

A. 满意　　B. 一般　　C. 不满意

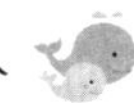

4. 您认为教师了解您孩子的发展状况吗：（　　）

A. 了解　　B. 基本了解　　C. 不了解

5. 考虑到孩子的原有基础，您对孩子现有的发展情况：（　　）

A. 满意　　B. 一般　　C. 不满意

6. 您对教师的仪表、举止：（　　）

A. 满意　　B. 一般　　C. 不满意

7. 您认为教师对孩子的生活管理（整理孩子仪表、午睡午餐、大小便等）、服药管理、特殊情况处理：（　　）

A. 很好　　B. 一般　　C. 差

8. 您觉得与教师的接触、交往（可接近度）：（　　）

A. 容易　　B. 一般　　C. 不容易

9. 当幼儿请假时，班级教师是否会主动向您回访，关心幼儿在家情况：

A. 经常　　B. 一般　　C. 从不

10. 您对疫情期间班级教师进行线上家访的活动效果感到：（　　）

A. 满意　　B. 一般　　C. 不满意

11. 您认为教师对您的科学育儿指导帮助（日常交流、家长会、网络指导等）：（　　）

A. 很大　　B. 一般　　C. 没有

12. 对老师的教育和孩子的发展，您的希望是什么？（简述）

13. 您认为我园今后需要进一步加强或改进的方面有哪些？（包括幼儿园的教育教学、环境创设、卫生、安全、幼儿饮食、每日作息等）（简述）

附录五：青岛西海岸新区第二幼儿园家长积分制管理办法

家园共育聚成长合力。为进一步提高家长的家庭教育水平，推进家园共育进程，引导家长参与园所管理，用多种方式了解幼儿园的教育理念和科学育儿方法，让幼儿健康快乐成长，特制订本办法。

一、指导思想

根据《幼儿园工作规程》《纲要》《指南》《幼儿园保育教育评估指南》等精神，大力落实《青岛市中小学幼儿园家长学校规范化建设标准（试行）》，进一步完善我园家长积分制实施办法，通过建立家长积分制度，促进我园家园合作工作有章可循、规范、健康、可持续发展。家园合作要做好调研、指导、培训工作，做好各项活动的课程价值解读，让家长参与幼儿园活动的同时高效主动参与课程建设、园所管理等工作。

二、基本原则

1. 坚持公平、公正、公开的原则，增强家长积分办法的透明度，确保积分结果真实可信。

2. 坚持科学规范的原则，增强家长积分制的可操作性。

3. 坚持积分结果的有效运用，做到跟家长班级表彰、园级表彰有效结合。

三、积分制实施办法

1. 用积分的办法对家长在家园协同教育中综合表现进行全方位量化考核。

2. 以班级为单位，实行分层分级授权奖扣分的办法。评选委员会成员为：班级为各班班级教师，园级为家委会成员。

3. 建立个人积分档案，每学期评选一次。

四、分值确定

1. 基础分。每位家长基础分为 100 分，内容包括家长会、家长半日开放活动，每参加一次奖励 10 分。

2. 固定积分。固定积分包括家长担任幼儿园职务 5 分、班级职务 3 分。该分值将根据个人的月度参与活动情况录入个人的积分。

3.《家长积分表》的积分规则。

青岛西海岸新区第二幼儿园家长积分规则

	积分项目	所得积分 / 次
基础分	家长会	10
	家长半日开放活动	10
固定积分	园级职务	5
	班级职务	3
加分项	参与幼儿园家长讲座	10
	微信转发幼儿园活动信息	0.5
	家长社团	5
	家长助教 / 家长志愿者	5
	组织参与园级重大活动	5
	参与班级集体亲子活动	5
	家长教育故事	一等奖 10 分 二等奖 8 分 三等奖 6 分

五、具体细则

（一）家长会（10 分）

1. 家长能按时参加家长会，不迟到、不早退，开会期间不擅自离开。（3 分）

2.家长在开家长会期间不得闲聊，做好听课笔记，举止端庄、语言文明。（3分）

3. 开会期间能够积极和老师、家长进行互动交流，发表自己的想法并被采纳。（4 分）

（二）家长半日开放活动（10 分）

1. 家长能按时参加家长半日开放活动，不迟到、不早退，开会期间不擅自离开。（5 分）

2. 能够认真填写《家长半日活动调查表》。（5 分）

（三）参与园级家长培训讲座（10 分）

1. 家长能按时参加培训讲座活动，不迟到、不早退，开会期间不擅自离开。（5 分）

2. 活动现场主动和专家教师互动交流。（2分）

3. 活动后能够积极和老师互动交流感悟心得。（3分）

（四）家长社团（5分）

1. 活动前根据活动主题提交活动方案，做好活动物质准备。（2分）

2. 活动分工明确：主讲人和助教。主讲人（2分）助教（1分）

3. 活动效果突出，环节紧凑，内容丰富。（1分）

（五）园级重大活动（5分）

1. 参与活动方案组织筹划。（1分）

2. 参与表演演出。（2分）

3. 协助做好后勤安保工作。（2分）

（六）参与班级集体亲子活动（5分）

1. 家长能按时参加班级组织的亲子活动，不迟到、不早退，活动期间不擅自离开。（2分）

2. 组织策划亲子活动方案。（2分）

3. 协助做好安保工作。（1分）

（七）家教文章

撰写家庭教育中的育儿心得，在最终园级评选中荣获一等奖10分、二等奖8分、三等奖6分。

六、积分的使用

1. 本积分与学年度挂钩。

2. 积分的档次划分：

每学期幼儿园将根据班级教师提供的家长积分，评选出本学期优秀家长、智慧家长、十佳家长，颁发荣誉证书。

学年度积分	100~130分	130~140分	140分以上
所获称号	优秀家长	智慧家长	十佳家长